I0002001

Appartient à

Eugène Verhulst

De Bruge

15 (A couverture)

6/
12

ÉLÉMENTS

DE

GÉOMÉTRIE.

Le livre II est *la suite des principes*; il traite des propriétés les plus simples du cercle, de celles des cordes, des tangentes, et de la mesure des angles par les arcs de cercle. Ces deux premiers livres sont terminés par la résolution de quelques problêmes concernant la construction des figures.

Le livre III, intitulé *la Proportion des figures*, renferme la mesure des surfaces, leur comparaison, les propriétés du triangle rectangle, celles des triangles équiangles, des figures semblables, etc. On nous reprochera peut-être d'avoir mêlé indistinctement les propriétés des lignes avec celles des surfaces; mais en cela nous avons suivi à-peu-près l'ordre d'Euclide, et cet ordre ne peut manquer d'être bon si les propositions sont bien enchaînées les unes aux autres. Ce livre est encore terminé par une suite de problêmes relatifs aux objets qui y sont traités.

Le livre IV traite *des Polygones réguliers et de la mesure du cercle*. Deux lemmes servent de base à cette mesure, qui d'ailleurs est démontrée à la manière d'Archimede : nous donnons ensuite deux méthodes d'approximation pour quarrer le cercle, l'une desquelles est de Jacques Grégory. Ce livre est suivi d'un appendice, où l'on démontre que le cercle est plus grand que toute figure rectiligne isopérimetre.

Le livre V renferme les propriétés *des plans*

et celles *des angles solides.* Cette partie est
très nécessaire pour l'intelligence des solides
et des figures où l'on considere différents plans.
Nous avons tâché de la rendre plus claire et
plus rigoureuse qu'elle ne l'est dans les ouvrages ordinaires.

Le livre VI traite *des Polyedres* et de leur
mesure. Ce livre paroîtra très différent de ce
qu'il est dans les autres éléments; nous avons
cru devoir le présenter d'une maniere entiére-
ment nouvelle.

Le livre VII est un traité abrégé *de la Sphere
et des triangles sphériques.* Ce traité n'entre
pas ordinairement dans les éléments de géométrie; cependant nous croyons qu'il doit y
entrer, ne fût-ce que pour servir d'introduction
à la trigonométrie sphérique.

L'appendice ajouté aux livres VI et VII a
pour objet *les Polyedres réguliers;* matiere traitée assez au long dans Euclide, et qui peut
fournir des applications intéressantes dans la
trigonométrie

Le livre VIII traite *des trois Corps ronds,* qui
sont la sphere, le cône et le cylindre; on y
mesure les surfaces et les solidités de ces corps
par une méthode analogue à celle d'Archimede,
et fondée, quant aux surfaces, sur les mêmes
principes que nous tâchons de démontrer sous
le nom de *lemmes préliminaires.*

Nous avions pensé d'abord à employer pour

ces mesures, ainsi que pour celle du cercle, la
méthode des limites, qui eût été d'ailleurs une
bonne préparation au calcul différentiel : mais
outre qu'il auroit fallu poser sur la théorie des
limites quelques principes généraux qui sont
plus du ressort de l'algebre que de la géométrie, l'usage de cette méthode exige qu'on considere dans chaque cas particulier une suite
infinie de figures inscrites et une de circonscrites, ce qui entraîne des longueurs et des
difficultés. Nous avons préféré la méthode d'Archimede, comme étant plus simple et écartant
presque tout-à-fait l'idée de l'infini. On ne
manquera pas de nous objecter que les démonstrations qui concernent la surface du cylindre
et celle de la sphere sont bien longues ; mais
il paroît que la difficulté est inhérente à la chose
et qu'on ne peut guere abréger ces démonstrations sans les rendre moins rigoureuses.

Tel est le plan et la division de cet ouvrage :
quant à l'exécution, je sens qu'elle est encore
fort imparfaite et qu'elle peut être améliorée
à beaucoup d'égards. C'est aux géometres à
prononcer sur les innovations qu'ils trouveront
en assez grand nombre dans ces éléments :
j'attends leur jugement et j'invoque le secours
de leurs lumieres pour être à portée de donner
à cet ouvrage les perfectionnements dont il
peut être susceptible.

Les notes ajoutées à la fin de cet ouvrage

ont différents objets ; les unes rendent compte
de ce qu'il peut y avoir de nouveau dans quelques endroits du texte ; les autres présentent
des démonstrations nouvelles, des recherches
ou des discussions relatives à la perfection des
éléments. Ces notes sont une espece de délas-
sement que je me suis procuré en composant
cet ouvrage ; elles ne font point partie des éléments de géométrie, et les lecteurs qui n'auroient pas des connoissances de calcul suffisantes pour les entendre, peuvent les passer
sans inconvénient.

Nota. Les nombres mis en marge indiquent les propositions auxquelles on renvoie pour l'intelligence du
discours. Un seul nombre 4 indique la 4ᵉ proposition
du présent livre ; deux nombres, 20. 3, indiquent la 20ᵉ
proposition du 3ᵉ livre.

On a tâché de rendre cette édition le plus correcte qu'il
a été possible : cependant il reste encore quelques fautes
qu'on n'a pu éviter ; on prie le lecteur de corriger celles
qui sont indiquées dans l'*errata.*

ÉLEMENTS

ÉLÉMENTS

DE

GÉOMÉTRIE.

LIVRE PREMIER.

LES PRINCIPES.

DÉFINITIONS.

I. La géométrie est une science qui a pour objet la mesure de l'étendue.

L'étendue a trois dimensions ; longueur, largeur et hauteur.

II. La *ligne* est une longueur sans largeur.

Les extrémités d'une ligne s'appellent *points* : le point n'a donc pas d'étendue.

III. La *ligne droite* est le plus court chemin d'un point à un autre.

IV. Toute ligne qui n'est ni droite ni composée de lignes droites est une *ligne courbe*.

Ainsi AB est une ligne droite, ACDB une ligne brisée ou composée de lignes droites, et AEB est une ligne courbe.

Fig. 1.

A

V. *Surface* est ce qui a longueur et largeur sans hauteur ou épaisseur.

VI. Le *plan* est une surface, dans laquelle prenant deux points à volonté, et joignant ces deux points par une ligne droite, cette ligne est tout entiere dans la surface.

VII. Toute surface qui n'est ni plane ni composée de surfaces planes est une *surface courbe*.

VIII. *Solide* ou *corps* est ce qui réunit les trois dimensions de l'étendue.

Fig. 2.   IX. Lorsque deux lignes droites AB, AC, se rencontrent, la quantité plus ou moins grande dont elles sont écartées l'une de l'autre s'appelle *angle*; le point de rencontre ou d'intersection A est le *sommet* de l'angle, les lignes AB, AC, en sont les *côtés*.

L'angle se désigne quelquefois par la lettre du sommet A seulement, d'autres fois par trois lettres BAC ou CAB, ayant soin de mettre la lettre du sommet au milieu.

Fig. 3.   X. Lorsque la ligne droite AB rencontre une autre ligne CD, de telle sorte que les angles adjacents BAC, BAD, soient égaux entre eux, chacun de ces angles s'appelle un *angle droit*, et la ligne AB est dite *perpendiculaire* sur CD.

Fig. 4.   XI. Tout angle BAC plus petit qu'un angle droit est un *angle aigu*; tout angle plus grand DEF est un *angle obtus*.

Fig. 5.   XII. Deux lignes sont dites *paralleles*, lorsqu'étant situées dans le même plan, elles ne peuvent se rencontrer à quelque distance qu'on les prolonge l'une et l'autre.

XIII. *Figure plane* est un plan terminé de toutes parts par des lignes.

Si les lignes sont droites, l'espace qu'elles renferment s'appelle *figure rectiligne* ou *polygone*, et les lignes Fig. 6. elles-mêmes prises ensemble forment le contour ou *périmetre* du polygone.

XIV. Le polygone de trois côtés est le plus simple de tous, il s'appelle *triangle*; celui de quatre côtés s'appelle *quadrilatere*; celui de cinq, *pentagone*; celui de six, *hexagone*, etc.

XV. On appelle triangle *équilatéral* celui qui a Fig. 7. ses trois côtés égaux; triangle *isoscele*, celui dont Fig. 8. deux côtés seulement sont égaux; triangle *scalene*, Fig. 9. celui qui a ses trois côtés inégaux.

XVI. Le triangle *rectangle* est celui qui a un angle Fig. 10. droit. Le côté opposé à l'angle droit s'appelle *hypoténuse*. Ainsi ABC est un triangle rectangle en A, le côté BC est son hypoténuse.

XVII. Parmi les quadrilateres on distingue :

Le *quarré*, qui a ses côtés égaux et ses angles Fig. 11. droits.

Le *rectangle*, qui a ses angles droits sans avoir les Fig. 12. côtés égaux.

Le *parallélogramme*, qui a les côtés opposés paralleles. Fig. 13.

Le *losange*, dont les côtés sont égaux sans que les Fig. 14. angles soient droits.

Enfin, le *trapeze* dont deux côtés seulement sont Fig. 15. paralleles.

XVIII. Nous appellerons polygone *équilatéral* celui dont tous les côtés sont égaux; polygone *équiangle* celui dont tous les angles sont égaux.

XIX. Deux polygones sont *équilatéraux entre eux* lorsqu'ils ont les côtés égaux chacun à chacun, et placés dans le même ordre, c'est-à-dire lorsqu'en

A 2

désignant les côtés successifs de chaque polygone par *premier*, *second*, *troisieme*, &c. le premier côté de l'un est égal au premier de l'autre, le second de l'un au second de l'autre, le troisieme au troisieme, et ainsi de suite. On entend de même ce que signifient deux polygones *équiangles entre eux*.

Dans l'un ou l'autre cas les côtés égaux ou les angles égaux s'appellent côtés ou angles *homologues*.

N. B. Dans les quatre premiers livres il ne sera question que de figures planes ou tracées sur une surface plane.

Explication des termes et des signes.

Axiome est une proposition évidente par elle-même.

Théorême est une vérité qui devient évidente au moyen d'un raisonnement appelé *démonstration*.

Problême est une question proposée qui exige une *solution*.

Lemme est une vérité employée subsidiairement pour la démonstration d'un théorême ou la solution d'un problême.

Le nom commun de *proposition* s'attribue indifféremment aux théorêmes, problêmes et lemmes.

Corollaire est la conséquence qui découle d'une ou de plusieurs propositions.

Scholie est une remarque sur les propositions précédentes, faisant appercevoir leur liaison, leur utilité ou leur extension.

Le signe $=$ est le signe de l'égalité ; ainsi l'expression $A = B$ signifie que A égale B.

Pour exprimer que A est plus petit que B, on écrit $A < B$.

Pour exprimer que A est plus grand que B, on écrit A > B.

Le signe + se prononce *plus*; il indique l'addition.

Le signe — se prononce *moins*, il indique la soustraction. Ainsi A+B représente la somme des quantités A et B; A—B représente leur différence ou ce qui reste en ôtant B de A; de même A—B+C ou A+C—B, signifie que A et C doivent être ajoutés ensemble, et que B doit être retranché du tout.

Le signe $\times$ indique la multiplication; ainsi A$\times$B représente le produit de A multiplié par B. Au lieu du signe $\times$ on emploie quelquefois un point; ainsi A.B est la même chose que A$\times$B.

L'expression A $\times$ (B+C—D) indique le produit de A par la quantité B+C—D. S'il falloit multiplier A+B par A—B+C, on indiqueroit le produit ainsi (A+B)$\times$(A—B+C.)

Un nombre mis au devant d'une ligne ou d'une quantité sert de multiplicateur à cette ligne ou à cette quantité; ainsi pour exprimer que la ligne AB est prise trois fois, on écrit 3AB; pour en désigner seulement la moitié on écrit $\frac{1}{2}$AB.

Le quarré de la ligne AB se désigne par $\overline{AB}^2$; son cube par $\overline{AB}^3$. On expliquera en son lieu ce que signifient précisément le quarré et le cube d'une ligne.

Le signe $\sqrt{}$ indique une racine à extraire; ainsi $\sqrt{2}$ est la racine quarrée de 2; $\sqrt{A\times B}$ est la racine du produit A$\times$B, ou la moyenne proportionnelle entre A et B.

AXIOMES.

1. Deux quantités égales à une troisieme sont égales entre elles.

A 3

2. Si à des quantités égales on ajoute des quantités égales, les sommes seront égales.

3. Si de quantités égales on retranche des quantités égales, les restes seront égaux.

4. Si deux quantités contiennent une troisieme le même nombre de fois, ces deux quantités seront égales entre elles.

5. Si deux quantités sont contenues dans une troisieme le même nombre de fois, elles seront égales entre elles.

6. Le tout est plus grand que sa partie.

7. Le tout est égal à la somme des parties dans lesquelles il a été divisé.

8. D'un point à un autre on ne peut mener qu'une seule ligne droite.

9. Deux grandeurs, ligne, surface ou solide, sont égales, lorsqu'étant placées l'une sur l'autre, elles coïncident dans toute leur étendue.

N. B. Nous aurions pu rapporter beaucoup d'autres axiomes; mais ce petit nombre suffit, et c'est principalement le huitieme qui sert de base à tout l'ouvrage.

PROPOSITION I.

THÉORÈME.

Les angles droits sont tous égaux entre eux.

Fig. 16.   Soit la ligne droite CD perpendiculaire à AB, et GH à EF; je dis que les angles ACD, EGH, seront égaux entre eux.

Prenez les quatre distances égales CA, CB, GE, GF, la distance AB sera égale à la distance EF, et on pourra placer la ligne EF sur AB, de maniere que le point E tombe en A et le point F en B. Ces deux lignes

ainsi posées coïncideront entièrement l'une avec l'autre ; car sans cela il y auroit deux lignes droites de A en B, ce qui est impossible*; donc le point G milieu   *Ax. 8.
de EF tombera sur le point C milieu de AB. Le côté GE étant ainsi appliqué sur CA, je dis que le côté GH tombera sur CD ; car supposons, s'il est possible, qu'il tombe sur une ligne CK différente de CD ; puisque, par hypothèse*, l'angle EGH=HGF, il faudroit qu'on   *Déf. 10
eût ACK=KCB. Mais l'angle ACK est plus grand que ACD, l'angle KCB est plus petit que BCD ; d'ailleurs, par hypothèse, ACD=BCD ; donc ACK est plus grand que KCB ; donc la ligne GH ne peut tomber sur une ligne CK différente de CD ; donc elle tombe sur CD, et l'angle EGH sur ACD ; donc tous les angles droits sont égaux entre eux.

PROPOSITION II.

THÉORÈME.

Toute ligne droite CD qui en rencontre une autre   Fig. 17.
AB fait avec celle-ci deux angles adjacents ACD, BCD, *dont la somme est égale à deux angles droits.*

Au point C élevez sur AB la perpendiculaire CE. L'angle ACD est la somme des angles ACE, ECD ; donc ACD+BCD sera la somme des trois ACE, DCE, BCD. Le premier de ceux-ci est droit, les deux autres font ensemble l'angle droit BCE ; donc la somme des deux angles ACD, BCD, est égale à deux angles droits.

Corollaire I. Si l'un des angles ACD, BCD, est droit, l'autre le sera pareillement.

Corollaire II. Si la ligne DE est perpendiculaire   Fig. 18.
à AB, réciproquement AB sera perpendiculaire à DE.

Car, de ce que DE est perpendiculaire à AB, il s'ensuit que l'angle ACD est égal à son adjacent DCB, et qu'ils sont tous deux droits. Mais de ce que ACD est un angle droit, il s'ensuit que son adjacent ACE est aussi un angle droit ; donc l'angle ACE=ACD; donc AB est perpendiculaire à DE.

PROPOSITION III.

THÉORÊME.

Deux lignes droites qui ont deux points communs coincident l'une avec l'autre dans toute leur étendue, et ne forment qu'une seule et même ligne.

Fig. 19.

Soient les deux points communs A et B ; d'abord les deux lignes n'en doivent faire qu'une entre A et B, car sans cela il y auroit deux lignes droites de A en B, ce qui est impossible. Supposons ensuite que ces lignes étant prolongées , elles commencent à se séparer au point C , l'une devenant CD , l'autre CE. Menons au point C la ligne CF qui fasse avec CB l'angle droit BCF. Puisque la ligne BCD est droite, l'angle FCD sera un angle droit* ; puisque la ligne BCE est droite, l'angle FCE sera pareillement un angle droit. Mais la partie FCE ne peut pas être égale au tout FCD; donc les lignes droites qui ont deux points A et B communs ne peuvent se séparer en aucun point de leur prolongement ; donc elles ne forment qu'une seule et même ligne.

Pr. 2.

PROPOSITION IV.

THÉORÊME.

Fig. 20.

Si deux angles adjacents ACD, DCB, valent ensemble deux angles droits, les deux côtés AC, CB, seront en ligne droite.

Car si CB n'est pas le prolongement de AC, soit CE ce prolongement, alors la ligne ACE étant droite, la somme des angles ACD, DCE, sera égale à deux droits.

Mais, par hypothese, la somme des angles ACD, DCB, est aussi égale à deux droits; donc ACD+DCB seroit égale à ACD+DCE; retranchant de part et d'autre l'angle ACD, il resteroit DCB=DCE ou la partie égale au tout, ce qui est impossible. Donc CB est le prolongement de AC.

PROPOSITION V.

THÉORÈME.

Toutes les fois que deux lignes droites AB, DE, se Fig. 21. *coupent, les angles opposés au sommet sont égaux.*

Car, puisque la ligne DE est droite, la somme des angles ACD, ACE, est égale à deux droits; et puisque la ligne AB est droite, la somme des angles ACE, BCE, est égale aussi à deux droits. Donc la somme ACD+ACE, est égale à la somme ACE+BCE. Retranchant de part et d'autre le même angle ACE, il restera l'angle ACD égal à son opposé BCE.

On démontreroit de même que l'angle ACE est égal à son opposé BCD.

Scholie. Les quatre angles formés autour d'un point par deux droites qui se coupent valent ensemble quatre angles droits. Car les angles ACE, BCE, pris ensemble, valent deux angles droits; et les deux autres ACD, BCD, ont la même valeur.

En général, si tant de droites qu'on voudra CA, Fig. 22. CB, etc. se rencontrent en un point C, la somme de tous les angles consécutifs ACB, BCD, DCE, ECF, FCA, sera égale à quatre angles droits. Car si on formoit au point C quatre angles droits au moyen de deux lignes perpendiculaires entre elles, le même espace seroit rempli, soit par les quatre angles droits, soit par les angles successifs ACB, BCD, etc.

PROPOSITION VI.

THÉORÈME.

Fig. 23. *Deux triangles sont égaux lorsqu'ils ont un angle égal compris entre côtés égaux chacun à chacun.*

Soit l'angle A égal à l'angle D, le côté AB égal à DE, le côté AC égal à DF; je dis que les triangles ABC, DEF, seront égaux.

En effet ces triangles peuvent être posés l'un sur l'autre de manière qu'ils coïncident parfaitement. Et d'abord si on place le côté DE sur son égal AB, le point D tombera en A et le point E en B. Mais puisque l'angle D est égal à l'angle A, dès que le côté DE sera placé sur AB, le côté DF prendra la direction AC. De plus DF est égal à AC; donc le point F tombera en C, et le troisième côté EF couvrira exactement le troisième côté BC; donc le triangle DEF est égal au triangle ABC.

Corollaire. Donc, de ce que trois choses sont égales dans deux triangles, savoir, l'angle A=D, AB=DE, AC=DF, on peut conclure que les trois autres le sont, savoir, l'angle B = E, l'angle C=F, et le côté BC=EF.

PROPOSITION VII.

THÉORÈME.

Deux triangles sont égaux lorsqu'ils ont un côté égal adjacent à deux angles égaux chacun à chacun.

Soit le côté BC égal au côté EF, l'angle B égal à l'angle E, et l'angle C à l'angle F, je dis que le triangle DEF sera égal au triangle ABC.

Car, pour opérer la superposition, soit placé EF sur son égal BC, le point E tombera en B et le point F en C. Puisque l'angle E est égal à l'angle B, le côté ED prendra la direction de BA ; ainsi le point D se trouvera sur quelque point de la ligne BA. De même, puisque l'angle F est égal à l'angle C, la ligne FD prendra la direction de CA, et le point D se trouvera sur quelque point du côté CA ; donc le point D qui doit se trouver à la fois sur les deux lignes BA, CA, tombera sur leur intersection A ; donc les deux triangles ABC, DEF, coïncident l'un avec l'autre, et sont parfaitement égaux.

Corollaire. Donc, de ce que trois choses sont égales dans deux triangles, savoir BC=EF, B=E, C=F, on peut conclure que les trois autres le sont, savoir AB=DE, AC=DF, A=D.

PROPOSITION VIII.

THÉORÈME.

Dans tout triangle un côté quelconque est plus petit que la somme des deux autres.

Car le côté BC, par exemple, est le plus court chemin de B en C ; donc BC est plus petit que BA+AC.

PROPOSITION IX.

THÉORÈME.

Si, d'un point O pris au dedans du triangle ABC, Fig. 24. *on mene aux extrémités d'un côté BC les lignes OB, OC, la somme de ces lignes sera moindre que celle des deux autres côtés AB, AC.*

Soit prolongé BO jusqu'à la rencontre du côté AC en D ; la ligne droite OC est plus courte que OD+DC ; ajoutant de part et d'autre BO, on aura BO+OC < BO+OD+DC, ou BO+OC < BD+DC.

GÉOMÉTRIE.

On a pareillement BD < BA+AD ; ajoutant de part et d'autre DC, on aura BD+DC < BA+AC. Mais on vient de trouver BO+OC < BD+DC; donc, à plus forte raison, BO+OC < BA+AC.

PROPOSITION X.

THÉORÈME.

Fig. 25.

Si les deux côtés AB, AC, *du triangle* ABC *sont égaux aux deux côtés* DE, DF, *du triangle* DEF, *chacun à chacun, si en même temps l'angle* BAC *compris par les premiers est plus grand que l'angle* EDF *compris par les seconds, je dis que le troisieme côté* BC *du premier triangle sera plus grand que le troisieme* EF *du second.*

Faites l'angle CAG=D, prenez AG=DE, et joignez CG, le triangle GAC sera égal au triangle DEF, puisqu'ils ont par construction un angle égal compris entre côtés égaux, on aura donc CG=EF. Maintenant il peut arriver trois cas, selon que le point G tombe hors du triangle ABC, ou sur le côté BC, ou au dedans du même triangle.

Fig. 25.

Premier cas. La ligne droite GC est plus courte que GI+IC, la ligne droite AB est plus courte que AI+IB ; donc GC+AB est plus courte que GI+AI+IC+IB, ou, ce qui est la même chose, GC+AB < AG+BC. Retranchant d'un côté AB et de l'autre son égale AG, il restera GC < BC; or GC=EF, donc EF < BC.

Fig. 26.

Second cas. Si le point G tombe sur le côté BC il est évident que GC ou son égale EF sera plus petite que BC.

Fig. 27.

Troisieme cas. Si le point G tombe au dedans du triangle ABC, on aura, suivant le théorème précédent,

AG+GC ⪖ AB+BC. Retranchant d'une part AG, et de l'autre son égale AB, il restera GC < BC, ou EF < BC.

PROPOSITION XI.

THÉORÊME.

Deux triangles qui sont équilatéraux entre eux Fig. 23. *sont aussi équiangles.*

Soit le côté AB = DE, AC = DF, BC = EF, je dis qu'on aura l'angle A = D, B = E, C = F.

Car si l'angle A étoit plus grand que l'angle D, comme les côtés AB, AC, sont égaux aux côtés DE, DF, chacun à chacun, il s'ensuivroit, par le théorême précédent, que le côté BC est plus grand que EF; et si l'angle A étoit plus petit que D, il s'ensuivroit que le côté BC est plus petit que EF; or BC est égal à EF, donc l'angle A ne peut être ni plus grand ni plus petit que l'angle D., donc il lui est égal. On prouvera de même que l'angle B = E, et que l'angle C = F.

Scholie. On peut remarquer que les angles égaux sont opposés à des côtés égaux. Ainsi les angles égaux A et D sont opposés aux côtés égaux BC, EF.

PROPOSITION XII.

THÉORÊME.

Dans un triangle isoscele les angles opposés aux côtés égaux sont égaux.

Soit le côté AB = AC, je dis qu'on aura l'angle Fig. 28. = C.

Tirez la ligne AD du *sommet* A au point D milieu de la *base* BC, les deux triangles ABD, ADC, auront leurs trois côtés égaux chacun à chacun ; savoir, AD commun, AB=AC par hypothese, et BD=DC par construction; donc, en vertu du théorême précédent, l'angle B est égal à l'angle C.

Corollaire. Un triangle équilatéral est en même temps *équiangle,* c'est-à-dire qu'il a ses angles égaux.

Scholie. L'égalité des triangles ABD, ACD, prouve en même temps que l'angle BAD=DAC, et que l'angle BDA=ADC; donc ces deux derniers sont droits; donc *la ligne menée du sommet d'un triangle isoscele au milieu de sa base est perpendiculaire à la base, et divise l'angle du sommet en deux parties égales.*

Dans un triangle non isoscele on prend indifféremment pour *base* un côté quelconque, et alors le *sommet* est l'angle opposé. Dans le triangle isoscele on prend particulièrement pour *base* le côté qui n'est point égal aux autres.

PROPOSITION XIII.

THÉORÊME.

Réciproquement si deux angles sont égaux dans un triangle, les côtés opposés le seront, et le triangle sera isoscele.

Soit l'angle ABC=ACB, je dis que le côté AC sera égal au côté AB.

Car si ces côtés ne sont pas égaux, soit AB le plus grand des deux. Prenez BD=AC et joignez DC. L'angle DBC est, par hypothese, égal à l'angle ACB; les deux côtés DB, BC, sont égaux aux deux AC, BC; donc le triangle DBC est égal au triangle ABC; ce qui est absurde, puisque la partie ne peut pas être égale au tout. Donc les côtés AB, AC, sont égaux, et le triangle ABC est isoscele.

P R O P O S I T I O N X I V.

T H É O R È M E.

De deux côtés d'un triangle celui-là est le plus grand qui est opposé à un plus grand angle, et réciproquement de deux angles d'un triangle celui-là est le plus grand qui est opposé à un plus grand côté.

1°. Soit l'angle C > B, je dis que le côté AB opposé à l'angle C est plus grand que le côté AC opposé à l'angle B. Fig. 30.

Soit fait l'angle BCD = B ; dans le triangle BDC on aura * BD = DC. Mais la ligne droite AC est plus courte que AD+DC, et AD+DC=AD+DB=AB. Donc AB est plus grand que AC. * Pr. 13.

2°. Soit le côté AB > AC, je dis que l'angle C opposé au côté AB sera plus grand que l'angle B opposé au côté AC.

Car si on avoit C < B, il s'ensuivroit par ce qui vient d'être démontré, AB < AC, ce qui est contre la supposition. Si on avoit C = B, il s'ensuivroit * AB = AC, ce qui est encore contre la supposition. Donc il faut que l'angle C soit plus grand que B. * Pr. 10

P R O P O S I T I O N X V.

T H É O R È M E.

D'un point A donné hors d'une droite DE on ne peut mener qu'une seule perpendiculaire à cette droite. Fig. 31.

Car supposons qu'on puisse en mener deux AB et AC ; prolongeons l'une d'elles AB d'une quantité BF = AB, et joignons FC.

Le triangle CBF est égal au triangle ABC. Car l'angle CBF est droit ainsi que CBA, le côté CB est commun, et le côté BF = AB. Donc ces triangles sont

Pr. 6. égaux, et il s'ensuit que l'angle BCF=BCA. L'angle BCA est droit par hypothese, donc l'angle BCF l'est aussi. Mais si les angles adjacents BCA, BCF, valent ensemble deux angles droits, il faut que la ligne ACF
Pr. 4. soit droite: d'où il résulte qu'entre les deux mêmes points A et F on pourroit mener deux lignes droites ABF, ACF; c'est ce qui est impossible, donc il est pareillement impossible que deux perpendiculaires soient menées d'un même point sur la même ligne droite.

PROPOSITION XVI.

THÉORÈME.

Si d'un point A situé hors d'une droite DE on mene la perpendiculaire AB sur cette droite, et différentes obliques AE, AC, AD, etc. à différents points de cette même droite :

1°. La perpendiculaire AB sera plus courte que toute oblique.

2°. Les deux obliques AC, AE, menées de part et d'autre de la perpendiculaire à des distances égales BC, BE, seront égales.

3°. De deux obliques AC et AD, ou AE et AD, menées comme on voudra, celle qui s'écarte le plus de la perpendiculaire sera la plus longue.

Soit prolongée la perpendiculaire AB d'une quantité BF=AB, et soient tirées FC, FD.

1°. Le triangle BCF est égal au triangle BCA, car l'angle droit CBF=CBA, le côté CB est commun,
*Pr. 6. et le côté BF=BA; donc * le troisieme côté CF est égal au troisieme AC. Or ABF ligne droite est plus courte que ACF ligne brisée, donc AB moitié de ABF est plus courte que AC moitié de ACF. Donc 1°. la perpendiculaire est plus courte que toute oblique.

2°.

2°. Si on suppose BE $=$ BC, comme on a en outre AB commun et l'angle ABE $=$ ABC, il s'ensuit que le triangle ABE est égal au triangle ABC. Donc les côtés AE, AC, sont égaux. Donc 2°. deux obliques qui s'écartent également de la perpendiculaire sont égales.

3°. Dans le triangle ADF la somme des lignes AC, CF, est plus petite*que la somme des côtés AD, DF. Donc AC, moitié de la ligne ACF, est plus courte que AD moitié de ADF. Donc 3°. les obliques qui s'écartent le plus de la perpendiculaire sont les plus longues.

*Pr. 9.

Corollaire I. La perpendiculaire mesure la vraie distance d'un point à une ligne, puisqu'elle est la plus courte possible.

Corollaire II. D'un même point on ne peut mener à une même ligne trois droites égales. Car, si cela étoit, il y auroit d'un même côté de la perpendiculaire deux obliques égales, ce qui est impossible.

PROPOSITION XVII.
THÉORÈME.

Si par le point C, milieu de la ligne AB, on élève la perpendiculaire EF sur cette ligne; 1°. tout point de la perpendiculaire sera également distant des deux extrémités de la ligne AB; 2°. tout point hors de la perpendiculaire sera inégalement distant des mêmes extrémités A et B.

Fig. 32.

Car 1°. puisqu'on suppose AC $=$ CB, les deux obliques AD, DB, s'écartent également de la perpendiculaire; donc elles sont égales. Il en est de même des deux obliques AE, EB, des deux AF, FB, etc. Donc 1°. tout point de la perpendiculaire est également distant des extrémités A et B.

B

2°. Soit I un point hors de la perpendiculaire; si on joint IA, IB, l'une de ces lignes coupera la perpendiculaire en D, d'où l'on tirera DB. Cela posé, IB est plus petit que ID + DB : mais à cause de DB = DA, on a ID + DB = ID + DA = IA ; donc IB < IA ; donc 5°. tout point hors de la perpendiculaire sera inégalement distant des extrémités A et B.

PROPOSITION XVIII.

THÉORÈME.

Deux triangles rectangles sont égaux lorsqu'ils ont l'hypoténuse égale et un côté égal.

Fig. 33.
Soit l'hypoténuse AC = DF, et le côté AB = DE, je dis que le triangle rectangle ABC sera égal au triangle rectangle DEF.

L'égalité seroit manifeste si le troisieme côté BC étoit égal au troisieme EF : supposons, s'il est possible, que ces côtés ne soient pas égaux, et que BC soit le plus grand. Prenez BG = EF et joignez AG. Le triangle ABG est égal au triangle DEF, car l'angle droit B est égal à l'angle droit E, le côté AB = DE, et le côté BG = EF; donc ces deux triangles sont

*Pr. 6.
égaux*, et on a par conséquent AG = DF : mais, par hypothese, DF = AC; donc AG = AC. Mais l'oblique
*Pr. 16.
AC ne peut être égale à AG*, puisqu'elle est plus éloignée de la perpendiculaire AB ; donc il est impossible que BC differe de EF; donc le triangle ABG est égal au triangle DEF.

PROPOSITION XIX.

THÉORÈME.

Fig. 34.
Si deux lignes droites AC, BD, sont perpendiculaires à une troisieme AB, ces deux lignes seront paralleles, c'est-à-dire qu'elles ne pourront se rencontrer à quelque distance qu'on les prolonge.

Car si elles pouvoient se rencontrer en un point O d'un côté ou de l'autre de la ligne AB, il existeroit deux perpendiculaires OA, OB, menées d'un même point O sur une même ligne AB, ce qui est impossible*.   *Pr. 15.

PROPOSITION XX.

LEMME.

La ligne BD étant perpendiculaire à AB, si une Fig. 35. autre ligne AC fait avec AB un angle aigu BAC, je dis que les lignes AC et BD prolongées suffisamment se rencontreront.

D'un point quelconque F pris dans la direction AC, soit abaissée sur AB la perpendiculaire FG. Le point G ne tombera pas en A, puisque l'angle BAF n'est pas droit. Il ne peut tomber non plus dans la direction AL; car s'il tomboit en H, par exemple, soit AE une perpendiculaire à AB qui rencontre FH en K, alors KH et KA seroient deux perpendiculaires abaissées d'un même point K sur la même ligne AL, ce qui est impossible*. Donc il faut que le point G tombe, *Pr. 15. comme la figure le représente, dans la direction AI.

Soit pris maintenant sur la ligne AC un nouveau point C à une distance AC plus grande que AF, et soit abaissée du point C la perpendiculaire CM sur AI; le point M ne peut tomber en G, parcequ'on auroit l'angle CGI droit ainsi que l'angle FGI, et que la partie seroit égale au tout. Il peut encore moins tomber dans la direction GL, car on feroit voir, comme on l'a fait pour la ligne FH, qu'il y auroit deux perpendiculaires abaissées d'un même point sur la même ligne. Donc la perpendiculaire CM doit tomber sur la direction GI à une distance AM plus grande que AG.

Puisqu'en prenant AC plus grande que AF, la perpendiculaire CM est plus éloignée de A que la perpendiculaire FG, il s'ensuit qu'en prenant sur la ligne AC des points de plus en plus éloignés de A, les perpendiculaires menées par ces points s'éloigneront de plus en plus du point A. Il seroit absurde de mettre des bornes à l'augmentation de la distance AM à mesure que le point C s'éloigne. Car si, par exemple, on supposoit que CM est la dernière perpendiculaire ou, la plus éloignée du point A, on démontreroit toujours de la même manière, qu'en prenant le point P sur le prolongement de AC, la perpendiculaire PN tomberoit à une distance AN plus grande que AM, ce qui contredit la supposition que CM est la perpendiculaire la plus éloignée.

Donc les perpendiculaires abaissées des différents points de la ligne AC sur AI passent à des distances aussi grandes qu'on voudra du point A ; donc il y en aura une qui passera par B et qui sera confondue avec la perpendiculaire BD ; donc les lignes AC, BD, prolongées doivent se rencontrer.

PROPOSITION XXI.

THÉORÈME.

Fig. 36.   *Si deux droites AC, BD, font avec une troisième AB deux angles intérieurs CAB, ABD, dont la somme soit égale à deux droits, les deux lignes AC, BD, seront parallèles.*

Du point G milieu de AB tirez la droite EGF perpendiculaire sur AC. Si on compare le triangle AGE au triangle GBF, on trouve le côté AG = GB par construction, l'angle AGE = BGF comme opposés

Pr. 5.   au sommet ; de plus l'angle GAE = GBF, car

GBD + GAE valent deux angles droits par hypothèse, et GBD + GBF en valent deux aussi*; donc en retran- *Pr. 2. chant de part et d'autre l'angle GBD, il restera l'angle GAE = GBF; donc les triangles GAE, GBF, ont un côté égal adjacent à deux angles égaux ; donc ils sont égaux*; donc l'angle GFB = GEA. Mais l'angle GEA *Pr. 7. est droit par construction ; donc les lignes AC, BD, sont perpendiculaires sur une même ligne EF ; donc elles sont parallèles*. *Pr. 19.

PROPOSITION XXII.

THÉORÈME.

Si deux lignes droites AI, BD, font avec une troisieme AB deux angles BAI, ABD, dont la somme est moindre que deux droits, les lignes AI, BD, prolongées se rencontreront.

Menez AC de sorte que les deux angles CAB, ABD, valent ensemble deux angles droits ; et achevez le reste de la construction comme dans le théorème précédent. Puisque l'angle AEK est droit, AE est une perpendi- culaire plus courte que l'oblique AK ; donc dans le *Pr. 14. triangle AEK, l'angle AKE opposé au côté AE est plus petit que l'angle droit AEK opposé au côté AK. Mais l'angle IKF = AKE ; donc l'angle IKF est plus petit qu'un droit ; donc les lignes KI, FD, prolongées doivent se rencontrer*. *Pr. 20.

Scholie. Si les lignes AM et BD faisoient avec AB deux angles BAM, ABD, dont la somme fût plus grande que deux angles droits, alors les deux lignes AM, BD, ne se rencontreroient pas au-dessus de AB, mais elles se rencontreroient au-dessous : car les deux angles ABD, ABF, valent deux droits, les deux angles BAM, BAN, en valent deux aussi ; donc ces quatre

angles pris ensemble valent quatre angles droits. Mais la somme des deux angles BAM, ABD, vaut plus de deux angles droits ; donc la somme des deux restants BAN, ABF, vaut moins ; donc les deux lignes AN, BF, prolongées doivent se rencontrer.

Corollaire. Par un point donné A on ne peut mener qu'une seule parallèle à une ligne donnée BD.

Car dès que AC est parallèle à BD, toute autre ligne AI ou AM menée d'un côté ou d'un autre de la ligne AC est telle que la somme des angles intérieurs est plus petite ou plus grande que deux angles droits ; donc elle doit rencontrer la ligne BD.

PROPOSITION XXIII.

THÉORÊME.

Fig. 37.

Si deux lignes parallèles AB, CD, sont rencontrées par une sécante EF, la somme des deux angles intérieurs AGO, GOC, sera égale à deux angles droits.

Car si elle étoit plus grande ou plus petite, les deux lignes AB, CD, se rencontreroient d'un côté ou de l'autre, et ne seroient pas parallèles.

Corollaire I. Si l'angle GOC est droit, l'angle AGO doit l'être aussi ; donc toute ligne perpendiculaire à l'une des parallèles est perpendiculaire à l'autre.

Corollaire II. Puisque AGO + GOC est égal à deux angles droits, et que GOD + GOC est aussi égal à deux angles droits, en retranchant de part et d'autre GOC, on aura l'angle AGO = GOD. Par conséquent les quatre angles aigus EGB, AGO, GOD, COF, sont égaux entre eux ; il en est de même des quatre angles obtus AGE, OGB, COG, DOF ; et en même temps si on ajoute l'un des quatre angles aigus à l'un des quatre obtus, la somme fera toujours deux angles droits.

Scholie. On donne ordinairement des noms particuliers à quelques uns de ces angles comparés deux à deux. Nous avons déja appelé les angles AGO, GOC, *intérieurs d'un même côté*; les angles BGO, GOD, ont le même nom. Les angles AGO, GOD, s'appellent *alternes-internes*, ou simplement *alternes*; il en est de même des angles BGO, GOC. Les angles EGB, GOD, s'appellent *internes-externes*; et enfin les angles EGB, COF, prennent le nom d'*alternes-externes*. On peut donc regarder comme autant de propositions déja démontrées les suivantes.

Les angles intérieurs d'un même côté pris ensemble valent deux angles droits.

Les angles alternes-internes sont égaux.

Les angles internes-externes sont égaux.

Les angles alternes-externes sont égaux.

Réciproquement, si les angles ainsi dénommés sont égaux, on peut conclure que les lignes auxquelles ils se rapportent sont parallèles. Soit, par exemple, l'angle AGO=GOD; puisque GOC+GOD est égal à deux droits, on aura aussi AGO+COG égal à deux droits; donc* les lignes AG, CO, sont parallèles. *Pr. 21.

PROPOSITION XXIV.
THÉORÈME.

Deux lignes AB, CD, *parallèles à une troisième* EF, Fig. 38. *sont parallèles entre elles.*

Menez la sécante PQR perpendiculaire à EF. Puisque AB est parallèle à EF, PR sera perpendiculaire à AB*; de même puisque CD est parallèle à EF, *Cor. 1, la même sécante PR sera perpendiculaire à CD; donc Pr. 23. AB et CD sont perpendiculaires à la même ligne PQ; donc elles sont parallèles*. *Pr. 19.

B 4

PROPOSITION XXV.

THÉORÈME.

Fig. 39.

Deux parallèles sont par-tout également distantes.

Entre les deux parallèles AC, BD, menez par-tout où vous voudrez les deux perpendiculaires AB, CD, je dis que ces deux perpendiculaires sont égales.

Les lignes AB, CD, perpendiculaires à l'une des parallèles, sont en même temps perpendiculaires à *Pr. 23. l'autre*; et si on mène EF perpendiculaire sur le milieu de AC, EF sera aussi perpendiculaire à BD, de sorte que tous les angles en A, E, C, B, F, D, seront droits. Cela posé je dis que le quadrilatère AEFB peut être placé exactement sur le quadrilatère CEFD; car le côté EF est commun, l'angle AEF est égal à FEC, et le côté EA est égal à EC par construction : donc le point A tombera en C. Mais l'angle EAB est égal à ECD; donc AB et CD seront dans une même direction. D'ailleurs l'angle EFB=EFD; donc FB et FD seront aussi dans la même direction ; donc les deux quadrilatères coïncideront entièrement l'un avec l'autre, et on aura par conséquent AB=CD.

PROPOSITION XXVI.

THÉORÈME.

Fig. 40.

Si deux angles BAC, DEF, ont les côtés parallèles chacun à chacun, et dirigés dans le même sens, ces deux angles seront égaux.

Prolongez, s'il est nécessaire, DE jusqu'à la rencontre de AC en G; l'angle DEF est égal à DGC, *Pr. 23. parceque EF est parallèle à GC*; l'angle DGC est égal à BAC, parceque DG est parallèle à AB; donc l'angle DEF est égal à BAC.

Scholie. On met dans cette proposition la restriction que EF soit dirigé dans le même sens que AC, et ED dans le même sens que AB; car si on prolonge FE vers H, l'angle DEH aura ses côtés parallèles à ceux de l'angle BAC; mais ces angles ne seront pas égaux, parceque EH et AC sont dirigés en sens contraires: dans ce cas l'angle DEH et l'angle BAC feroient ensemble deux angles droits.

PROPOSITION XXVII.

THÉORÈME.

Fig. 41.

Si on prolonge le côté CA *d'un triangle vers* D, *l'angle extérieur* BAD *sera égal à la somme des deux intérieurs opposés* B *et* C.

Menez AE parallèle à CB; par rapport à la sécante AB les angles BAE, ABC, sont égaux* comme *alternes-internes;* par rapport à la sécante CD les angles DAE, ACB, sont égaux comme *internes-externes;* donc BAE+DAE ou BAD=ABC+ACB.

*Pr. 23.

PROPOSITION XXVIII.

THÉORÈME.

Les trois angles d'un triangle pris ensemble valent deux angles droits.

Car, en vertu du théorème précédent, B+C=BAD; ajoutant de part et d'autre l'angle A ou BAC, on aura A+B+C=BAC+BAD = deux angles droits.

Corollaire I. Deux angles d'un triangle étant donnés, ou seulement leur somme, on connoîtra le troisieme en retranchant la somme des deux angles donnés de deux angles droits.

II. Si deux angles d'un triangle sont égaux à deux angles d'un autre triangle, chacun à chacun, le troisieme angle de l'un sera égal au troisieme de l'autre, et ces deux triangles seront équiangles entre eux.

III. Dans un triangle il ne peut y avoir qu'un angle droit ; car, s'il y en avoit deux, le troisieme seroit nul. A plus forte raison un triangle ne peut-il avoir qu'un seul angle obtus.

IV. Dans un triangle rectangle la somme des deux angles aigus est égale à un angle droit.

V. Dans un triangle équilatéral chaque angle est le tiers de deux angles droits ou les deux tiers d'un.

PROPOSITION XXIX.

THÉORÈME.

La somme de tous les angles intérieurs d'un polygone est égale à autant de fois deux angles droits que le polygone a de côtés au-delà de deux.

Fig. 42.

Soit ABCDEFG un polygone de tant de côtés qu'on voudra : si on tire la *diagonale* AC qui retranche le triangle ABC, on voit aisément que la somme des angles du polygone ABCDEFG comprend celle du polygone ACDEFG qui a un côté de moins, plus la somme des angles du triangle ABC qui est égale à deux angles droits ; donc la somme des angles d'un quadrilatere vaut la somme des angles d'un triangle plus deux angles droits, en tout quatre angles droits ; la somme des angles d'un pentagone vaut celle d'un quadrilatere plus deux angles droits, en tout six angles droits ; et ainsi de suite en augmentant de deux angles droits, à mesure que le polygone a un côté de plus ; donc la somme des angles d'un polygone est égale à autant de fois deux angles droits qu'il a de côtés de plus que deux.

Corollaire. Si un polygone est *équiangle*, c'est-à-dire s'il a tous ses angles égaux, on trouvera la valeur de chacun en divisant la somme de tous par leur nombre.

Ainsi dans le quadrilatere équiangle, chaque angle est droit ; dans le pentagone équiangle, chaque angle est le cinquieme de six angles droits ; dans l'hexagone équiangle, chaque angle est le sixieme de huit angles droits, ou le tiers de quatre, etc.

Scholie. Si on vouloit appliquer la proposition pré- Fig. 43. sente à un polygone qui auroit un ou plusieurs angles rentrants, il faudroit considérer chaque angle rentrant comme étant plus grand que deux angles droits. Mais pour éviter tout embarras, nous ne considérerons ici et dans la suite que les polygones à angles saillants, qu'on peut appeler autrement *polygones convexes.* Tout polygone convexe est tel qu'une ligne droite menée comme on voudra ne peut rencontrer le contour de ce polygone qu'en deux points.

PROPOSITION XXX.

THÉORÈME.

Les côtés opposés d'un parallélogramme sont égaux ainsi que les angles opposés.

Tirez la diagonale BD, les deux triangles ADB, DBC, Fig. 44. ont le côté commun BD ; de plus, à cause des pa- ralleles AD, BC, l'angle ADB=DBC*, et à cause des *Pr. 23. paralleles AB, CD, l'angle ABD=BDC. Donc les deux triangles ABD, DBC, sont égaux*; donc le côté AB *Pr. 7. opposé à l'angle ADB est égal au côté DC opposé à l'angle égal DBC, de même AD=BC; donc les côtés opposés d'un parallélogramme sont égaux.

En second lieu, de l'égalité des mêmes triangles il s'ensuit que l'angle A est égal à l'angle C, et aussi que l'angle ADC composé des deux angles ADB, BDC, est égal à l'angle ABC composé des deux angles DBC, ABD ; donc les angles opposés d'un parallélogramme sont égaux.

Corollaire. Donc deux parallèles AB, CD, comprises entre deux autres parallèles AD, BC, sont égales.

PROPOSITION XXXI.

THÉORÈME.

Fig. 44.
Si dans un quadrilatère ABCD les côtés opposés sont égaux, en sorte qu'on ait AB=CD, *et* AD=BC, *ces côtés seront de plus parallèles et la figure sera un parallélogramme.*

Car en tirant la diagonale BD, les deux triangles ABD, BDC, auront les trois côtés égaux chacun à chacun ; donc ils seront égaux ; donc l'angle ADB opposé au côté AB est égal à l'angle DBC opposé au côté CD ; donc*le côté AD est parallèle à BC. Par une semblable raison AB est parallèle à CD ; donc le quadrilatère ABCD est un parallélogramme.

*Pr. 23.

PROPOSITION XXXII.

THÉORÈME.

Si deux côtés opposés AB, CD, *d'un quadrilatère sont égaux et parallèles, les deux autres côtés seront pareillement égaux et parallèles, et la figure* ABCD *sera un parallélogramme.*

Soit tirée la diagonale BD ; puisque AB est parallèle à CD, l'angle ABD=BDC : d'ailleurs le côté AB=DC, le côté BD est commun ; donc le triangle ABD est égal au triangle DBC* ; donc le côté AD=BC, et l'angle ADB=DBC, et par conséquent AD est parallèle à BC ; donc la figure ABCD est un parallélogramme.

*Pr. 6.

PROPOSITION XXXIII.

THÉORÈME.

Les deux diagonales AC, BD, *d'un parallélogramme* Fig. 45. *se coupent mutuellement en deux parties égales.*

Car en comparant le triangle ADO au triangle COB, on trouve le côté AD=CB, l'angle ADO=CBO, et l'angle DAO=OCB ; donc ces deux triangles sont égaux* ; donc AO, côté opposé à l'angle ADO, est égal *Pr. 7. à OC côté opposé à l'angle OBC ; donc aussi DO=OB.

LIVRE II.

SUITE DES PRINCIPES.

DÉFINITIONS.

Fig. 46. I. La *circonférence du cercle* est une ligne courbe dont tous les points sont également distants d'un point intérieur qu'on appelle *centre*.

Le *cercle* est l'espace terminé par cette ligne courbe.

N. B. Quelquefois dans le discours on confond le cercle avec sa circonférence ; mais il sera toujours facile de rétablir l'exactitude des expressions en se ressouvenant que le cercle est une surface qui a longueur et largeur, tandis que la circonférence n'est qu'une ligne.

II. Toute ligne, comme CA, CE, CD, etc., menée du centre à la circonférence, s'appelle *rayon* ou *demi-diametre*. Toute ligne, comme AB, qui passe par le centre et qui est terminée de part et d'autre à la circonférence, s'appelle *diametre*.

En vertu de la définition du cercle tous les rayons sont égaux ; tous les diametres sont égaux aussi et doubles du rayon.

III. On appelle *arc* une portion de circonférence telle que FHG.

La *corde* ou *sous-tendante* de l'arc est la ligne droite FG qui joint ses deux extrémités.

IV. *Segment* est la surface ou portion du cercle comprise entre l'arc et la corde.

N. B. A la même corde FG répondent toujours deux arcs FHG, FEG, et par conséquent aussi deux segments;

mais c'est toujours le plus petit dont on entend parler, à moins qu'on n'exprime le contraire.

V. *Secteur* est la partie du cercle comprise entre un arc DE, et les deux rayons CD, CE, menés aux extrémités de cet arc.

VI. On appelle *ligne inscrite dans le cercle*, celle Fig. 47. dont les extrémités sont à la circonférence, comme AB :

Angle inscrit, un angle tel que BAC, dont le sommet est à la circonférence, et qui est formé par deux cordes :

Triangle inscrit, un triangle tel que BAC, dont les trois angles ont leurs sommets à la circonférence :

Et en général *figure inscrite*, celle dont tous les angles ont leurs sommets à la circonférence : en même temps on dit que le cercle est *circonscrit* à cette figure.

VII. On appelle *sécante* une ligne qui rencontre la Fig. 48. circonférence en deux points ; telle est AB.

VIII. *Tangente* est une ligne qui n'a qu'un point de commun avec la circonférence ; telle est CD.

IX. Pareillement deux circonférences sont *tangentes* l'une à l'autre lorsqu'elles n'ont qu'un point de commun.

X. Un polygone est *circonscrit à un cercle*, lorsque tous ses côtés sont des *tangentes* à la circonférence ; dans le même cas on dit que le cercle est *inscrit* dans le polygone.

PROPOSITION I.

THÉORÈME.

Tout diamètre AB *divise le cercle et sa circonférence en deux parties égales.*

Car si on applique la figure AEB sur ADB, en Fig. 49.

conservant la base commune AB, il faudra que la ligne courbe AEB tombe exactement sur la ligne courbe ADB, sans quoi il y auroit dans l'une ou l'autre des points inégalement éloignés du centre, ce qui est contre la définition du cercle.

PROPOSITION II.

THÉORÊME.

Toute corde est plus petite que le diametre.

Car si aux extrémités de la corde AD on mene les rayons AC, CD, on aura AD < AC+CD, ou AD < AB.

Corollaire. Donc la plus grande ligne droite qu'on puisse inscrire dans un cercle est égale à son diametre.

PROPOSITION III.

THÉORÊME.

Une ligne droite ne peut rencontrer une circonférence en plus de deux points.

Car si elle la rencontroit en trois, ces trois points seroient également distants du centre; il y auroit donc trois lignes égales menées d'un même point sur une *Pr. 16,* même ligne droite, ce qui est impossible. *
Liv. 1.

PROPOSITION IV.

THÉORÊME.

Dans un même cercle ou dans des cercles égaux, les arcs égaux sont sous-tendus par des cordes égales, et réciproquement les cordes égales sous-tendent des arcs égaux.

Fig. 50.   Le rayon AC étant égal au rayon EO, et l'arc AMD égal à l'arc ENG, je dis que la corde AD sera égale à la corde EG.

Car

Car le diametre AB étant égal au diametre EF, le demi-cercle AMDB pourra s'appliquer exactement sur le demi-cercle ENGF, et la ligne courbe AMDB coïncidera entièrement avec la ligne courbe ENGF. Mais on suppose la portion AMD égale à la portion ENG ; donc le point D tombera sur le point G ; donc la corde AD est égale à la corde EG.

Réciproquement, en supposant toujours le rayon AC=EO, si la corde AD=EG, je dis que l'arc AMD sera égal à l'arc ENG.

Car en tirant les rayons CD, OG, les deux triangles ACD, EOG, auront les trois côtés égaux chacun à chacun, savoir AC=EO, CD=OG, et AD=EG ; donc ces triangles sont égaux, et l'angle ACD=EOG. Mais en posant le demi-cercle ADB sur son égal EGF, puisque l'angle ACD=EOG, il est clair que le rayon CD tombera sur le rayon OG, et le point D sur le point G ; donc l'arc AMD est égal à l'arc ENG.

PROPOSITION V.

THÉORÈME.

Dans le même cercle ou dans des cercles égaux, un plus grand arc est sous-tendu par une plus grande corde, et réciproquement, pourvu que les arcs dont il s'agit soient moindres qu'une demi-circonférence.

Car soit l'arc AH plus grand que AD, et soient menées les cordes AD, AH, et les rayons CD, CH : les deux côtés AC, CH, du triangle ACH sont égaux aux deux côtés AC, CD, du triangle ACD : l'angle ACH est plus grand que ACD ; donc* le troisieme côté AH *10. 1 est plus grand que le troisieme AD ; donc la corde qui sous-tend le plus grand arc est la plus grande.

Réciproquement, si la corde AH est supposée plus

C

grande que AD, on conclura des mêmes triangles que
l'angle ACH est plus grand que ACD, et qu'ainsi
l'arc AH est plus grand que AD.

Scholie. Nous supposons que les arcs dont il s'agit
sont plus petits que la demi-circonférence. C'est le
contraire lorsqu'ils sont plus grands ; alors l'arc
augmentant, la corde diminue, et réciproquement.
Ainsi l'arc AKBD étant plus grand que AKBH, la
corde AD est plus petite que AH.

PROPOSITION VI.

THÉORÈME.

Fig. 51.

*Le rayon CG, perpendiculaire à une corde AB,
divise cette corde et l'arc sous-tendu AGB, chacun en
deux parties égales.*

Menez les rayons AC, CB ; ces rayons sont, par
rapport à la perpendiculaire CD, deux obliques égales ;
donc ils s'écartent également de la perpendiculaire ;
donc AD=DB.

*17. 1.

En second lieu, puisque AD=DB, CG est une
perpendiculaire élevée sur le milieu de AB ; donc*tout
point de cette perpendiculaire doit être également
distant des deux extrémités A et B. Le point G est un
de ces points ; donc la distance AG=GB. Mais si la
corde AG est égale à la corde GB, l'arc AG sera égal à
l'arc GB ; donc le rayon CG, perpendiculaire à la
corde AB, divise l'arc sous-tendu par cette corde en
deux parties égales au point G.

Scholie. Le centre C, le milieu D de la corde AB,
et le milieu G de l'arc sous-tendu par cette corde, sont
trois points situés sur une même ligne perpendiculaire
à la corde. Or il suffit de deux points pour déterminer
la position d'une ligne ; donc toute ligne qui passe par

deux des points mentionnés passera nécessairement par le troisieme et sera perpendiculaire à la corde.

Il s'ensuit aussi que *la perpendiculaire élevée sur le milieu d'une corde passe par le centre et par le milieu de l'arc sous-tendu par cette corde.*

Car cette perpendiculaire se confond avec celle qui seroit abaissée du centre sur la même corde, puisqu'elles passent toutes deux par le milieu de la corde.

PROPOSITION VII.

THÉORÈME.

Par trois points donnés A, B, C, *non en ligne* Fig. 52. *droite, on peut toujours faire passer une circonférence, mais on n'en peut faire passer qu'une.*

Joignez AB, BC, et divisez ces deux lignes en deux parties égales par les perpendiculaires DE, FG; je dis d'abord que ces perpendiculaires se rencontreront en un point O.

Car les lignes DE, FG, se couperont nécessairement si elles ne sont pas paralleles. Or supposons qu'elles fussent paralleles, la ligne BD perpendiculaire à DE seroit, en la prolongeant, perpendiculaire à FG*; mais *23. 1. BK prolongement de BD est différente de BF, puisque les trois points A, B, C, ne sont pas en ligne droite; donc il y auroit deux perpendiculaires BF, BK, abaissées d'un même point sur la même ligne, ce qui est impossible; donc les perpendiculaires DE, FG, se couperont toujours en un point O.

Maintenant le point O, comme appartenant à la perpendiculaire DE, est à égale distance des deux points A et B; le même point O, comme appartenant à la perpendiculaire FG, est à égale distance des deux points B, C; donc les trois distances OA, OB, OC, sont

C 2

égales ; donc la circonférence décrite du centre O et du rayon OB passera par les trois points donnés A, B, C.

Il est prouvé par-là qu'on peut toujours faire passer une circonférence par trois points donnés, non en ligne droite ; je dis de plus qu'on n'en peut faire passer qu'une.

Car s'il y avoit une seconde circonférence qui passât par les trois points donnés A, B, C, son centre ne ★ 17. 1. pourroit être hors de la ligne DE★, puisqu'alors il seroit inégalement éloigné de A et de B, ni hors de la ligne FG par une raison semblable ; donc il seroit à la fois sur les deux lignes DE, FG. Or deux lignes droites ne peuvent se couper en plus d'un point ; donc il n'y a qu'une circonférence qui puisse passer par trois points donnés.

Corollaire. Deux circonférences ne peuvent se rencontrer en plus de deux points ; car si elles avoient trois points communs, elles auroient le même centre et ne feroient qu'une seule et même circonférence.

PROPOSITION VIII.

THÉORÈME.

Deux cordes égales sont également éloignées du centre, et de deux cordes inégales la plus petite est la plus éloignée du centre.

Fig. 53.   1°. Soit la corde AB=DE : menez du centre les perpendiculaires CF, CG, sur ces cordes, et tirez les rayons CA, CD.

Les triangles rectangles CAF, CDG, ont les hypoténuses CA, CD, égales ; de plus, le côté AF moitié de ◆AB est égal au côté DG moitié de DE ; donc ces ★ 18. 1. triangles sont égaux★, et le troisieme côté CF est égal au troisieme CG ; donc 1°. les deux cordes égales AB, DE, sont également éloignées du centre.

2°. Soit la corde A H plus grande que DE, l'arc AKH sera plus grand que l'arc DME*; sur l'arc AKH prenez la partie ANB=DME, tirez la corde AB, et abaissez CF perpendiculaire sur cette corde, et CI perpendiculaire sur A H; il est clair que CF est plus grand que CO, et CO plus grand que CI; donc à plus forte raison CF > CI. Mais CF=CG, puisque les cordes AB, DE, sont égales; donc CG > CI; donc la plus petite de deux cordes inégales est la plus éloignée du centre.   *Pr. 5.

PROPOSITION IX.

THÉORÊME.

La perpendiculaire BD menée à l'extrémité du rayon CA est une tangente à la circonférence.   Fig. 54.

Car toute oblique CE est plus longue que la perpendiculaire CA; donc le point E est hors du cercle; donc la ligne BD n'a que le point A commun avec la circonférence, et par conséquent BD est une *tangente*.

Scholie. On ne peut mener par un point donné A qu'une seule tangente AD à la circonférence; car si on en pouvoit mener une autre, celle-ci ne seroit plus perpendiculaire au rayon CA; donc, par rapport à cette nouvelle tangente, le rayon CA seroit une oblique, et la perpendiculaire abaissée du centre sur cette tangente seroit plus courte que CA; donc cette prétendue tangente entreroit dans le cercle et seroit une sécante.

PROPOSITION X.

THÉORÊME.

Deux paralleles AB, DE, interceptent sur la circonférence des arcs égaux MN, PQ.

Il peut arriver deux cas.

1°. Si les deux paralleles sont sécantes, menez le   Fig. 55.

C 3

rayon CH perpendiculaire à la corde MP, il sera en même temps perpendiculaire à sa parallele NQ ; donc le point H sera à la fois le milieu de l'arc MHP et celui de l'arc NHQ ; on aura donc l'arc MH=HP et l'arc NH=HQ ; de là résulte MH—NH=HP—HQ, c'est-à-dire MN=PQ.

Fig. 56.

2°. Si des deux paralleles AB, DE, l'une est sécante, l'autre tangente, au point de contact H menez le rayon CH, ce rayon sera perpendiculaire à la tangente DE et aussi à sa parallele MP. Mais puisque CH est perpendiculaire à la corde MP, le point H est le milieu de l'arc MHP ; donc les arcs MH, HP, compris entre les paralleles AB, DE, sont égaux.

PROPOSITION XI.

THÉORÈME.

Si deux circonférences se coupent en deux points, la ligne qui passe par leurs centres sera perpendiculaire à celle qui joint les points d'intersection, et la divisera en deux parties égales.

Fig. 57 et 58.

Car la ligne AB qui joint les points d'intersection est une corde commune aux deux cercles. Or si sur le milieu de cette corde on éleve une perpendiculaire, elle doit passer par chacun des deux centres C et D. Mais par deux points donnés il ne peut passer qu'une seule ligne droite ; donc la ligne droite menée par les centres sera perpendiculaire sur le milieu de la corde commune.

PROPOSITION XII.

THÉORÈME.

Si la distance des deux centres est plus courte que la somme des rayons, et si en même temps le plus grand rayon est moindre que le plus petit joint à la distance des centres, les deux cercles se couperont.

Car, pour qu'il y ait lieu à intersection, il faut que le triangle CAD soit possible. Il faut donc, non seulement que CD soit $<$ AC$+$AD, mais qu'aussi le plus grand rayon AD soit $<$ AC$+$CD. Or toutes les fois que le triangle CAD sera possible, il est clair que les circonférences décrites des centres C et D se couperont en A et B.

Fig. 57 et 58.

PROPOSITION XIII.

THÉORÈME.

Si la distance CD des centres de deux cercles est égale à la somme de leurs rayons CA, AD, ces deux cercles se toucheront extérieurement.

Fig. 59.

Il est clair qu'ils auront le point A commun : mais ils n'auront que ce point ; car, pour avoir deux points communs, il faudroit que la distance des centres fût plus petite que la somme des rayons.

PROPOSITION XIV.

THÉORÈME.

Si la distance CD des centres de deux cercles est égale à la différence de leurs rayons CA, AD, ces deux cercles se toucheront intérieurement.

Fig. 60.

D'abord il est clair qu'ils ont le point A commun : ils n'en peuvent avoir d'autre ; car pour cela il faudroit que le plus grand rayon AD fût plus petit que l'autre

C 4

rayon AC joint à la distance des centres CD, ce qui n'a pas lieu.

Corollaire. Donc si deux cercles se touchent, soit intérieurement, soit extérieurement, les centres et le point de contact sont sur la même ligne droite.

Scholie. Tous les cercles qui ont leur centre sur la droite CD, et qui passent par le point A, sont tangents les uns aux autres ; ils n'ont entre eux que le seul point A de commun. Et si par le point A on mene AE perpendiculaire à CD, la droite AE sera une tangente commune à tous ces cercles.

PROPOSITION XV.

THÉORÈME.

Fig. 61.   *Dans le même cercle ou dans des cercles égaux, les angles égaux* ACB, DCE, *dont le sommet est au centre, interceptent sur la circonférence des arcs égaux* AB, DE.

Réciproquement si les arcs AB, DE, *sont égaux, les angles* ACB, DCE, *seront aussi égaux.*

Car 1°. si l'angle ACB est égal à l'angle DCE, ces deux angles pourront se placer l'un sur l'autre ; et comme leurs côtés sont égaux, il est clair que le point A tombera en D et le point B en E. Mais alors l'arc AB doit aussi tomber sur l'arc DE ; car si les deux arcs n'étoient pas confondus en un seul, il y auroit dans l'un ou dans l'autre des points inégalement éloignés du centre, ce qui est impossible ; donc l'arc AB $=$ DE.

2°. Si on suppose AB $=$ DE, je dis que l'angle ACB sera égal à DCE. Car si ces angles ne sont pas égaux, soit ACB le plus grand, et soit pris ACI $=$ DCE, on aura par ce qui vient d'être démontré AI $=$ DE : mais par hypothese l'arc AB $=$ DE ; donc on auroit AI $=$ AB, ou la partie égale au tout, ce qui est impossible ; donc l'angle ACB=DCE.

PROPOSITION XVI.

THÉORÈME.

Dans le même cercle ou dans deux cercles égaux, Fig. 62. *si deux angles au centre ACB, DCE, sont entre eux comme deux nombres entiers, les arcs interceptés AB, DE, seront entre eux comme les mêmes nombres, et on aura cette proportion :*

Angl. ACB : angl. DCE :: arc AB : arc DE.

Supposons, par exemple, que les angles ACB, DCE, sont entre eux comme 7 est à 4; ou, ce qui revient au même, supposons que l'angle M qui servira de commune mesure soit contenu sept fois dans l'angle ACB, et quatre dans l'angle DCE. Les angles partiels ACm, mCn, nCp, etc. DCx, xCy, etc. étant égaux entre eux, les arcs partiels Am, mn, np, etc. Dx, xy, etc. seront aussi égaux entre eux ; donc l'arc entier AB sera à l'arc entier DE comme 7 est à 4. Or il est visible que le même raisonnement auroit toujours lieu, quand à la place de 7 et 4 on auroit d'autres nombres quelconques ; donc si le rapport des angles ACB, DCE, peut être exprimé en nombres entiers, les arcs AB, DE, seront entre eux comme les angles ACB, DCE.

Scholie. Réciproquement si les arcs AB, DE, étoient entre eux comme deux nombres entiers, les angles ACB, DCE, seroient entre eux comme les mêmes nombres, et on auroit toujours ACB : DCE :: AB : DE.

PROPOSITION XVII.

THÉORÈME.

Fig. 63. *Quel que soit le rapport des deux angles ACB, ACD, ces deux angles seront toujours entre eux comme les arcs AB, AD, interceptés entre leurs côtés et décrits de leurs sommets comme centres avec des rayons égaux.*

Supposons le plus petit angle placé dans le plus grand : si on n'a pas la proportion énoncée, l'angle ACB sera à l'angle ACD comme l'arc AB est à un arc plus grand ou plus petit que AD. Supposons cet arc plus grand, et représentons-le par AO, nous aurons ainsi :

Angl. ACB : angl. ACD :: arc AB : arc AO.

Imaginons maintenant que l'arc AB soit divisé en parties égales dont chacune soit plus petite que DO, il y aura au moins un point de division entre D et O : soit I ce point, et joignons CI ; les arcs AB, AI, seront entre eux comme deux nombres entiers, et on aura en vertu du théorème précédent :

Angl. ACB : angl. ACI :: arc AB : arc AI.

Rapprochant ces deux proportions l'une de l'autre et observant que les antécédents sont les mêmes, on en conclura que les conséquents sont proportionnels, et qu'ainsi :

Angl. ACD : angl. ACI :: arc AO : arc AI.

Mais l'arc AO est plus grand que l'arc AI : il faudroit donc, pour que la proportion subsistât, que l'angle ACD fût plus grand que l'angle ACI ; or, au contraire, il est plus petit ; donc il est impossible que l'angle ACB soit à l'angle ACD comme l'arc AB est à un arc plus grand que AD.

On démontreroit par un raisonnement entièrement semblable que le quatrieme terme de la proportion ne peut être plus petit que AD; donc il est exactement AD, et on a la proportion

Angl. ACB : angl. ACD :: arc AB : arc AD.

Corollaire. Puisque l'angle au centre du cercle et l'arc intercepté entre ses côtés ont une telle liaison que, quand l'un augmente ou diminue dans un rapport quelconque, l'autre augmente ou diminue dans le même rapport, on est en droit d'établir l'une de ces grandeurs pour la mesure de l'autre. Ainsi nous prendrons désormais l'arc AB pour la mesure de l'angle ACB. Il faut seulement observer, dans la comparaison des angles entre eux, que les arcs qui leur servent de mesure doivent être décrits avec des rayons égaux; car c'est ce que supposent toutes les propositions précédentes.

Scholie I. Il paroît plus naturel de mesurer une quantité par une quantité de la même espece, et sur ce principe il conviendroit de rapporter tous les angles à l'angle droit. Ainsi l'angle droit étant l'unité de mesure, un angle aigu seroit exprimé par un nombre compris entre 0 et 1, et un angle obtus par un nombre entre 1 et 2. Mais cette maniere d'exprimer les angles ne seroit pas la plus commode dans l'usage; on a trouvé beaucoup plus simple de les mesurer par des arcs de cercle, à cause de la facilité de faire des arcs égaux à des arcs donnés, et pour beaucoup d'autres raisons. Au reste, si la mesure des angles par les arcs de cercle est en quelque sorte indirecte, il n'en est pas moins facile d'obtenir par leur moyen la mesure directe et absolue. Car si vous comparez l'arc qui sert de mesure à un angle avec le quart de circonférence, vous aurez le rapport de l'angle donné à l'angle droit, ce qui est la mesure absolue.

Scholie II. Tout ce qui a été démontré dans les trois propositions précédentes pour la comparaison des angles avec les arcs a lieu également pour la comparaison des secteurs avec les arcs : car les secteurs sont égaux lorsque les angles le sont, et en général ils suivent la même proportion ; donc *deux secteurs* ACB, ACD, *pris dans le même cercle ou dans des cercles égaux, sont entre eux comme les arcs* AB, AD, *de ces mêmes secteurs.*

On voit par-là que les arcs de cercle qui servent de mesure aux angles peuvent aussi servir de mesure aux secteurs d'un même cercle ou de cercles égaux.

PROPOSITION XVIII.

THÉORÈME.

L'angle inscrit BAD *a pour mesure la moitié de l'arc* BD *compris entre ses côtés.*

Fig. 64. Supposons d'abord que le centre du cercle soit situé dans l'angle BAD, on menera le diametre AE et les rayons CB, CD. L'angle BCE, extérieur au triangle ABC, est égal à la somme des deux intérieurs CAB, ABC : mais le triangle BAC étant isoscele, l'angle CAB=ABC ; donc l'angle BCE est double de BAC. L'angle BCE comme angle au centre a pour mesure l'arc BE ; donc l'angle BAC aura pour mesure la moitié de BE. Par une raison semblable l'angle CAD aura pour mesure la moitié de ED ; donc BAC+CAD ou BAD aura pour mesure la moitié de BE+ED ou la moitié de BD.

Fig. 65. Supposons en second lieu que le centre C soit situé hors de l'angle BAD, alors menant le diametre AE, l'angle BAE aura pour mesure la moitié de BE, l'angle DAE la moitié de DE ; donc leur différence BAD aura pour mesure la moitié de BE moins la moitié de ED ou la moitié de BD.

Donc tout angle inscrit a pour mesure la moitié de l'arc compris entre ses côtés.

Corollaire I. Tous les angles BAC, BDC, etc. Fig. 66. inscrits dans le même segment sont égaux ; car ils ont pour mesure la moitié de l'arc BOC.

II. Tout angle BAD inscrit dans le demi-cercle est Fig. 67. un angle droit ; car il a pour mesure la moitié de la demi-circonférence BOD, ou le quart de la circonférence.

Pour démontrer la même chose d'une autre manière tirez le rayon AC ; le triangle BAC est isoscele, ainsi l'angle BAC=ABC ; le triangle CAD est pareillement isoscele ; et l'angle CAD=ADC ; donc BAC+CAD ou BAD=ABD+ADB : mais si les deux angles B et D du triangle ABD valent ensemble le troisieme BAD, les trois angles du triangle vaudront deux fois l'angle BAD ; ils valent d'ailleurs deux angles droits ; donc l'angle BAD est un angle droit.

III. Tout angle BAC inscrit dans un segment plus Fig. 66. grand que le demi-cercle est un angle aigu ; car il a pour mesure la moitié de l'arc BOC moindre qu'une demi-circonférence.

Et tout angle BOC inscrit dans un segment plus petit que le demi-cercle est un angle obtus ; car il a pour mesure la moitié de l'arc BAC plus grand qu'une demi-circonférence.

IV. Les angles opposés A et C d'un quadrilatere Fig. 68. inscrit ABCD valent ensemble deux angles droits ; car l'angle BAD a pour mesure la moitié de l'arc BCD, l'angle BCD a pour mesure la moitié de l'arc BAD ;

donc les deux angles BAD, BCD, pris ensemble, ont pour mesure la moitié de la circonférence, ce qui équivaut à deux angles droits.

PROPOSITION XIX.

THÉORÈME.

Fig. 69.

L'angle BAC, formé par une tangente et une corde, a pour mesure la moitié de l'arc ADC compris entre ses côtés.

Au point de contact A menez le diametre AD; l'angle BAD est droit, il a pour mesure la moitié de la demi-circonférence AMD, l'angle DAC a pour mesure la moitié de DC; donc BAD+DAC ou BAC a pour mesure la moitié de AMD plus la moitié de DC, ou la moitié de l'arc entier ADC.

On démontreroit de même que l'angle CAE a pour mesure la moitié de l'arc AC compris entre ses côtés.

Problêmes relatifs aux deux premiers Livres.

PROBLÈME I.

Fig. 70.

Diviser la droite donnée AB en deux parties égales.

Des points A et B comme centres avec un rayon plus grand que la moitié de AB, décrivez deux arcs qui se coupent en D, le point D sera également éloigné des points A et B. Marquez de même au-dessus ou au-dessous de la ligne AB un second point E également éloigné des points A et B. Par les deux points D, E, tirez la ligne DE, je dis que DE coupera la ligne AB en deux parties égales au point C.

Car les deux points D et E étant chacun également éloignés des extrémités A et B, ils doivent se trouver tous deux dans la perpendiculaire élevée sur le milieu de AB. Mais par deux points donnés il ne peut passer qu'une seule ligne droite ; donc la ligne DE sera cette perpendiculaire elle-même qui coupe la ligne AB en deux parties égales au point C.

PROBLÊME II.

Par un point A, donné sur la ligne BC, élever une Fig. 71. *perpendiculaire à cette ligne.*

Prenez les points B et C à égale distance de A, ensuite des points B et C, comme centres, et d'un rayon plus grand que BA, décrivez deux arcs qui se coupent en D ; tirez AD qui sera la perpendiculaire demandée.

Car le point D, étant également éloigné de B et C, appartient à la perpendiculaire élevée sur le milieu de BC ; donc AD est cette perpendiculaire.

Scholie. La même construction sert à faire un angle droit BAD en un point donné A sur une ligne donnée BC.

PROBLÊME III.

D'un point A, donné hors de la droite BD, abaisser Fig. 72. *une perpendiculaire sur cette droite.*

Du point A, comme centre, et d'un rayon suffisamment grand, décrivez un arc qui coupe la ligne BD aux deux points B et D. Marquez ensuite un point E également distant des points B et D, et tirez AE qui sera la perpendiculaire demandée.

Car les deux points A et E sont chacun également distants des points B et D ; donc la ligne AE est perpendiculaire sur le milieu de BD.

PROBLÈME IV.

Fig. 73. *Au point* A *de la ligne* AB*, faire un angle égal à l'angle donné* K.

Du sommet K, comme centre, et d'un rayon à volonté, décrivez l'arc IL terminé aux deux côtés de l'angle. Du point A, comme centre, et d'un rayon AB égal à KI, décrivez l'arc indéfini BO. Prenez ensuite un rayon égal à la corde LI ; du point B, comme centre, et de ce rayon, décrivez un arc qui coupe en D l'arc indéfini BO ; tirez AD, et l'angle DAB sera égal à l'angle donné K.

★ 4. 2. Car les deux arcs BD, LI, ont des rayons égaux et des cordes égales ; donc ils sont égaux★ ; donc l'angle BAD = IKL.

PROBLÈME V.

Fig. 74. *Diviser un angle ou un arc donné en deux parties égales.*

1º. S'il faut diviser l'arc AB en deux parties égales, des points A et B, comme centres, et avec un même rayon, décrivez deux arcs qui se coupent en D. Par le point D et par le centre C tirez CD qui coupera l'arc AB en deux parties égales au point E.

Car les deux points C et D sont chacun également distants des extrémités A et B de la corde AB ; donc la ligne CD est perpendiculaire sur le milieu de cette corde ; donc elle divise l'arc AB en deux parties égales au
★ 6. 2. point E.★

2º. S'il faut diviser en deux parties égales l'angle ACB, on commencera par décrire du sommet C, comme centre, l'arc AB, et le reste comme il vient d'être dit. Il est clair que la ligne CD divisera en deux parties égales l'angle ACB.

Scholie.

Scholie. On peut par la même construction diviser chacune des moitiés AE, EB, en deux parties égales ; ainsi par des sous-divisions successives on divisera un angle ou un arc donné en quatre parties égales, en huit, en seize, etc.

PROBLÈME VI.

Par un point donné A mener une parallèle à la Fig. 75. *ligne donnée* BC.

Du point A, comme centre, et d'un rayon suffisamment grand, décrivez l'arc indéfini ED ; du point E, comme centre, et du même rayon, décrivez l'arc AF, prenez ED=AF, et tirez AD qui sera la parallèle demandée.

Car en joignant AE, on voit que les angles alternes AEF, EAD, sont égaux ; donc les lignes AD, EF, sont parallèles.*   *23. 1.

PROBLÈME VII.

Deux angles A et B d'un triangle étant donnés, trouver le troisième.

Tirez la ligne indéfinie DEF, faites au point E Fig. 76. l'angle DEG=A, et l'angle GEH=B : l'angle restant HEF sera le troisième angle requis ; car ces trois angles pris ensemble valent deux angles droits.

PROBLÈME VIII.

Étant donnés deux côtés B et C d'un triangle et Fig. 77. *l'angle A qu'ils comprennent, décrire le triangle.*

Ayant tiré la ligne indéfinie DE, faites au point D l'angle EDF égal à l'angle donné A ; prenez ensuite DG=B, DH=C ; et tirez GH, DGH sera le triangle demandé.

D

PROBLÊME IX.

Étant donnés un côté et deux angles d'un triangle, décrire le triangle.

Les deux angles donnés seront ou tous deux adjacents au côté donné, ou l'un adjacent, l'autre opposé. Dans ce dernier cas cherchez le troisieme, vous aurez ainsi les deux angles adjacents. Cela posé, tirez la droite DE égale au côté donné, faites au point D l'angle EDF égal à l'un des angles adjacents, et au point E l'angle DEG égal à l'autre; les deux lignes DF, EG, se couperont en H, et DEH sera le triangle requis.

Fig. 78.

PROBLÊME X.

Les trois côtés A, B, C, d'un triangle étant donnés, décrire le triangle.

Fig. 79.

Tirez DE égal au côté A; du point E, comme centre, et d'un rayon égal au second côté B, décrivez un arc; du point D, comme centre, et d'un rayon égal au troisieme côté C, décrivez un autre arc qui coupe le premier en F; tirez DF, EF, et DEF sera le triangle requis.

Scholie. Si l'un des côtés étoit plus grand que la somme des deux autres, les arcs ne se couperoient pas, et le problême seroit impossible.

PROBLÊME XI.

Étant donnés deux côtés A et B d'un triangle, avec l'angle C opposé au côté B, décrire le triangle.

Fig. 80.

Il y a deux cas: 1°. si l'angle C est droit ou obtus, faites l'angle EDF égal à l'angle C; prenez DE=A, du point E comme centre, et d'un rayon égal au côté donné B, décrivez un arc qui coupe en F la ligne DF; tirez EF, et DEF sera le triangle demandé.

Il faut dans ce premier cas que le côté B soit plus grand que A, car l'angle C, étant droit ou obtus, est le plus grand des angles du triangle ; donc le côté opposé doit aussi être le plus grand.

2°. Si l'angle C est aigu, et que B soit plus grand Fig. 81. que A, la même construction a toujours lieu, et DEF est le triangle requis.

Mais si, l'angle C étant aigu, le côté B est moindre Fig. 82. que A, alors l'arc décrit du centre E avec le rayon EF=B coupera le côté DF en deux points F et G, situés du même côté de D : donc il y aura deux triangles DEF, DEG, qui satisferont également au problème.

Scholie. Le problème seroit impossible dans tous les cas si le côté B étoit plus petit que la perpendiculaire abaissée de E sur la ligne DF.

PROBLÈME XII.

Les côtés adjacents A et B d'un parallélogramme Fig. 83. *étant donnés avec l'angle C qu'ils comprennent, décrire le parallélogramme.*

Tirez la ligne DE=A, faites au point D l'angle FDE=C, prenez DF=B ; décrivez deux arcs, l'un du point F comme centre, et d'un rayon FG=DE, l'autre du point E comme centre, et d'un rayon EG=DF : au point G où ces deux arcs se coupent, tirez FG, EG ; et DEGF sera le parallélogramme demandé.

Car, par construction, les côtés opposés sont égaux ; donc la figure décrite est un parallélogramme*, et ce *31. parallélogramme est formé avec les côtés donnés et l'angle donné.

Corollaire. Si l'angle donné est droit, la figure sera un rectangle ; si de plus les côtés sont égaux, ce sera un quarré.

D 2

PROBLÊME XIII.

Trouver le centre d'un cercle ou d'un arc donné.

Fig. 84.   Prenez à volonté dans la circonférence ou dans l'arc trois points A, B, C, joignez ou imaginez qu'on joigne AB et BC, divisez ces deux lignes en deux parties égales par les perpendiculaires DE, FG; le point O où ces perpendiculaires se rencontrent sera le centre cherché.

Scholie. La même construction sert à faire passer une circonférence par les trois points donnés A, B, C, et aussi à faire en sorte que le triangle donné ABC soit inscrit dans un cercle.

PROBLÊME XIV.

Par un point donné mener une tangente à un cercle donné.

Fig. 85.   Si le point donné A est sur la circonférence, tirez le rayon CA, et menez AD perpendiculaire à CA; AD sera la tangente demandée.

Fig. 86.   Si le point A est hors du cercle, joignez le point A et le centre par la ligne droite CA; divisez CA en deux également au point O; du point O comme centre et du rayon OC, décrivez une circonférence qui coupera la circonférence donnée au point B; tirez AB, et AB sera la tangente demandée.

Car, en menant CB, l'angle CBA inscrit dans le demi-cercle est un angle droit*; donc AB est perpendiculaire à l'extrémité du rayon CB; donc elle est tangente.

* 18. 2.

Scholie. Le point A étant hors du cercle, on voit qu'il y a toujours deux tangentes égales AB, AD, qui passent par le point A; elles sont égales, car les triangles rectangles CBA, CDA, ont l'hypoténuse CA commune, et le côté CB=CD. Donc ils sont égaux ; donc AD=AB, et, en même temps l'angle CAD=CAB.

PROBLÈME XV.

Inscrire un cercle dans un triangle donné ABC.   Fig. 87.

Divisez les angles A et B en deux également par les lignes AO et BO qui se rencontreront en O ; du point O abaissez les perpendiculaires OD, OE, OF, sur les trois côtés du triangle : je dis que ces perpendiculaires seront égales entre elles ; car, par construction, l'angle DAO=OAF, l'angle droit ADO=AFO ; donc le troisieme angle AOD est égal au troisieme AOF. D'ailleurs le côté AO est commun aux deux triangles AOD, AOF, et les angles adjacents au côté égal sont égaux ; donc ces deux triangles sont égaux ; donc DO=OF. On prouvera de même que les deux triangles BOD, BOE, sont égaux ; donc OD=OE ; donc les trois perpendiculaires OD, OE, OF, sont égales entre elles.

Maintenant si du point O comme centre et du rayon OD on décrit une circonférence, il est clair que cette circonférence sera inscrite dans le triangle ABC ; car le côté AB, perpendiculaire à l'extrémité du rayon OD, est une tangente : et il en est de même des côtés BC, AC.

PROBLÈME XVI.

Sur une droite donnée AB, *décrire un segment capable de l'angle donné* C, *c'est-à-dire un segment tel que tous les angles qui y sont inscrits soient égaux à l'angle donné* C.   Fig. 88 & 89.

Prolongez AB vers D, faites au point B l'angle

D 3

DBE=C, tirez BO perpendiculaire à BE, et GO perpendiculaire sur le milieu de AB; du point de rencontre O, comme centre, et du rayon OB, décrivez un cercle, le segment demandé sera AMB.

Car l'angle EBD est égal à son opposé ABF; et puisque BF est perpendiculaire à l'extrémité du rayon OB, BF est une tangente, et l'angle ABF a pour mesure la moitié de l'arc AKB*, l'angle AMB a la même mesure; donc l'angle AMB=EBD=C; donc tous les angles inscrits dans le segment AMB sont égaux à l'angle donné C.

* 19. 2.

Scholie. Si l'angle donné étoit droit, le segment cherché seroit le demi-cercle décrit sur le diametre AB.

PROBLÈME XVII.

Fig. 90.

Trouver le rapport numérique de deux lignes droites données AB, CD, *si toutefois ces deux lignes ont entre elles une mesure commune.*

Portez la plus petite CD sur la plus grande AB autant de fois qu'elle peut y être contenue, par exemple, deux fois, avec le reste BE.

Portez le reste BE sur la ligne CD autant de fois qu'il peut y être contenu, une fois, par exemple, avec le reste DF.

Portez le second reste DF sur le premier BE, autant de fois qu'il peut y être contenu, une fois par exemple, avec le reste BG.

Portez le troisieme reste BG sur le second DF autant de fois qu'il peut y être contenu.

Continuez ainsi jusqu'à ce que vous ayez un reste qui soit contenu un nombre de fois juste dans le précédent.

Alors ce dernier reste sera la commune mesure des

lignes proposées, et en le regardant comme l'unité, on trouvera aisément les valeurs des restes précédents, et enfin celles des deux lignes proposées, d'où l'on conclura leur rapport en nombres.

Par exemple, si l'on trouve que GB est contenu deux fois juste dans FD, BG sera la commune mesure des deux lignes proposées. Soit BG = 1, on aura FD = 2 : mais EB contient une fois FD plus GB; donc EB = 3; CD contient une fois EB plus FD; donc CD = 5; enfin, AB contient deux fois CD plus EB; donc AB = 13; donc le rapport des deux lignes AB, CD, est celui de 13 à 5. Si la ligne CD étoit prise pour unité, la ligne AB seroit $\frac{13}{5}$, et si la ligne AB étoit prise pour unité, la ligne CD seroit $\frac{5}{13}$.

Scholie. La méthode qu'on vient d'expliquer est la même que prescrit l'arithmétique pour trouver le commun diviseur de deux nombres; ainsi elle n'a pas besoin d'une autre démonstration.

Il est possible que, quelque loin qu'on continue l'opération, on ne trouve jamais un reste qui soit contenu un nombre de fois juste dans le précédent. Alors les deux lignes n'ont point de commune mesure, et sont ce qu'on appelle *incommensurables* : on en verra ci-après un exemple dans le rapport de la diagonale au côté du quarré. On ne peut donc alors trouver le rapport exact en nombres; mais en négligeant le dernier reste, on trouvera un rapport approché, et d'autant plus approché, que l'opération aura été poussée plus loin.

$$AB = 2CD + R = 10R'' + 3R'' = 13R''$$
$$CD = R + R' = 3R'' + 2R'' = 5R''$$
$$R = R' + R'' = 3R''$$
$$R' = 2R''$$

D 4

PROBLÊME XVIII.

Fig. 91.

Deux angles A *et* B *étant donnés, trouver leur commune mesure, s'ils en ont une, et de là leur rapport en nombres.*

Décrivez avec des rayons égaux les arcs CD, EF, qui servent de mesure à ces angles; procédez ensuite, pour la comparaison des arcs CD, EF, comme dans le problême précédent; car un arc peut se porter sur un arc de même rayon comme une ligne droite sur une ligne droite. Vous parviendrez ainsi à la commune mesure des arcs CD, EF, s'ils en ont une, et à leur rapport en nombres. Ce rapport sera le même que celui des angles donnés *; et si DO est la commune mesure des arcs, DAO sera celle des angles.

17. 2.

Scholie. On peut ainsi trouver la valeur absolue d'un angle en comparant l'arc qui lui sert de mesure à toute la circonférence: par exemple, si l'arc CD est à la circonférence comme 3 est à 25, l'angle A sera les $\frac{3}{25}$ de quatre angles droits, ou $\frac{12}{25}$ d'un angle droit.

Il pourra arriver aussi que les arcs comparés n'aient pas de commune mesure; alors on n'aura pour les angles que des rapports en nombres plus ou moins approchés, selon que l'opération aura été poussée plus ou moins loin.

LIVRE III.

LES PROPORTIONS DES FIGURES.

DÉFINITIONS.

I. J'APPELLERAI *figures équivalentes* celles dont les surfaces sont égales.

Deux figures peuvent être équivalentes quoique très dissemblables ; par exemple, un cercle peut être équivalent à un quarré, un triangle à un rectangle, etc.

La dénomination de figures égales sera conservée à celles qui, étant appliquées l'une sur l'autre, coïncident dans tous leurs points. Tels sont deux cercles dont les rayons sont égaux, deux triangles dont les trois côtés sont égaux chacun à chacun, etc.

II. Deux figures sont *semblables* lorsqu'elles ont les angles égaux chacun à chacun et les côtés *homologues* proportionnels. Par côtés homologues, on entend ceux qui ont la même position dans les deux figures, ou qui sont adjacents à des angles égaux. Ces angles eux-mêmes s'appellent angles homologues.

Deux figures égales sont toujours semblables, mais deux figures semblables peuvent être fort inégales.

III. Dans deux cercles différents, on appelle *arcs semblables*, *secteurs semblables*, *segments semblables*, ceux qui répondent à des angles au centre égaux.

Ainsi l'angle A étant égal à l'angle O, l'arc BC est Fig. 92. semblable à l'arc DE, le secteur ABC au secteur ODE, etc.

IV. *La hauteur* d'un parallélogramme est la per-
Fig. 93. pendiculaire EF menée entre les deux côtés ou *bases*
opposées AB, CD.

V. La *hauteur* d'un triangle est la perpendiculaire
Fig. 94. AD abaissée d'un angle A sur le côté opposé BC qu'on
appelle la *base*.

Fig. 95.   VI. La *hauteur* du trapeze est la perpendiculaire EF
menée entre ses deux *bases* paralleles AB, CD.

N. B. Pour l'intelligence de ce livre et des suivants, il
faut avoir présente la théorie des proportions, pour
laquelle nous renvoyons aux traités ordinaires d'arithmétique et d'algebre. Nous ferons seulement une observation qui est très importante pour fixer le vrai sens des
propositions, et dissiper toute obscurité soit dans l'é-
noncé soit dans les démonstrations.

Si on a la proportion A : B :: C : D, on sait que
le produit des extrêmes A $\times$ D est égal au produit
des moyens B $\times$ C.

Cette vérité est incontestable dans les nombres ; elle
l'est aussi pour des grandeurs quelconques, pourvu
qu'elles s'expriment ou qu'on les imagine exprimées
en nombres ; et c'est ce qu'on peut toujours supposer :
par exemple si A, B, C, D, sont des lignes, on peut
imaginer qu'une de ces quatre lignes, ou une cinquieme,
si l'on veut, serve à toutes de commune mesure et
soit prise pour unité ; alors A, B, C, D, représentent
chacune un certain nombre d'unités, entier ou rompu,
commensurable ou incommensurable ; et la proportion
entre les lignes A, B, C, D, devient une proportion
de nombres. Le produit des lignes A et D, qu'on appelle aussi leur *rectangle*, n'est donc autre chose que
le nombre d'unités linéaires contenues dans A, multiplié par le nombre d'unités linéaires contenues dans B ;

on conçoit facilement que ce produit peut et doit être égal à celui qui résulte semblablement des lignes et C.

Les grandeurs A et B peuvent être d'une espece, par exemple des lignes, et les grandeurs C et D d'une autre espece, par exemple des surfaces; alors il faut toujours regarder ces grandeurs comme des nombres; A et B s'exprimeront en unités linéaires, C et D en unités superficielles, et le produit $A \times D$ sera un nombre comme le produit $B \times C$.

En général, dans toutes les opérations qu'on fera sur les proportions, il faut toujours regarder les termes de ces proportions comme autant de nombres, chacun de l'espece qui lui convient, et on n'aura aucune peine à concevoir ces opérations et les conséquences qui en résultent.

Nous devons avertir aussi que plusieurs de nos démonstrations sont fondées sur quelques unes des regles les plus simples de l'algebre, lesquelles sont fondées elles-mêmes sur les axiomes connus : ainsi si l'on a $A = B + C$, et qu'on multiplie chaque membre par une même quantité M, on en conclut $A \times M = B \times M + C \times M$. Pareillement si l'on a $A = B + C$ et $D = E - C$, et qu'on ajoute les quantités égales, en effaçant $+ C$ et $- C$ qui se détruisent, on en conclura $A + D = B + E$, et ainsi des autres. Tout cela est assez évident par soi-même ; mais en cas de difficulté il sera bon de consulter les livres d'algebre, et d'entre-mêler ainsi l'étude des deux sciences.

PROPOSITION I.

THÉORÈME.

Les parallélogrammes qui ont des bases égales et des hauteurs égales sont équivalents.

Fig. 96.   Soit AB la base commune des deux parallélogrammes ABCD, ABEF ; puisqu'ils sont supposés avoir la même hauteur, les bases supérieures DC, FE, seront situées sur une même ligne parallèle à AB. Or on a par la nature des parallélogrammes AD = BC, et AF = BE ; par la même raison on a DC = AB, et FE = AB ; donc DC = FE ; donc, retranchant DC et FE de la même ligne DE, les restes CE et DF seront égaux. Il suit de là que les triangles DAF, CBE sont équilatéraux entre eux et par conséquent égaux.

Mais si du quadrilatère ABED on retranche le triangle ADF, il reste le parallélogramme ABEF ; et si du même quadrilatère ABED on retranche le triangle CBE, il reste le parallélogramme ABCD. Donc les deux parallélogrammes ABCD, ABEF, qui ont même base et même hauteur, sont équivalents.

Fig. 97.   *Corollaire.* Donc tout parallélogramme ABCD est équivalent au rectangle ABEF de même base et de même hauteur.

PROPOSITION II.

THÉORÈME.

Fig. 98.   *Tout triangle ABC est la moitié du parallélogramme ABCD qui a même base et même hauteur.*

* 50. 1.   Car les triangles ABC, ACD, sont égaux *.

Corollaire I. Donc un triangle ABC est la moitié du rectangle BCEF qui a même base BC et même hauteur AO ; car le rectangle BCEF est équivalent au parallélogramme ABCD.

Corollaire II. Tous les triangles qui ont des bases égales et des hauteurs égales sont équivalents.

PROPOSITION III.

THÉORÈME.

Deux rectangles de même hauteur sont entre eux comme leurs bases.

Fig. 99.

Soient ABCD, AEFD, deux rectangles qui ont pour hauteur commune AD ; je dis qu'ils sont entre eux comme leurs bases AB, AE.

Supposons d'abord que les bases AB, AE, sont commensurables entre elles, et qu'elles sont, par exemple, comme les nombres 7 et 4 : si on divise AB en sept parties égales, AE contiendra 4 de ces parties ; élevez à chaque point de division une perpendiculaire à la base, vous formerez ainsi sept rectangles partiels, qui seront égaux entre eux, puisqu'ils auront même base et même hauteur. Le rectangle ABCD contiendra sept rectangles partiels tandis que AEFD en contiendra quatre. Donc le rectangle ABCD est au rectangle AEFD comme 7 est à 4, ou comme AB est à AE. Le même raisonnement peut être appliqué à tout autre rapport que celui de 7 à 4 : donc, quel que soit ce rapport, pourvu qu'il soit commensurable, on aura

$$ABCD : AEFD :: AB : AE.$$

Supposons en second lieu que les bases AB, AE, soient incommensurables entre elles, je dis qu'on n'en aura pas moins

F. 1004

$$ABCD : AEFD :: AB : AE.$$

Car si cette proportion n'est pas vraie, les trois pre-

miers termes demeurant les mêmes, le quatrieme se
plus grand ou plus petit que A E. Supposons qu'il
plus grand et qu'on a

ABCD : AEFD :: AB : AO.

Divisez la ligne AB en parties égales plus petites
que EO, il y aura au moins un point de division
entre E et O : par ce point élevez la perpendiculair
IK; les bases AB, AI, seront commensurables ent
elles; et ainsi on aura par ce qui vient d'être démont

ABCD : AIKD :: AB · AI.

Mais on a par hypothese

ABCD : AEFD :: AB : AO.

Dans ces deux proportions, les antécédents so
égaux; donc les conséquents sont proportionnels, et
en résulte

AIKD : AEFD :: AI : AO.

Mais AO est plus grand que AI; donc, pour q
cette proportion subsistât, il faudroit que le rectang
AEFD fût plus grand que AIKD; or au contrai
il est plus petit, donc la proportion est impossible
donc ABCD ne peut être à AEFD comme AB est
une ligne plus grande que AE.

Par un raisonnement entièrement semblable,
prouveroit que le quatrieme terme de la proportion n
peut être plus petit que AE; donc il est exactemen
AE.

Donc, quel que soit le rapport des bases, deux re
tangles de même hauteur ABCD, AEFD, sont ent
eux comme leurs bases AB, AE.

PROPOSITION IV.

THÉORÈME.

Deux rectangles quelconques ABCD, AEGF, *sont* F. 101. *entre eux comme les produits des bases multipliées par les hauteurs, de sorte qu'on a* ABCD : AEGF :: AB ✕ AD : AE ✕ AF.

Prolongez les côtés GE, CD, jusqu'à leur rencontre en H; les deux rectangles ABCD, AEHD, ont même hauteur AD; ils sont donc entre eux comme leurs bases AB, AE: de même les deux rectangles AEHD, AEGF, ont même hauteur AE; ils sont donc entre eux comme leurs bases AD, AF : ainsi on aura les deux proportions

ABCD : AEHD :: AB : AE,
AEHD : AEGF :: AD : AF.

Multipliant ces proportions par ordre, et observant que le moyen terme AEHD peut être omis comme multiplicateur commun à l'antécédent et au conséquent, on aura

ABCD : AEGF :: AB ✕ AD : AE ✕ AF.

Scholie. Donc on peut prendre pour mesure d'un rectangle le produit de sa base par sa hauteur, pourvu qu'on entende par ce produit celui de deux nombres, savoir, le nombre d'unités linéaires contenues dans la base, et le nombre d'unités linéaires contenues dans la hauteur.

Cette mesure d'ailleurs n'est pas absolue, mais seulement relative; elle suppose qu'on évalue semblablement un autre rectangle en mesurant ses côtés par la même unité linéaire; on obtient ainsi un second produit, et le rapport des deux produits est égal à celui des rectangles, conformément à la proposition qu'on vient de démontrer.

Par exemple, si la base du rectangle A est de trois unités et sa hauteur de dix, le rectangle sera représenté par le nombre 3×10, ou 30, nombre qui ainsi isolé ne signifie rien; mais si on a un second rectangle B dont la base soit de douze unités et la hauteur de sept, le second rectangle sera représenté par le nombre 7×12, ou 84 : de là on conclura que les deux rectangles A et B sont entre eux comme 30 est à 84; donc si on convenoit de prendre le rectangle A pour l'unité de mesure dans les surfaces, le rectangle B auroit alors pour mesure absolue $\frac{84}{30}$, c'est-à-dire qu'il seroit égal à $\frac{84}{30}$ d'unités superficielles.

Il est plus ordinaire et plus simple de prendre le quarré pour l'unité de surface, et on choisit le quarré dont le côté est l'unité de longueur ; alors la mesure que nous avons regardée simplement comme relative devient absolue : par exemple, le nombre 30, par lequel nous avons mesuré le rectangle A, représente 30 unités superficielles, ou 30 de ces quarrés dont le côté est égal à l'unité. C'est ce que la figure rend sensible.

F. 102.

On confond assez souvent en géométrie le produit de deux lignes avec leur *rectangle*, et cette expression a même passé en arithmétique, où le produit de deux nombres s'appelle leur rectangle, comme on appelle *quarré* le produit d'un nombre multiplié par lui-même.

Les quarrés des nombres 1, 2, 3, etc. sont 1, 4, 9, etc. Aussi voit on que le quarré fait sur une ligne double est quadruple; sur une ligne triple, il est neuf fois plus grand, et ainsi de suite.

F. 103.

N. B. La surface d'une figure, en tant qu'elle est mesurée ou comparée à d'autres surfaces, s'appelle aussi *l'aire l'aire* de cette figure. Toute surface ou aire équivaut à un rectangle et se mesure par le produit de deux lignes.

PROPOSITION V.

THÉORÊME.

L'aire d'un parallélogramme quelconque est égale au produit de sa base par sa hauteur.

Car le parallélogramme A B C D est équivalent au rectangle A B E F, qui a même base A B et même hauteur B E ; or celui-ci a pour mesure AB$\times$BE. Donc, etc. Fig. 97.

Corollaire. Donc les parallélogrammes de même base sont entre eux comme leurs hauteurs, et les parallélogrammes de même hauteur sont entre eux comme leurs bases ; car si les bases sont égales, les produits des bases par les hauteurs seront comme les hauteurs; et si les hauteurs sont égales, les produits des bases par les hauteurs seront comme les bases.

PROPOSITION VI.

THÉORÊME.

L'aire d'un triangle est égale au produit de sa base par la moitié de sa hauteur.

Car le triangle ABC est la moitié du parallélogramme ABCE, qui a même base B C et même hauteur A D : or la surface du parallélogramme $=$ B C $\times$ A D ; donc celle du triangle $= \frac{1}{2}$ B C $\times$ A D, ou B C $\times \frac{1}{2}$ A D. F. 104.

Corollaire. Donc deux triangles de même hauteur sont entre eux comme leurs bases, et deux triangles de même base sont entre eux comme leurs hauteurs.

E

PROPOSITION VII.

THÉORÈME.

F. 105. *L'aire du trapeze* ABCD *est égale à sa hauteur* EF, *multipliée par la demi-somme des bases parallèles* AB, CD.

Par le point I milieu du côté CB, menez KL parallele au côté opposé AD, et prolongez DC jusqu'à la rencontre de KL.

Dans les triangles IBL, ICK, on a le côté IB = IC par construction, l'angle LIB = CIK, et l'angle IBL = ICK, puisque CK et BL sont paralleles; donc ces

7. 1. triangles sont égaux*; donc le trapeze ABCD est équivalent au parallélogramme ADKL, et il a pour mesure EF × AL.

Mais on a AL = DK, et puisque le triangle IBL est égal au triangle KCI, le côté BL = CK : donc AB + CD = AL + DK = 2 AL, ou bien AL est la demi-somme des bases AB, CD : donc enfin l'aire du trapeze ABCD est égale à la hauteur EF multipliée par la demi-somme des bases AB, CD, ce qui s'exprime ainsi : $ABCD = EF \times \left(\dfrac{AB + CD}{2} \right)$.

Scholie. Si par le point I milieu de BC on mene IH parallele à la base AB, le point H sera aussi le milieu de AD; car la figure AHIL est un parallélogramme, ainsi que DHIK; on a donc AH = IL et DH = IK; or IL = IK, puisque les triangles BIL, CIK, sont égaux; donc AH = DH.

On peut remarquer que la ligne HI = AL = $\dfrac{AB + CD}{2}$; donc l'aire du trapeze peut s'exprimer aussi par EF × HI. Elle est égale à la hauteur du trapeze multipliée par la ligne qui joint les milieux des côtés non parallèles.

PROPOSITION VIII.

THÉORÊME.

Si une ligne AC *est divisée en deux parties* AB, BC, *le quarré fait sur la ligne entiere* AC *contiendra le quarré fait sur* AB, *plus le quarré fait sur* BC, *plus deux fois le rectangle compris sous les deux parties* AB *et* BC, *ce qu'on exprime ainsi,* $\overline{AC}^2$ *ou* $(AB + BC)^2 = \overline{AB}^2 + \overline{BC}^2 + 2AB \times BC.$

F. 106.

Construisez le quarré ACDE, prenez AF = AB; menez FG parallele à AC, et BH parallele à AE.

Le quarré ABCD est divisé en quatre parties : la premiere ABIF est le quarré fait sur AB, puisqu'on a pris AF = AB : la seconde IGDH est le quarré fait sur BC, car puisqu'on a AC = AE, et AB = AF, la différence AC — AB est égale à la différence AE—AF; c'est-à-dire que BC = EF. Mais à cause des parallèles IG = BC, et DG = EF; donc HIGD est égal au quarré fait sur BC. Ces deux parties étant retranchées du quarré total, il reste les deux rectangles BCGI, EFIH, qui ont chacun pour mesure AB × BC. Donc le quarré fait sur AC, etc.

Scholie. Cette proposition revient à celle qu'on démontre en algebre pour la formation du quarré d'un binôme, et qui est ainsi exprimée : $(a+b)^2 = a^2 + 2ab + b^2.$

PROPOSITION IX.

THÉORÈME.

F. 107. *Si la ligne* AC *est la différence des deux lignes* AB, BC, *le quarré fait sur* AC *contiendra le quarré de* AB *plus le quarré de* BC *moins deux fois le rectangle fait sur* AB *et* BC ; *c'est-à-dire qu'on aura* $\overline{AC}$ *ou* (AB—BC)^2 = $\overline{AB}^2$ + $\overline{BC}^2$ — 2 AB $\times$ BC.

Construisez le quarré ABIF, prenez AE = AC, menez CG parallele à BI, HK parallele à AB, et achevez le quarré EFLK.

Les deux rectangles CBIG, GLKD, ont chacun pour mesure AB $\times$ BC : si on les retranche de la figure entiere ABILKEA qui a pour valeur $\overline{AB}^2$ + $\overline{BC}^2$, il est clair qu'il restera le quarré ACDE ; donc, etc.

Scholie. Cette proposition revient à la formule d'algebre (a — b)^2 = a^2 + b^2 — 2ab.

PROPOSITION X.

THÉORÈME.

Le rectangle fait sur la somme et la différence de deux lignes est égal à la différence des quarrés de ces **F. 108.** *lignes : ainsi on a* (AB + BC) $\times$ (AB — BC) = $\overline{AB}^2$ — $\overline{BC}^2$.

Construisez sur AB et AC les quarrés ABIF, ACDE, prolongez AB d'une quantité BK = BC, et achevez le rectangle AKLE.

La base AK du rectangle est la somme des deux lignes AB, BC, sa hauteur AE est la différence de ces mêmes lignes. Donc le rectangle AKLE = (AB + BC) $\times$ (AB — BC). Mais ce même rectangle est composé des

deux parties ABHE+BHLK ; et la partie BHLK est
égale au rectangle EDGF, car BH=ED et BK=EF ;
donc AKLE=ABHE+EDGF. Or ces deux parties
forment le quarré ABIF moins le quarré DHIG qui
est le quarré fait sur BC : donc enfin (Aβ+BC)$\times$
(Aβ—BC)=$\overline{AB}^2$—$\overline{BC}^2$.

Scholie. Cette proposition revient à la formule d'algebre ($a+b$)($a-b$)=a^2-b^2.

P R O P O S I T I O N X I.

THÉORÈME.

*Le quarré fait sur l'hypoténuse d'un triangle rec-
tangle est égal à la somme des quarrés faits sur les
deux autres côtés.*

Soit ABC un triangle rectangle en A : ayant formé F. 109.
des quarrés sur les trois côtés, abaissez de l'angle droit sur
l'hypoténuse la perpendiculaire AD que vous prolongerez jusqu'en E ; tirez ensuite les diagonales AF, CH.

L'angle ABF est composé de l'angle ABC plus l'an-
gle droit CBF ; l'angle CBH est composé du même an-
gle ABC plus l'angle droit ABH ; donc l'angle ABF=
HBC. Mais AB=BH comme côtés d'un même quarré,
et BF=BC par la même raison. Donc les triangles
ABF, HBC, ont un angle égal compris entre côtés
égaux, donc ils sont égaux.

Le triangle ABF est la moitié du rectangle BDEF,
(ou pour abréger BE) qui a même base BF et même
hauteur BD*. Le triangle HBC est pareillement la * Pr. 2.
moitié du quarré AH, car l'angle BAC étant droit
ainsi que BAL, AC et AL ne font qu'une même ligne
droite parallèle à HB ; donc le triangle HBC et le quarré
AH, qui ont la base commune BH, ont aussi la hauteur
commune AB. Donc le triangle est la moitié du quarré.

On a prouvé que le triangle ABF est égal au triangle HBC; donc le rectangle BDEF, double du triangle ABF, est équivalent au quarré AH, double du triangle HBC. On démontrera de même que le rectangle CDEG est équivalent au quarré AI; mais les deux rectangles BDEF, CDEG, pris ensemble, font le quarré BCGF; donc le quarré BCGF, fait sur l'hypoténuse, est égal à la somme des quarrés ABHL, ACIK, faits sur les deux autres côtés; ou en d'autres termes,

$$\overline{BC}^2 = \overline{AB}^2 + \overline{AC}^2.$$

Corollaire I. Donc le quarré d'un des côtés de l'angle droit est égal au quarré de l'hypoténuse moins le quarré de l'autre côté, ce qu'on exprime ainsi: $\overline{AB}^2 = \overline{BC}^2 - \overline{AC}^2.$

Corollaire II. Soit ABCD un quarré, AC sa diagonale; le triangle ABC est rectangle et isoscèle: ainsi on aura $\overline{AC}^2 = \overline{AB}^2 + \overline{BC}^2 = 2\overline{AB}^2.$ Donc *le quarré fait sur la diagonale* AC *est double du quarré fait sur le côté* AB.

C'est ce qui peut se démontrer aux yeux en menant par les points A et C des parallèles à BD, et par les points B et D des parallèles à AC: on formera ainsi le quarré EFGH qui est le quarré de AC. Or on voit que EFGH contient huit triangles égaux, et ABCD quatre; donc le quarré EFGH est double de ABCD.

Puisque $\overline{AC}^2 : \overline{AB}^2 :: 2 : 1$, on a, en extrayant la racine quarrée, $AC : AB :: \sqrt{2} : 1.$ Donc *la diagonale d'un quarré est incommensurable avec son côté.*

C'est ce qu'on développera davantage dans une autre occasion.

Corollaire III. On a démontré que le quarré AH

est équivalent au rectangle BDEF; or, à cause de la
hauteur commune BF, le quarré BCGF est au rectangle BDEF comme la base BC à la base BD; donc

$$\overline{BC}^2 : \overline{AB}^2 :: BC : BD.$$

Donc *le quarré de l'hypoténuse est au quarré d'un
des côtés de l'angle droit comme l'hypoténuse est au
segment adjacent à ce côté.* Le *segment* dont il s'agit
est la partie de l'hypoténuse déterminée par la perpendiculaire abaissée de l'angle droit; ainsi BD est le segment adjacent au côté AB, et DC est le segment adjacent au côté AC. On auroit semblablement

$$\overline{BC}^2 : \overline{AC}^2 :: BC : CD.$$

Corollaire IV. Les rectangles BDEF, DCGE,
ayant aussi même hauteur, sont entre eux comme leurs
bases BD, DC. Or ces rectangles sont équivalents aux
quarrés $\overline{AB}^2$, $\overline{AC}^2$; donc

$$\overline{AB}^2 : \overline{AC}^2 :: BD : DC.$$

Donc *les quarrés des deux côtés de l'angle droit
sont entre eux comme les segments de l'hypoténuse
adjacents à ces côtés.*

PROPOSITION XII.

THÉORÈME.

Dans un triangle ABC, *si l'angle* C *est aigu*, *le* F. 110.
*quarré du côté opposé sera plus petit que la somme des
quarrés des côtés qui comprennent l'angle* C; *et en
abaissant la perpendiculaire* AD *sur* BC, *la différence
sera égale au double du rectangle* BC × CD; *de sorte
qu'on aura*

$$\overline{AB}^2 = \overline{AC}^2 + \overline{BC}^2 - 2BC \times CD.$$

Il y a deux cas. 1°. Si la perpendiculaire tombe au
dedans du triangle ABC, on aura BD = BC—CD, et

E 4

* 9. par conséquent* $\overline{BD}^2 = \overline{BC}^2 + \overline{CD}^2 - 2BC \times CD$. Ajoutant de part et d'autre $\overline{AD}^2$, et observant qu'à cause du triangle rectangle ABD, $\overline{AD}^2 + \overline{BD}^2 = \overline{AB}^2$, et à cause du triangle rectangle ADC, $\overline{AD}^2 + \overline{DC}^2 = \overline{AC}^2$, on aura $\overline{AB}^2 = \overline{BC}^2 + \overline{AC}^2 - 2BC \times CD$.

2°. Si la perpendiculaire AD tombe hors du triangle ABC, on aura $BD = CD - BC$, et par conséquent $\overline{BD}^2 = \overline{CD}^2 + \overline{BC}^2 - 2CD \times BC$. Ajoutant de part et d'autre $\overline{AD}^2$, on en conclura de même

$$\overline{AB}^2 = \overline{BC}^2 + \overline{AC}^2 - 2BC \times CD.$$

PROPOSITION XIII.

THÉORÈME.

F. 111.   *Dans un triangle ABC, si l'angle C est obtus, le quarré du côté opposé AB sera plus grand que la somme des quarrés des côtés qui comprennent l'angle C, et en abaissant AD perpendiculaire sur BC, la différence sera égale au double du rectangle BC × CD; de sorte qu'on aura*

$$\overline{AB}^2 = \overline{AC}^2 + \overline{BC}^2 + 2BC \times CD.$$

La perpendiculaire ne peut pas tomber au dedans du triangle ; car si elle tomboit par exemple en E, le triangle ACE auroit à la fois l'angle droit E et l'angle obtus C, ce qui est impossible ; donc elle tombe au dehors,

* 8. et on a $BD = BC + CD$. De là résulte* $\overline{BD}^2 = \overline{BC}^2 + \overline{CD}^2 + 2BC \times CD$. Ajoutant de part et d'autre $\overline{AD}^2$ et faisant les réductions comme dans le théorème précédent, on en conclura $\overline{AB}^2 = \overline{BC}^2 + \overline{AC}^2 + 2BC \times CD$.

Scholie. Il n'y a que le triangle rectangle dans lequel la somme des quarrés de deux côtés soit égale au quarré

du troisième ; car si l'angle compris par ces côtés est
aigu, la somme de leurs quarrés sera plus grande que
le quarré du côté opposé ; s'il est obtus, elle sera
moindre.

PROPOSITION XIV.

THÉORÈME.

Dans un triangle quelconque ABC, *si on mene du* F. 112.
sommet au milieu de la base la ligne AE, *je dis*
qu'on aura $\overline{AB}^2 + \overline{AC}^2 = 2\overline{AE}^2 + 2\overline{BE}^2$.

Abaissez la perpendiculaire AD sur la base BC, le
triangle AEC donnera par le théorême XII

$$\overline{AC}^2 = \overline{AE}^2 + \overline{EC}^2 - 2\,EC \times ED.$$

Le triangle ABE donnera par le théorême XIII :

$$\overline{AB}^2 = \overline{AE}^2 + \overline{EB}^2 + 2\,EB \times ED.$$

Donc, en ajoutant et observant que EB=EC, on
aura

$$\overline{AB}^2 + \overline{AC}^2 = 2\overline{AE}^2 + 2\overline{EB}^2.$$

Corollaire. Dans tout parallélogramme la somme
des quarrés des côtés est égale à la somme des quarrés
des diagonales.

Car les diagonales AC, BD, se coupent mutuelle- F. 113.
ment en deux parties égales au point E* ; ainsi le trian- * 33. 1.
gle ABC donne

$$\overline{AB}^2 + \overline{BC}^2 = 2\overline{AE}^2 + 2\overline{BE}^2.$$

Le triangle ADC donne pareillement

$$\overline{AD}^2 + \overline{DC}^2 = 2\overline{AE}^2 + 2\overline{DE}^2.$$

Ajoutant membre à membre, et observant que
BE=DE, on aura

$$\overline{AB}^2 + \overline{AD}^2 + \overline{DC}^2 + \overline{BC}^2 = 4\overline{AE}^2 + 4\overline{DE}^2.$$

Mais $4\overline{AE}^2$ est le quarré de 2AE ou de AC ; $4\overline{DE}^2$

est le quarré de BD ; donc la somme des quarrés des côtés, etc.

PROPOSITION XV.

THÉORÈME.

F. 114.
La ligne DE, *menée parallèlement à la base d'un triangle* ABC, *divise les côtés* AB, AC, *proportionnellement, de sorte qu'on a* AD : DB :: AE : EC.

Joignez BE et DC, les deux triangles BDE, DEC, ont même base DE ; ils ont aussi même hauteur, puisque les sommets B et C sont situés sur une parallèle
* 22
à la base. Donc ces triangles sont équivalents*.

Les triangles ADE, BDE, dont le sommet commun est E, ont même hauteur et sont entre eux comme
* 6.
leurs bases AD, BD* ; ainsi on a

$$ADE : BDE :: AD : BD.$$

Les triangles ADE, DEC, dont le sommet commun est D, ont aussi même hauteur et sont entre eux comme leurs bases ; donc

$$ADE : DEC :: AE : EC.$$

Mais le triangle BDE = DEC ; donc, à cause du rapport commun dans ces deux proportions, on en conclura

$$AD : DB :: AE : EC.$$

Corollaire I. De là résulte *componendo* AD+DB : AD :: AE+EC : AE, ou AB : AD :: AC : AE, et aussi AB : BD :: AC : CE.

F. 115.
Corollaire II. Si entre deux droites AB, CD, *on mene tant de paralleles qu'on voudra,* AC, EF, GH, BD, *etc., ces droites seront coupées proportionnellement, et on aura* AE : CF :: EG : FH :: GB : HD.

Car soit O le point de concours des droites AB, CD; dans le triangle OEF, où la ligne AC est menée parallèlement à la base, on aura OE : AE :: OF : CF, ou OE : OF :: AE : CF. Dans le triangle OGH, on aura semblablement OE : EG :: OF : FH, ou OE : OF :: EG : FH. Donc, à cause du rapport commun, OE : OF, ces deux proportions donnent AE : CF :: EG : FH. On démontrera de la même maniere qu'on a EG : FH :: GB : HD, et ainsi de suite. Donc les lignes AB, CD, sont coupées proportionnellement par les parallèles EF, GH, etc.

PROPOSITION XVI.

THÉORÈME.

Réciproquement si les côtés AB, AC, *sont coupés* F. 116. *proportionnellement par la ligne* DE, *de sorte qu'on ait* AD : DB :: AE : EC , *je dis que la ligne* DE *sera parallèle à la base* BC.

Car si DE n'est pas parallèle à BC, supposons que DO le soit ; alors, suivant le théorême précédent, on aura AD : BD :: AO : OC. Mais par hypothese AD : DB :: AE : EC : donc on auroit AO : OC :: AE : EC ; proportion impossible, puisque d'une part l'antécédent AE est plus grand que l'antécédent AO, et que de l'autre le conséquent EC est plus petit que OC. Donc la parallèle à BC menée par le point D ne peut différer de DE ; donc DE est cette parallele.

PROPOSITION XVII.

THÉORÈME.

F. 117.

La ligne AD, qui divise en deux parties égales l'angle BAC d'un triangle, divisera la base BC en deux segments BD, DC, proportionnels aux côtés adjacents AB, AC; de sorte qu'on aura BD : DC :: AB : AC.

Par le point C menez CE parallele à AD jusqu'à la rencontre de BA prolongé.

Dans le triangle BCE, la ligne AD est parallele à la base CE; ainsi on a la proportion

BD : DC :: AB : AE.

Mais le triangle ACE est isoscele; car, à cause des paralleles AD, CE, l'angle ACE=DAC, et l'angle AEC=BAD*: or, par hypothese, DAC=BAD; donc l'angle ACE=AEC; donc le côté AE=AC*, et en substituant AC à la place de AE dans la proportion précédente, on aura

* 23. 1.
* 13. 1.

BD : DC :: AB : AC.

PROPOSITION XVIII.

THÉORÈME.

Deux triangles équiangles ont les côtés homologues proportionnels et sont semblables.

F. 119.

Soient ABC, CDE, deux triangles qui ont les angles égaux chacun à chacun, savoir BAC=CDE, ABC=DCE, et ACB=DEC; je dis que les côtés homologues ou adjacents aux angles égaux seront proportionnels, de sorte qu'on aura BC : CE :: AB : CD :: AC : DE.

Placez les côtés homologues BC, CE, dans la même direction; et prolongez les côtés BA, ED, jusqu'à ce qu'ils se rencontrent en F. Puisque BCE est une ligne

roite, et que l'angle $BCA = CED$, il s'ensuit que AC est parallele à DE. Pareillement, puisque l'angle ABC=DCE, la ligne AB est parallele à DC. Donc a figure ACDF est un parallélogramme.

Dans le triangle BFE la ligne AC est parallele à la base FE; ainsi on a $BC : CE :: BA : AF$. A la place de AF on peut mettre son égale CD, et on aura

$$BC : CE :: BA : CD.$$

Dans le même triangle BFE, si on regarde BF comme la base, CD est une parallele à cette base, et on a la proportion $BC : CE :: FD : DE$. A la place de FD mettant son égale AC, on aura

$$BC : CE :: AC : DE.$$

Enfin de ces deux proportions qui contiennent le même rapport, $BC : CE$, on peut conclure aussi

$$AC : DE :: BA : CD.$$

Donc les triangles équiangles BAC, CDE, ont les côtés homologues proportionnels : mais suivant la définition, deux figures sont semblables lorsqu'elles ont à la fois les angles égaux chacun à chacun et les côtés homologues proportionnels; donc les triangles équiangles BAC, CDE, sont deux figures semblables.

Corollaire. Il suffit pour que deux triangles soient semblables qu'ils aient deux angles égaux chacun à chacun, car alors le troisieme sera égal de part et d'autre et les deux triangles seront équiangles.

Scholie. Remarquez que, dans les triangles semblables, les côtés homologues sont opposés à des angles égaux; ainsi l'angle ACB étant égal à DEC, le côté AB est homologue à DC; de même AC est homologue à DE, et BC à CE : les côtés homologues étant reconnus, on forme aussitôt les proportions

$$AB : DC :: AC : DE :: BC : CE.$$

PROPOSITION XIX.

THÉORÈME.

F. 120.   *Deux triangles qui ont les côtés homologues pro-*
portionnels sont équiangles et semblables.

Supposons qu'on a BC : EF :: AB : DE :: AC : DF,
je dis que les triangles ABC, DEF, auront les angles
égaux, savoir, A = D, B = E, C = F.

Faites au point E l'angle FEG = B et au point F
l'angle EFG = C, le troisième G sera égal au troisième
A, et les deux triangles ABC, EFG, seront équiangles.
Donc on aura par le théorème précédent BC : EF ::
AB : EG : mais par hypothèse BC : EF :: AB : DE,
donc EG = DE. On aura encore par le même théorème BC : EF :: AC : FG : or on a par hypothèse
BC : EF :: AC : DF ; donc FG = DF ; donc les
triangles EGF, DEF, ont les trois côtés égaux chacun à chacun ; donc ils sont égaux. Mais par construction le triangle EGF est équiangle au triangle ABC,
donc aussi les triangles DEF, ABC, sont équiangles
et semblables.

Scholie I. On voit par ces deux dernières propositions
qu'il suffit, pour que deux triangles soient semblables,
ou qu'ils soient équiangles, ou que les côtés homologues soient proportionnels. Il n'en est pas de même
dans les figures de plus de trois côtés ; car dès qu'il
s'agit seulement des quadrilateres, on peut, sans changer les angles, altérer la proportion des côtés, ou, sans
altérer les côtés, changer les angles ; ainsi la proportionnalité des côtés ne peut être une suite de l'égalité
F. 121.   des angles, ni *vice versâ*. On voit, par exemple, qu'en
menant EF parallele à BC, les angles du quadrilatere
AEFD sont égaux à ceux du quadrilatere ABCD,

mais la proportion des côtés est différente : de même, sans changer les quatre côtés AB, BC, CD, AD, on peut rapprocher ou éloigner le point B du point D, ce qui altérera les angles.

Scholie II. Les deux propositions précédentes, qui n'en font proprement qu'une, jointes à celle du quarré de l'hypoténuse, sont les propositions les plus importantes et les plus fécondes de la géométrie ; elles suffisent presque seules à toutes les applications et à la résolution de tous les problèmes : la raison en est que toutes les figures peuvent se partager en triangles, et un triangle quelconque en deux triangles rectangles. Ainsi les propriétés générales des triangles renferment implicitement celles de toutes les figures.

PROPOSITION XX.

THÉORÈME.

Deux triangles qui ont un angle égal compris entre F. 122. *côtés proportionnels sont semblables.*

Soit l'angle A=D, et supposons qu'on a AB : DE :: AC : DF ; je dis que le triangle ABC est semblable à DEF.

Prenez AG=DE et menez GH parallele à BC, l'angle AGH sera égal à l'angle ABC, et le triangle AGH sera équiangle au triangle ABC ; on aura donc AB : AG :: AC : AH : mais par hypothese AB : DE :: AC : DF, et par construction AG=DE ; donc AH=DF. Les deux triangles AGH, DEF, ont donc un angle égal compris entre côtés égaux, et par conséquent ils sont égaux. Or le triangle AGH est semblable à ABC ; donc DEF est aussi semblable à ABC.

PROPOSITION XXI.

THÉORÈME.

Deux triangles qui ont les côtés homologues paral-
leles, ou qui les ont perpendiculaires chacun à cha-
cun, sont semblables.

F. 123.　　Car, 1°, si le côté AB est parallele à DE, et BC à
26. 2. EF, l'angle ABC sera égal à DEF*; si de plus AC
est parallele à DF, l'angle ACB sera égal à DFE,
et aussi BAC à EDF : donc les triangles ABC, DEF,
sont équiangles ; donc ils sont semblables.

F. 124.　　2°. Soit le côté DE perpendiculaire à AB, et le côté
DF à AC ; dans le quadrilatere AIDH les deux
angles I et H seront droits ; les quatre angles valent en-
29. 2. semble quatre angles droits* ; donc les deux restants
IAH, IDH, valent deux angles droits. Mais les deux
angles EDF, IDH, valent aussi deux angles droits ; donc
l'angle EDF est égal à BAC. Pareillement si le troisieme côté EF est perpendiculaire au troisieme BC,
on démontrera que l'angle DFE = C, et DEF = B.
Donc les deux triangles ABC, DEF, qui ont les côtés
perpendiculaires chacun à chacun, sont équiangles et
semblables.

Scholie. On peut remarquer que, dans le cas des côtés paralleles, les côtés homologues sont les côtés paralleles, et, dans celui des côtés perpendiculaires, ce
sont les côtés perpendiculaires. Ainsi, dans ce dernier
cas, DE est homologue à AB, DF à AC, et EF à BC.

PROPOSITION

PROPOSITION XXII.
THÉORÈME.

Les lignes AF, AG, *etc. menées par le sommet* F. 125
d'un triangle, divisent proportionnellement la base
BC *et sa parallèle* DE, *de sorte qu'on a* DI : BF ::
IK : FG :: KL : GH, *etc.*

Car, puisque DI est parallele à BF, le triangle ADI
est équiangle à ABF, et on a la proportion DI : BF ::
AI : AF. De même IK étant parallele à FG, on a
AI : AF :: IK : FG. Donc, à cause du rapport commun AI : AF, on aura DI : BF :: IK : FG. On
trouvera semblablement IK : FG :: KL : GH, etc.
Donc la ligne DE est divisée aux points I, K, L,
comme la base BC l'est aux points F, G, H.

Corollaire. Donc, si BC est divisée en parties égales,
aux points F, G, H, la parallele DE sera divisée de même
en parties égales, aux points I, K, L.

PROPOSITION XXIII.
THÉORÈME.

Si de l'angle droit A *d'un triangle rectangle on* F. 126.
abaisse la perpendiculaire AD *sur l'hypoténuse;*

1°. *Les deux triangles partiels* ABD, ADC, *seront
semblables entre eux et au triangle total* ABC;

2°. *Chaque côté* AB *ou* AC *sera moyen proportionnel entre l'hypoténuse* BC *et le segment adjacent* BD
ou DC;

3°. *La perpendiculaire* AD *sera moyenne proportionnelle entre les deux segments* BD, DC.

Car 1°. le triangle BAD et le triangle BAC ont l'angle commun B ; de plus l'angle droit BDA est égal à
l'angle droit BAC; donc le troisieme angle BAD de

F

l'un est égal au troisieme C de l'autre. Donc ces deux triangles sont équiangles et semblables. On démontrera de même que le triangle D A C est semblable au triangle BAC ; donc les trois triangles sont semblables entre eux.

2°. Puisque le triangle BAD est semblable au triangle B A C , leurs côtés homologues sont proportionnels. Or le côté BD dans le petit triangle est homologue à BA dans le grand , parcequ'ils sont opposés à des angles égaux BAD , BCA ; l'hypoténuse BA du petit est homologue à l'hypoténuse BC du grand ; donc on peut former la proportion BD : BA :: BA : BC. On auroit de la même maniere DC : AC :: AC : BC. Donc 2°. chacun des côtés AB , AC, est moyen proportionnel entre l'hypoténuse et le segment adjacent à ce côté.

3°. Enfin la similitude des triangles ABD, ADC, donne , en comparant les côtés homologues , BD : AD :: AD : DC. Donc 3°. la perpendiculaire AD est moyenne proportionnelle entre les segments BD, DC.

Scholie. La proportion BD : AB :: AB : BC donne , en égalant le produit des extrêmes à celui des moyens , $\overline{AB}^2 = BD \times BC$. On a de même $\overline{AC}^2 = DC \times BC$; c'est-à-dire en d'autres termes que le quarré fait sur AB est égal au rectangle fait sur BD et BC, et que le quarré fait sur AC est égal au rectangle fait sur DC et BC. Or de là il résulte que le quarré de AB joint au quarré de AC est égal à la somme de deux rectangles qui ont pour hauteur commune B C , et pour base l'un BD, l'autre DC. Ces deux rectangles reviennent à un seul qui auroit pour hauteur BC, et pour base BD+DC ou BC , et qui seroit par conséquent le quarré de BC. Donc le quarré fait sur BC est égal à

la somme des quarrés faits sur les deux autres côtés
AB, AC. Nous retombons ainsi sur la proposition du
quarré de l'hypoténuse par une voie très différente de
celle que nous avions suivie ; d'où l'on voit qu'à proprement parler la proposition du quarré de l'hypoténuse est une suite de la proportionnalité des côtés dans
les triangles équiangles : ainsi les propositions fondamentales de la géométrie se réduisent pour ainsi dire à
celle-ci seule, que les triangles équiangles ont leurs
côtés homologues proportionnels.

Il arrive souvent, comme on vient d'en voir un
exemple, qu'en tirant des conséquences d'une ou de
plusieurs propositions, on retombe sur des propositions
déja démontrées. En général ce qui caractérise particulièrement les théorèmes de géométrie, et ce qui est
une preuve invincible de leur certitude, c'est qu'en les
combinant ensemble d'une manière quelconque, pourvu
qu'on raisonne juste, on tombe toujours sur des résultats exacts. Il n'en seroit pas de même si quelque
proposition étoit fausse ou n'étoit vraie qu'à-peu-près ;
il arriveroit souvent que, par la combinaison des propositions entre elles, l'erreur s'accroîtroit et deviendroit
sensible. C'est ce dont on voit des exemples dans toutes
les démonstrations où nous nous servons de la *réduc-
tion à l'absurde*. Ces démonstrations, où l'on a pour
but de prouver que deux quantités sont égales, consistent à faire voir que si on admettoit entre elles la
moindre inégalité, il en résulteroit par la suite des raisonnements une absurdité manifeste et palpable ; d'où
l'on est obligé de conclure que ces deux quantités sont
égales.

Corollaire. Si d'un point A de la circonférence on   F. 127.
mene les deux cordes AB, AC, aux extrémités du dia-

F 2

* 18. 2. metre BC, le triangle BAC sera rectangle en A*. Donc,

1°. *la perpendiculaire* AD *est moyenne proportionelle entre les deux segments du diametre* BD, DC, ou, ce qui revient au même, le quarré $\overline{AD}^2$ est égal au rectangle BD $\times$ DC.

2°. *La corde* AB *est moyenne proportionnelle entre le diametre* BC *et le segment adjacent* BD, ou, ce qui revient au même, $\overline{AB}^2 = BD \times BC$. On a de même $\overline{AC}^2 = CD \times BC$; donc $\overline{AB}^2 : \overline{AC}^2 :: BD : DC$; et si on compare $\overline{AB}^2$ à $\overline{BC}^2$, on aura $\overline{AB}^2 : \overline{BC}^2 :: BD : BC$; on auroit de même $\overline{AC}^2 : \overline{BC}^2 :: DC : BC$. Ces rapports des quarrés des côtés, soit entre eux, soit avec le quarré de l'hypoténuse, ont été déja donnés dans les corol. III et IV de la prop. XI.

PROPOSITION XXIV.

THÉORÊME.

Deux triangles qui ont un angle égal sont entre eux comme les rectangles des côtés qui comprennent l'angle

F. 18. *égal. Ainsi le triangle* ABC *est au triangle* ADE *comme le rectangle* AB $\times$ AC *est au rectangle* AD $\times$ AE.

Tirez BE; les deux triangles ABE, ADE, dont le sommet commun est en E, ont même hauteur, et sont entre eux comme leurs bases AB, AD; donc

$$ABE : ADE :: AB : AD.$$

On a de même

$$ABC : ABE :: AC : AE.$$

Multipliant ces deux proportions par ordre et omettant le commun terme ABE, on aura

$$ABC : ADE :: AB \times AC : AD \times AE.$$

Corollaire. Donc les deux triangles seroient équivalents , si le rectangle A B × A C étoit égal au rectangle
A D × A E, ou si on avoit A B : A D :: A E : A C.

PROPOSITION XXV.

THÉORÈME.

*Deux triangles semblables sont entre eux comme
les quarrés des côtés homologues.*

Soit l'angle A=D et l'angle B=E ; d'abord, à cause F. 122,
des angles égaux A et D, les triangles A B C, D E F,
sont entre eux comme les rectangles A B × A C, D E
× D F. On a de plus

$$AB : DE :: AC : DF.$$

Et si on multiplie cette proportion terme à terme par
la proportion identique

$$AC : DF :: AC : DF,$$

il en résultera

$$AB \times AC : DE \times DF :: \overline{AC}^2 : \overline{DF}^2.$$

Donc

$$ABC : DEF :: \overline{AC}^2 : \overline{DF}^2.$$

Donc deux triangles semblables A B C , D E F , sont
entre eux comme les quarrés des côtés homologues
A C, D F, ou comme les quarrés de deux autres côtés
homologues quelconques.

PROPOSITION XXVI.

THÉORÈME.

*Deux polygones semblables sont composés d'un
même nombre de triangles semblables chacun à chacun et semblablement disposés.*

Dans le polygone A B C D E menez d'un même angle F. 129,
A les diagonales A C, A D, aux autres angles. Dans

F 3

l'autre polygone FGHIK, menez semblablement, de l'angle F homologue ou égal à A, les diagonales FH, FI.

Puisque les polygones sont semblables, l'angle ABC est égal à son homologue FGH*, et de plus les côtés AB, BC, sont proportionnels aux côtés FG, GH; de sorte qu'on a A b : FG :: BC : GH. Il suit de là que les triangles ABC, FGH, sont semblables*; donc l'angle BCA est égal à GHF. Ces angles égaux étant retranchés des angles égaux BCD, GHI, les restes ACD, FHI, seront égaux. Mais, puisque les triangles ABC, FGH, sont semblables, on a AC : FH :: BC : GH. D'ailleurs, à cause de la similitude des polygones, BC : GH :: CD : HI; donc AC : FH :: CD : HI. Mais on a déjà vu que l'angle ACD=FHI; donc les triangles ACD, FHI, ont un angle égal compris entre côtés proportionnels; donc ils sont semblables. On continueroit de même à démontrer la similitude des triangles suivants, quel que fût le nombre des côtés des polygones proposés; donc deux polygones semblables sont composés d'un même nombre de triangles semblables et semblablement disposés.

Scholie. La proposition inverse est également vraie : *si deux polygones sont composés d'un même nombre de triangles semblables et semblablement disposés, ces deux polygones seront semblables.*

Car la similitude des triangles respectifs donnera l'angle ABC=FGH, BCA=GHI, ACD=FHI; donc BCD=GHI, de même CDE=HIK, etc. De plus on aura AB : FG :: BC : GH :: AC : FH :: CD : HI, etc. Donc les deux polygones ont les angles égaux et les côtés proportionnels; donc ils sont semblables.

Déf. 2 (marginal note)

20 (marginal note)

PROPOSITION XXVII.

THÉORÊME.

Les contours ou périmetres des polygones sembla-
bles sont comme les côtés homologues, et leurs sur-
faces comme les quarrés des côtés homologues.

Car 1°. puisqu'on a, par la nature des figures semblables, $AB : FG :: BC : GH :: CD : HI$, etc., on
peut conclure de cette suite de rapports égaux : La
somme des antécédents $AB+BC+CD$, etc., contour
de la premiere figure, est à la somme des conséquents
$FG+GH+HI$, etc., contour de la seconde figure,
comme un seul côté AB est à son homologue FG.

2°. Puisque les triangles ABC, FGH, sont sem-
blables, on a* $ABC : FGH :: \overline{AC}^2 : \overline{FH}^2$; de même
les triangles ACD, FHI, étant semblables, on a
$ACD : FHI :: \overline{AC}^2 : \overline{FH}^2$; donc, à cause du rapport
commun $\overline{AC}^2 : \overline{FH}^2$, on a

$$ABC : FGH :: ACD : FHI.$$

Par un raisonnement semblable on trouveroit

$$ACD : FHI :: ADE : FIK.$$

Et ainsi de suite s'il y avoit un plus grand nombre
de triangles. De cette suite de rapports égaux on conclura : La somme des antécédents $ABC+ACD+ADE$,
ou le polygone $ABCDE$, est à la somme des conséquents
ou au polygone $FGHIK$, comme un antécédent ABC
est à son conséquent FGH, ou comme $\overline{AB}^2$ est à $\overline{FG}^2$;
donc les polygones semblables sont entre eux comme
les quarrés des côtés homologues.

Corollaire. Si on construit trois figures semblables
dont les côtés homologues soient égaux aux trois côtés
d'un triangle rectangle, la figure faite sur le plus grand
côté sera égale à la somme des deux autres. Car ces

F. 129.

* 25.

trois figures sont proportionnelles aux quarrés de leurs côtés homologues ; or le quarré de l'hypoténuse est égal à la somme des quarrés des deux autres côtés ; donc, etc.

PROPOSITION XXVIII.

THÉORÈME.

F. 130. *Les parties de deux cordes* AB, CD, *qui se coupent dans un cercle, sont réciproquement proportionnelles ; c'est-à-dire qu'on a*

$$AO : DO :: CO : OB.$$

Joignez AC et BD : dans les triangles ACO, BOD, les angles en O sont égaux, l'angle A est égal à l'angle D, parcequ'ils sont inscrits dans le même segment * ; par la même raison l'angle C = B ; donc ces triangles sont semblables, et les côtés homologues donnent la proportion

$$AO : DO :: CO : OB.$$

Corollaire. Donc $AO \times OB = DO \times CO$; donc le rectangle des deux parties de l'une des cordes est égal au rectangle des deux parties de l'autre.

PROPOSITION XXIX.

THÉORÈME.

F. 131. *Si d'un même point* O, *pris hors du cercle, on mene les sécantes* OB, OC, *terminées à l'arc concave* BC, *les sécantes entieres seront réciproquement proportionnelles à leurs parties extérieures ; c'est-à-dire qu'on aura*

$$OB : OC :: OD : OA.$$

Car, en joignant AC, BD, les triangles OAC, OBD ont l'angle O commun ; de plus, l'angle B = C* ; donc ces triangles sont semblables, et les côtés homologues, donnent la proportion

$$OB : OC :: OD : OA.$$

Corollaire. Donc le rectangle $OA \times OB$ est égal au rectangle $OC \times OD$.

Scholie. On peut remarquer que cette proposition a beaucoup d'analogie avec la précédente, et qu'elles ne diffèrent qu'en ce que les deux cordes AB, CD, au lieu de se couper dans le cercle, se coupent au dehors. La proposition suivante peut encore être regardée comme un cas particulier de celle-ci.

P R O P O S I T I O N   X X X.

THÉORÈME.

Si d'un même point O *pris hors du cercle on mène* F. 132. *la tangente* O A *et la sécante* OC, *la tangente sera moyenne proportionnelle entre la sécante et sa partie extérieure; de sorte qu'on aura* OC : OA :: OA : OD; *ou, ce qui revient au même,* $\overline{OA}^2 = OC \times OD$.

Car, en joignant AD et AC, les triangles OAD, OAC, ont l'angle O commun; de plus l'angle OAD, formé par une tangente et une corde*, a pour mesure la moi- * 19. 2. tié de l'arc AD, et l'angle C à la même mesure; donc l'angle OAD=C; donc les deux triangles sont semblables, et on a la proportion

$$OC : OA :: OA : OD.$$

qui donne $\overline{OA}^2 = OC \times OD$.

PROPOSITION XXXI.

THÉORÈME.

F. 133. *Dans un triangle* ABC, *si on divise l'angle* A *en deux parties égales par la ligne* AD, *le rectangle des côtés* AB, AC, *sera égal au rectangle des segments* BD, DC, *plus le quarré de la sécante* AD.

Faites passer une circonférence par les trois points A, B, C, prolongez AD jusqu'à la circonférence, et joignez CE.

Le triangle BAD est semblable au triangle EAC; car, par hypothese, l'angle BAD = EAC; de plus, l'angle B = E, puisqu'ils ont tous deux pour mesure la moitié de l'arc AC; donc ces triangles sont semblables, et les côtés homologues donnent la proportion BA : AE :: AD : AC. De là résulte : $BA \times AC = AE \times AD$; mais AE = AD + DE, et en multipliant de part et d'autre par AD, on a $AE \times AD = \overline{AD}^2 + AD \times DE$; * 28. d'ailleurs $AD \times DE = BD \times DC$*; donc enfin

$$BA \times AC = \overline{AD}^2 + BD \times DC.$$

PROPOSITION XXXII.

THÉORÈME.

F. 134. *Dans un triangle* ABC, *le rectangle des deux côtés* AB, AC, *est égal au rectangle compris par le diametre* CE *du cercle circonscrit et la perpendiculaire* AD *abaissée sur le troisieme côté* BC.

Car, en joignant AE, les triangles ABD, AEC, sont rectangles, l'un en D, l'autre en A; de plus l'angle B = E; donc ces triangles sont semblables; et ils donnent la proportion AB : CE :: AD : AC; d'où résulte $AB \times AC = CE \times AD$.

Corollaire. Si on multiplie ces quantités égales par la même quantité BC, on aura $AB \times AC \times BC = CE \times AD \times BC$. Or $AD \times BC$ est le double de la surface du triangle * ; donc *le produit des trois côtés d'un* ★ 6. *triangle est égal à sa surface multipliée par le double du diametre du cercle circonscrit.*

Le produit de trois lignes s'appelle quelquefois un *solide,* par une raison qu'on verra ci-après. Sa valeur se conçoit aisément en imaginant que les lignes sont réduites en nombres, et multipliant les nombres dont il s'agit.

Scholie. On peut démontrer aussi que *la surface d'un triangle est égale à son périmetre multiplié par la moitié du rayon du cercle inscrit.*

Car les triangles AOB, BOC, AOC, qui ont leur Fig. 87. sommet commun en O, ont pour hauteur commune le rayon du cercle inscrit ; donc la somme de ces triangles sera égale à la somme des bases AB, BC, AC, multipliée par la moitié du rayon OD ; donc le triangle ABC est égal à son périmetre multiplié par la moitié du rayon du cercle inscrit.

PROPOSITION XXXIII.

THÉORÈME.

Dans tout quadrilatere inscrit ABCD, *le rectangle* F. 135. *des deux diagonales* AC, BD, *est égal à la somme des rectangles des côtés opposés, de sorte qu'on a*

$$AC \times BD = AB \times CD + AD \times BC.$$

Prenez l'arc $CO = AD$, et tirez BO qui rencontre la diagonale AC en I.

L'angle $ABD = CBI$, puisque l'un a pour mesure la moitié de AD, et l'autre la moitié de CO égal à AD.

L'angle $ADB = BCI$, parcequ'ils sont inscrits dans
le même segment AOB ; donc le triangle ABD
est semblable au triangle IBC, et on a la proportion
$AD : CI :: BD : BC$; d'où résulte $AD \times BC = CI \times BD$.
Je dis maintenant que le triangle ABI est semblable
au triangle BDC ; car l'arc AD étant égal à CO, si on
ajoute de part et d'autre OD, on aura l'arc $AO = DC$;
donc l'angle $ABI = DBC$; de plus l'angle $BAI = BDC$
comme étant inscrits dans le même segment, donc les
triangles ABI, DBC, sont semblables, et les côtés
homologues donnent la proportion $AB : BD :: AI : CD$;
d'où résulte $AB \times CD = AI \times BD$.

Ajoutant les deux résultats trouvés, et observant
que $AI \times BD + CI \times BD = (AI + CI) \times BD = AC \times BD$,
on aura $AD \times BC + AB \times CD = AC \times BD$.

Scholie. On peut démontrer de la même maniere un
autre théorême sur le quadrilatere inscrit. Le triangle
ABD, semblable à BIC, donne aussi la proportion
$BD : BC :: AB : BI$, d'où résulte $BI \times BD = BC \times AB$.
Si on joint CO, le triangle ICO, semblable à ABI,
sera semblable à BDC, et donnera la proportion
$BD : CO :: DC : OI$; d'où résulte $OI \times BD = CO \times DC$,
ou, à cause de $CO = AD$, $OI \times BD = AD \times DC$;
ajoutant les deux résultats, et observant que $BI \times BD +
OI \times BD$ se réduit à $BO \times BD$, on aura

$$BO \times BD = AB \times BC + AD \times DC.$$

Si on eût pris $BP = AD$, et qu'on eût tiré CKP, on
auroit trouvé par des raisonnements semblables

$$CP \times CA = AB \times AD + BC \times CD.$$

Mais l'arc BP étant égal à CO, si on ajoute de
part et d'autre BC, on aura l'arc $CBP = BCO$; donc
la corde CP est égale à la corde BO, et par conséquent

les rectangles $BO \times BD$ et $CP \times CA$ sont entre eux comme BD est à CA ; donc

$$BD:CA::AB \times BC + AD \times DC : AD \times AB + BC \times CD.$$

Donc *les deux diagonales d'un quadrilatère inscrit sont entre elles comme les sommes des rectangles des côtés qui aboutissent à leurs extrémités.*

Ces deux théorêmes peuvent servir à trouver les diagonales quand on connoît les côtés.

P R O P O S I T I O N X X X I V.

T H É O R Ê M E.

Soit P *un point donné au dedans du cercle sur le rayon* AC, *et soit pris un point* Q *au dehors sur le prolongement du même rayon, de sorte qu'on ait* $CP:CA::CA:CQ$; *si d'un point quelconque* M *de la circonférence on mene aux deux points* P *et* Q *les droites* MP, MQ, *je dis que ces droites seront par-tout dans le même rapport, et qu'on aura* $MP:MQ::AP:AQ$.

F. 156.

O

Car on a par hypothese $CP:CA::CA:CQ$; mettant CM à la place de CA, on aura $CP:CM::CM:CQ$; donc les triangles CPM, CQM, ont un angle égal C compris entre côtés proportionnels* ; donc ils sont semblables ; donc le troisieme côté MP est au troisieme MQ comme CP est à CM ou CA. Mais la proportion $CP:CA::CA:CQ$ donne, *dividendo*, $CP:CA::CA - CP:CQ - CA$, ou $CP:CA::AP:AQ$; donc $MP:MQ::AP:AQ$.

*20. 5.

Problémes annexés au Livre III.

PROBLÈME I.

Diviser une ligne droite donnée en tant de parties égales qu'on voudra, ou en parties proportionnelles à des lignes données.

F. 137. 1°. Soit proposé de diviser la ligne AB en cinq parties égales ; par l'extrémité A on menera l'indéfinie AG, et prenant AC d'une grandeur quelconque, on portera AC cinq fois sur AG. On joindra le dernier point de division G et l'extrémité B par la ligne GB, puis on menera CI parallele à GB ; je dis que AI sera la cinquieme partie de la ligne AB, et qu'en portant AI cinq fois sur AB, la ligne AB sera divisée en cinq parties égales.

Car, puisque CI est parallele à GB, les côtés AG, AB sont coupés proportionnellement en C et I. Mais AC est la cinquieme partie de AG ; donc AI est la cinquieme partie de AB.

F. 138. 2°. Soit proposé de diviser la ligne AB en parties proportionnelles aux lignes données P, Q, R. Par l'extrémité A on tirera l'indéfinie AG, on prendra AC=P, CD=Q, DE=R, on joindra les extrémités E et B, et par les points C, D, on menera CI, DK parallèles à EB ; je dis que la ligne AB sera divisée en parties AI, IK, KB, proportionnelles aux lignes données P, Q, R.

Car, à cause des parallèles CI, DK, EB, les parties AI, IK, KB, sont proportionnelles aux parties AC, CD, DE* ; et par construction celles-ci sont égales aux lignes données P, Q, R.

*15.

PROBLÊME II.

Trouver une quatrieme proportionnelle à trois lignes données A, B, C.

Tirez les deux lignes indéfinies DE, DF, sous un F. 139. angle quelconque. Sur DE prenez DA=A et DB=B, sur DF prenez DC égale à la troisieme ligne donnée C, joignez AC, et par le point B menez BX parallele à AC ; je dis que DX sera la quatrieme proportionnelle demandée. Car, puisque BX est parallele à AC, on a la proportion DA:DB::DC:DX ; or les trois premiers termes de cette proportion sont égaux aux trois lignes données ; donc DX est la quatrieme proportionnelle demandée.

Corollaire. On trouvera de même une troisieme proportionnelle aux deux lignes données A, B, car elle sera la même que la quatrieme proportionnelle aux trois lignes A, B, B.

PROBLÊME III.

Trouver une moyenne proportionnelle entre deux lignes données A *et* B.

Sur la ligne indéfinie DF prenez DE=A, et EF=B ; F. 140. sur la ligne totale DF comme diametre décrivez la demi-circonférence DGF ; au point E élevez sur le diametre la perpendiculaire EG, qui rencontre la circonférence en G ; je dis que EG sera la moyenne proportionnelle cherchée.

Car la perpendiculaire GE, abaissée d'un point de la circonférence sur le diametre, est moyenne proportionnelle entre les deux segments du diametre DE, EF* : * 23. or ces segments sont égaux aux lignes données A et B.

PROBLÊME IV.

F. 141.   *Diviser la ligne donnée* AB *en deux parties, de manière que la plus grande soit moyenne proportionnelle entre la ligne entiere et l'autre partie.*

A l'extrémité B de la ligne AB élevez la perpendiculaire BC égale à la moitié de AB; du point C comme centre, et du rayon CB, décrivez une circonférence; joignez AC, qui coupera la circonférence en D, et prenez AF=AD: je dis que la ligne AB sera divisée au point F de la manière demandée, c'est-à-dire de sorte qu'on aura AB : AF :: AF : FB.

Car AB, étant perpendiculaire à l'extrémité du rayon CB, est une tangente; et si on prolonge AC jusqu'à ce qu'elle rencontre de nouveau la circonfé-

* 30.   rence en E, on aura * AE : AB :: AB : AD; donc, *dividendo*, AE—AB : AB :: AE—AD : AD. Mais puisque le rayon BC est la moitié de AB, le diametre DE est égal à AB, et par conséquent AE—AB=AD=AF: on a aussi, à cause de AF=AD, AB—AD=FB; donc AF : AB :: FB : AD ou AF; donc, *invertendo*, AB : AF :: AF : FB.

Scholie. Cette sorte de division de la ligne AB s'appelle division en *moyenne et extrême raison.* On en verra des usages. On peut remarquer que la sécante AE est divisée en moyenne et extrême raison au point D; car AE : DE :: DE : AD.

PROBLÊME V.

F. 142.   *Par un point donné* A *dans l'angle donné* BCD *tirer la ligne* BD, *de manière que les parties* AB, AD, *comprises entre le point* A *et les deux côtés de l'angle, soient égales.*

Par le point A menez AE parallele à CD, prenez
EB

BE=CE, et par les points B et A tirez BAD, qui sera
la ligne demandée.

Car AE étant parallele à CD, on a BE:EC::BA:AD.
Or BE=EC, donc BA=AD.

PROBLÈME VI.

*Faire un quarré équivalent à un parallélogramme
ou à un triangle donné.*

1°. Soit ABCD le parallélogramme donné, AB sa F. 143.
base, DE sa hauteur. Entre AB et DE cherchez une
moyenne proportionnelle XY; je dis que le quarré fait
sur XY sera équivalent au parallélogramme ABCD.
Car, par construction, $AB:XY::XY:DE$; donc
$\overline{XY}^2=AB\times DE$. Or $AB\times DE$ est la mesure du parallélogramme, et $\overline{XY}^2$ celle du quarré; donc ils sont
équivalents.

2°. Soit ABC le triangle donné, BC sa base, AD sa F. 144.
hauteur. Prenez une moyenne proportionnelle entre
BC et la moitié de AD, et soit XY cette moyenne;
je dis que le quarré fait sur XY sera équivalent au
triangle ABC.

Car, puisqu'on a $BC:XY::XY:\frac{1}{2}AD$, il en résulte
$\overline{XY}^2=BC\times\frac{1}{2}AD$; donc le quarré fait sur XY est
équivalent au triangle ABC.

PROBLÈME VII.

Faire sur la ligne donnée AD un rectangle ADEX F. 145.
équivalent au rectangle donné ABFC.

Cherchez une quatrieme proportionnelle aux trois
lignes AD, AB, AC, et soit AX cette quatrieme
proportionnelle; je dis que le rectangle fait sur AD
et AX sera équivalent au rectangle ABFC.

Car, puisqu'on a $AD:AB::AC:AX$, il en résulte

G

$AD \times AX = AB \times AC$; donc le rectangle $ADEX$ est équivalent au rectangle $ABFC$.

PROBLÈME VIII.

148. *Trouver en lignes le rapport du rectangle des deux lignes données A et B au rectangle des deux lignes données C et D.*

Soit X une quatrieme proportionnelle aux trois lignes B, C, D; je dis que le rapport des deux lignes A et X sera égal à celui des deux rectangles $A \times B$, $C \times D$.

Car, puisqu'on a B:C::D:X, il en résulte $C \times D = B \times X$; donc $A \times B : C \times D :: A \times B : B \times X :: A : X$.

Corollaire. Donc, pour avoir le rapport des quarrés faits sur les lignes données A et C, cherchez une troisieme proportionnelle X aux lignes A et C, en sorte qu'on ait A:C::C:X, et vous aurez $A^2 : C^2 :: A : X$.

PROBLÈME IX.

149. *Trouver en lignes le rapport du produit des trois lignes données A, B, C, au produit des trois lignes données P, Q, R.*

Aux trois lignes données P, A, B, cherchez une quatrieme proportionnelle X; aux trois lignes données C, Q, R, cherchez une quatrieme proportionnelle Y. Les deux lignes X, Y, seront entre elles comme les produits $A \times B \times C$, $P \times Q \times R$.

Car, puisque P:A::B:X, on a $A \times B = P \times X$; et, en multipliant de part et d'autre par C, $A \times B \times C = C \times P \times X$. De même, puisque C:Q::R:Y, il en résulte $Q \times R = C \times Y$; et multipliant de part et d'autre par P, on a $P \times Q \times R = P \times C \times Y$; donc le produit $A \times B \times C$ est au produit $P \times Q \times R$ comme $C \times P \times X$ est à $P \times C \times Y$, ou comme X est à Y.

PROBLÈME X.

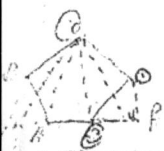

Changer un polygone donné en un triangle équivalent.

Soit ABCDE le polygone donné. Tirez d'abord la F. 146. diagonale CE qui retranche le triangle CDE ; par le point D menez DF parallele à CE jusqu'à la rencontre de AE prolongé, joignez CF, et le polygone ABCDE sera équivalent au polygone ABCF qui a un côté de moins.

Car les triangles CDE, CFE, ont la base commune CE ; ils ont aussi même hauteur, puisque leurs sommets D, F, sont sur une ligne DF parallele à la base ; donc ces triangles sont équivalents. Ajoutons de part et d'autre la figure ABCE, on aura d'un côté le polygone ABCDE, et de l'autre le polygone ABCF, qui seront équivalents.

On peut pareillement retrancher l'angle B en substituant au triangle ABC le triangle équivalent AGC, et ainsi le pentagone ABCDE sera changé en un triangle équivalent GCF.

Le même procédé s'appliquera à toute autre figure ; car, en diminuant d'un à chaque fois le nombre des côtés, on finira par tomber sur le triangle équivalent.

Corollaire. Et puisque tout triangle peut être changé en un quarré équivalent, il s'ensuit qu'on trouvera toujours un quarré équivalent à une figure rectiligne donnée. C'est ce qu'on appelle *quarrer* la figure rectiligne ou en trouver la *quadrature.*

Le problème de *la quadrature du cercle* consiste à trouver un quarré équivalent à un cercle dont le diametre est donné.

PROBLÈME XI.

Faire un quarré qui soit égal à la somme ou à la différence de deux quarrés donnés.

Soient A et B les côtés des quarrés donnés :

R. 147.　1°. S'il faut trouver un quarré égal à la somme de ces quarrés, tirez les deux lignes indéfinies E D, E F, à angle droit, prenez ED=A et EG=B, joignez D G, et D G sera le côté du quarré cherché.

Car le triangle DEG étant rectangle, le quarré fait sur DG est égal à la somme des quarrés faits sur ED et EG.

2°. S'il faut trouver un quarré égal à la différence de ces quarrés, formez de même l'angle droit FEH, prenez GE égal au plus petit des côtés A et B ; du point G comme centre et d'un rayon GH égal à l'autre côté, décrivez un arc qui coupe EH en H ; je dis que le quarré fait sur EH sera égal à la différence des quarrés faits sur les lignes A et B.

Car le triangle GEH est rectangle, l'hypoténuse GH=A, et le côté GE=B ; donc le quarré fait sur EH, etc.

Scholie. On peut trouver ainsi un quarré égal à la différence de tant de quarrés qu'on voudra ; car dès qu'on en réduit deux à un seul, on en réduira trois à deux, et ces deux-ci à un, et ainsi des autres.

PROBLÈME XII.

F. 150.　*Construire un quarré qui soit au quarré donné ABCD, comme la ligne M est à la ligne N.*

Sur la ligne indéfinie EG prenez EF=M, et FG= N ; sur EG comme diametre décrivez une demi-circonférence, et au point F élevez sur le diametre la perpendiculaire FH. Du point H menez les cordes HG,

HE, que vous prolongerez indéfiniment : sur la première prenez HK égale au côté AB du quarré donné, et
par le point K menez KI parallele à EG ; je dis que
HI sera le côté du quarré cherché.

Car, à cause des paralleles KI, GE, on a HI : HK
:: HE : HG, ou $\overline{HI}$: $\overline{HK}$ :: $\overline{HE}$: $\overline{HG}$; mais dans
le triangle rectangle EHG*, le quarré de HE est au   * 23. 1.
quarré de HG comme le segment EF est au seg-
ment FG, ou comme M est à N ; donc $\overline{HI}$: $\overline{HK}$ ::
M : N. Mais HK=AB ; donc le quarré fait sur HI
est au quarré fait sur AB comme M est à N.

PROBLÈME XIII.

Sur le côté EG, homologue à AB, décrire un poly-   F. 129.
gone semblable au polygone ABCDE.

Dans le polygone donné tirez les diagonales AC,
AD. Au point F faites l'angle GFH=BAC, et au
point G l'angle FGH=ABC ; les lignes FH, GH, se couperont en H, et FGH sera un triangle semblable à ABC :
de même sur FH, homologue à AC, décrivez le triangle
FIH semblable à ADC, et sur FI, homologue à AD,
décrivez le triangle FIK semblable à ADE. Le polygone FGHIK sera le polygone demandé, semblable à
ABCDE.

Car ces deux polygones sont composés d'un même
nombre de triangles semblables et semblablement
placés*.   * 26.

PROBLÈME XIV.

*Deux figures semblables étant données, construire
une figure semblable égale à leur somme ou à leur
différence.*

Soient A et B deux côtés homologues des figures

G 3

données ; cherchez un quarré égal à la somme ou à la différence des quarrés faits sur A et B ; soit X le côté de ce quarré , X sera dans la figure cherchée le côté homologue à A et B dans les figures données. On construira ensuite la figure elle-même par le problême précédent.

Car les figures semblables sont comme les quarrés des côtés homologues ; or le quarré du côté X est égal à la somme ou à la différence des quarrés faits sur les côtés homologues A et B ; donc la figure faite sur le côté X est égale à la somme ou à la différence des figures semblables faites sur les côtés A et B.

PROBLÊME XV.

Construire une figure semblable à une figure donnée et qui soit à cette figure dans le rapport donné de **M** *à* **N.**

Soit A un côté de la figure donnée, X le côté homologue dans la figure cherchée ; il faudra que le quarré de X soit au quarré de A comme M est à N. On trouvera donc X par le problême xii ; connoissant X, le reste s'achevera par le problême xiii.

PROBLÊME XVI.

151.   *Construire une figure semblable à la figure* P *et équivalente à la figure* Q.

Cherchez le côté M du quarré équivalent à la figure P, et le côté N du quarré équivalent à la figure Q. Soit ensuite X une quatrieme proportionnelle aux trois lignes données M, N, A B ; sur le côté X, homologue à A B, décrivez une figure semblable à la figure P ; je dis qu'elle sera de plus équivalente à la figure Q.

Car, en appelant Y la figure faite sur le côté X, on aura P : Y :: $\overline{AB}^2$: X^2; mais, par construction, A B :

$X :: M : N$, ou $\overline{AB}^2 : X^2 :: M^2 : N^2$; donc P : Y ::
$\overline{M}^2 : \overline{N}^2$. Mais on a aussi par construction M=P et
N=Q ; donc P : Y :: P : Q ; donc Y=Q ; donc la
figure Y est semblable à la figure P et équivalente à la
figure Q.

PROBLÊME XVII.

Construire un rectangle équivalent à un quarré F. 152.
*donné C , et dont les côtés adjacents fassent une
somme donnée* AB.

Sur AB comme diametre décrivez une demi-circonférence ; menez parallèlement au diametre la ligne DE
à une distance AD égale au côté du quarré donné C.

Du point E , où la parallele coupe la circonférence,
abaissez sur le diametre la perpendiculaire EF ; je dis
que AF et FB seront les côtés du rectangle cherché.

Car leur somme est égale à AB, et leur rectangle AF
X FB est égal au quarré de EF * ou au quarré de AD ; * 23.
donc ce rectangle est équivalent au quarré donné C.

Scholie. Il faut, pour que le problême soit possible,
que la distance AD n'excede pas le rayon, ou que le
côté du quarré C n'excede pas la moitié de la ligne AB.

PROBLÊME XVIII.

Construire un rectangle équivalent à un quarré F. 153.
C, *et dont les côtés adjacents aient entre eux la différence donnée* AB.

Sur la ligne donnée AB, comme diametre, décrivez
une circonférence : à l'extrémité du diametre, menez la
perpendiculaire ou tangente AD égale au côté du
quarré C. Par le point D et le centre O tirez la sécante
DE ; je dis que DE et DF seront les côtés adjacents du
rectangle demandé.

G 4

Car 1°. la différence de ces côtés est égale au diamètre EF ou AB; 2°. le rectangle DE$\times$DF est égal à $\overline{AD}$*; donc le rectangle sera équivalent au quarré donné C.

* 30.

PROBLÊME XIX.

F. 154. *Trouver la commune mesure, s'il y en a une, entre la diagonale et le côté du quarré.*

Soit ABCG un quarré quelconque, AC sa diagonale.

Il faut d'abord porter CB sur CA autant de fois qu'il peut y être contenu, et pour cela soit décrit du centre C et du rayon CB le demi cercle DBE: on voit que CB est contenu une fois dans AC avec le reste AD; le résultat de la première opération est donc le quotient 1 avec le reste AD, qu'il faut comparer avec CB ou son égale AB.

On peut prendre AF=AD, et porter réellement AF sur AB; on trouveroit qu'il y est contenu deux fois avec un reste: mais comme ce reste et les suivants vont en diminuant, et que bientôt ils échapperoient par leur petitesse, ce ne seroit là qu'un moyen mécanique imparfait d'où l'on ne pourroit rien conclure pour décider si les lignes AC, CB, ont entre elles ou n'ont pas une commune mesure; or il est un moyen très simple d'éviter les lignes décroissantes et de n'avoir à opérer que sur des lignes qui restent toujours de la même grandeur.

En effet, l'angle ABC étant droit, AB est une tangente et AE une sécante menée du même point; de sorte qu'on a AD : AB :: AB : AE. Ainsi dans la seconde opération, qui consiste à comparer AD avec AB, on peut, au lieu du rapport de AD à AB, sub-

stituer celui de AB à AE : or AB ou son égale CD est
contenue deux fois dans AE avec le reste AD ; donc
le résultat de la seconde opération est le quotient 2
avec le reste AD qu'il faut comparer à AB.

La troisieme opération, qui consiste à comparer
AD avec AB, se réduira de même à comparer AB
avec AE, et on aura encore 2 pour quotient et AD
pour reste.

De là il résulte que l'opération n'aura pas de fin,
et qu'ainsi il n'y a pas de commune mesure entre la
diagonale et le côté du quarré ; vérité qui étoit déja
connue par l'arithmétique (puisque ces deux lignes
sont entre elles :: $\sqrt{2}$: 1), mais qui acquiert un
plus grand degré de clarté par la résolution géométrique.

Scholie. Il n'est donc pas possible non plus de
trouver le rapport exact en nombres de la diagonale
au côté du quarré ; mais on peut en approcher tant
qu'on voudra au moyen de la fraction continue qui est
égale à ce rapport. La premiere opération a donné
pour quotient 1 ; la seconde et toutes les autres à
l'infini donnent 2 ; ainsi la fraction dont il s'agit
est $1 + \frac{1}{2} + \frac{1}{2} + \frac{1}{2}$, etc. à l'infini.

Par exemple, si on calcule cette fraction jusqu'au
quatrieme terme inclusivement, on trouve que sa va-
leur est $1 \frac{12}{29}$ ou $\frac{41}{29}$; de sorte que le rapport approché
de la diagonale au côté du quarré est :: 41 : 29. On
trouveroit un rapport plus approché en calculant un
plus grand nombre de termes.

LIVRE IV.

LES POLYGONES RÉGULIERS ET LA MESURE DU CERCLE.

DÉFINITION.

Un polygone qui est à la fois équiangle et équilatéral s'appelle *polygone régulier*.

Le triangle équilatéral est le polygone régulier de trois côtés, et le quarré celui de quatre.

PROPOSITION I.

THÉORÈME.

F. 155.   *Deux polygones réguliers d'un même nombre de côtés sont deux figures semblables.*

Soient, par exemple, les deux hexagones réguliers ABCDEF, *abcdef*; la somme des angles est la même dans l'une et dans l'autre figure ; elle est égale
* 29. 1.   à huit angles droits*. L'angle A est la sixieme partie de cette somme aussi bien que l'angle *a* ; donc les deux angles A et *a* sont égaux ; il en est par conséquent de même des angles B et *b*, C et *c*, etc.

De plus, puisque par la nature de ces polygones les côtés AB, BC, CD, etc. sont égaux, ainsi que *ab*, *bc*, *cd*, etc., il est clair qu'on a les proportions AB : *ab* :: BC : *bc* :: CD : *cd* etc. ; donc les deux figures dont il s'agit ont les angles égaux et les côtés

homologues proportionnels; donc elles sont semblables *.

*Déf. 2.

Corollaire. Donc les périmetres de deux polygones
réguliers d'un même nombre de côtés sont entre eux
comme les côtés homologues, et leurs surfaces comme
les quarrés de ces côtés*.

* 27.

Scholie. L'angle d'un polygone régulier se détermine par le nombre de ses côtés comme celui d'un po-
ygone équiangle. *Voyez la propos. XXIX, liv. I.*

PROPOSITION II.

THÉORÈME.

*Tout polygone régulier peut être inscrit et circon-
scrit au cercle.*

F. 156.

Soit ABCDE, etc. le polygone dont il s'agit; imaginez qu'on fasse passer une circonférence par les trois
points A, B, C; soit O son centre, et OP la perpendiculaire
abaissée sur le milieu du côté BC; joignez AO et OD.

Le quadrilatère OPCD et le quadrilatère OPBA
peuvent être superposés : en effet, le côté OP est commun, l'angle OPC = OPB, puisqu'ils sont droits ;
donc le côté PC s'appliquera sur son égal PB, et le
point C tombera en B. De plus, par la nature du polygone, l'angle PCD = PBA; donc CD prendra la direction BA ; et puisque CD = BA, le point D tombera en
A, et les deux quadrilateres coïncideront entièrement
l'un avec l'autre. La distance OD est donc égale à AO,
et par conséquent la circonférence qui passe par les
trois points A, B, C, passera aussi par le point D :
mais, par un raisonnement semblable, on prouvera
que la circonférence qui passe par les trois points
B, C, D, passe par le point suivant E, et ainsi de

suite ; donc la même circonférence qui passe par les points A, B, C, passe par tous les angles du polygone, et le polygone est inscrit dans cette circonférence.

En second lieu, par rapport à cette circonférence, tous les côtés AB, BC, CD, etc., sont des cordes égales ; elles sont donc également éloignées du centre* ; donc si du point O comme centre et du rayon OP on décrit une circonférence, cette circonférence touchera le côté BC et tous les autres côtés du polygone dans leur milieu, et la circonférence sera inscrite dans le polygone, ou le polygone circonscrit à la circonférence.

*8,2.

Scholie I. Le point O, centre commun du cercle inscrit et du cercle circonscrit, peut être regardé aussi comme le centre du polygone, et par cette raison on appelle *angle au centre* l'angle AOB formé par les deux rayons menés aux extrémités d'un même côté AB. Puisque toutes les cordes AB, BC, etc. sont égales, il est clair que tous les angles au centre sont égaux, et qu'ainsi la valeur de chacun se trouve en divisant quatre angles droits par le nombre des côtés du polygone.

Scholie II. Pour inscrire un polygone régulier d'un certain nombre de côtés dans une circonférence donnée, il ne s'agit que de diviser la circonférence en autant de parties égales que le polygone doit avoir de côtés ; car, les arcs étant égaux, les cordes AB, BC, CD, etc. seront égales ; les triangles ABO, BOC, COD, etc. seront égaux aussi ; parcequ'ils sont équilatéraux entre eux ; donc tous les angles ABC, BCD, CDE, etc. seront égaux ; donc la figure ABCDE, etc. est un polygone régulier.

F. 158.

PROPOSITION III.

PROBLÈME.

Inscrire un quarré dans une circonférence donnée. F. 157.

Tirez deux diametres AC, BD, qui se coupent à angles droits ; joignez les extrémités A, B, C, D, et la figure ABCD sera le quarré inscrit, car les angles AOB, BOC, etc. étant égaux, les cordes AB, BC, etc. sont égales.

Scholie. Le triangle BOC étant rectangle et isoscele, on a* BC : BO :: $\sqrt{2}$: 1 ; donc *le côté du quarré* $\;$ *11. 3. *inscrit est au rayon comme la racine quarrée de 2 est à l'unité.*

PROPOSITION IV.

PROBLÈME.

Inscrire un hexagone régulier et un triangle équi- F. 158. *latéral dans une circonférence donnée.*

Supposons le problême résolu, et soit AB un côté de l'hexagone inscrit ; si on mene les rayons AO, OB, je dis que le triangle AOB sera équilatéral, car l'angle AOB est la sixième partie de quatre angles droits ; ainsi AOB $= \frac{4}{6} = \frac{2}{3}$: les deux autres angles ABO, BAO, du même triangle valent ensemble $2 - \frac{2}{3}$ ou $\frac{4}{3}$, et comme ils sont égaux, chacun d'eux $= \frac{2}{3}$; donc le triangle ABO est équilatéral ; donc le côté de l'hexagone inscrit est égal au rayon.

De là il résulte qu'on inscrira un hexagone régulier dans une circonférence donnée en portant le rayon six fois sur la circonférence, ce qui ramenera au même point d'où on étoit parti.

L'hexagone ABCDEF étant inscrit, si l'on joint

les angles alternativement, on formera le triangle équilatéral A CE.

Scholie. La figure ABCO est un parallélogramme
et même un lozange, puisque AB=BC=CO=AO

* 14. 3. donc* la somme des quarrés des diagonales $\overline{AC}^2$+
$\overline{BO}^2$ est égale à la somme des quarrés des côtés, laquelle est $4\overline{AB}^2$ ou $4\overline{BO}^2$; retranchant de part et d'autre
$\overline{BO}^2$, il restera $\overline{AC}^2=3\overline{BO}^2$; donc $\overline{AC}^2 : \overline{BO}^2 :: 3 : 1$,
ou AC : BO :: √3 : 1; donc *le côté du triangle
équilatéral inscrit est au rayon comme la racine de
3 est à l'unité.*

PROPOSITION V.

PROBLÊME.

F. 159. *Inscrire dans un cercle donné un décagone régulier,
ensuite un pentagone et un penté-décagone.*

Divisez le rayon OA en moyenne et extrême raison
* Probl. au point M*, prenez la corde AB égale au plus grand
4, liv. 3. segment OM, et A B sera le côté du décagone régulier
qu'il faudra porter dix fois sur la circonférence.

Car, en joignant MB, on a par construction AO :
OM :: OM : AM; ou, à cause de AB=OM, AO :
AB :: AB : AM; donc les triangles ABO, AMB,
ont un angle commun A compris entre côtés propor-
* 20. 3. tionnels; donc ils sont semblables*. Le triangle OAB
est isoscele; donc le triangle AMB l'est aussi, et on a
AB=BM; d'ailleurs AB=OM; donc aussi MB=
OM; donc le triangle BMO est isoscele.

L'angle AMB, extérieur au triangle isoscele BMO,
* 27, 1. est double de l'intérieur O*; or l'angle AMB=MAB,
donc le triangle OAB est tel que chacun des angles à

la base OAB ou OBA est double de l'angle du sommet
O ; donc les trois angles du triangle valent cinq fois
l'angle O , et ainsi l'angle O est la cinquieme partie de
deux angles droits, ou la dixième de quatre ; donc l'arc
AB est la dixième partie de la circonférence , et la
corde AB est le côté du décagone régulier.

Corollaire I. Si on joint de deux en deux les angles
du décagone régulier , on formera le pentagone régulier ACEGI.

Corollaire II. AB étant toujours le côté du décagone , soit AL le côté de l'hexagone ; alors l'arc BL
sera, par rapport à la circonférence $\frac{1}{6}$ — $\frac{1}{10}$ ou $\frac{1}{15}$; donc
la corde BL sera le côté du penté-décagone ou polygone
régulier de 15 côtés. On voit en même temps que
l'arc CL est le tiers de CB.

Scholie. Un polygone régulier étant inscrit , si on
divise les arcs sous-tendus par ses côtés en deux parties
égales, et qu'on tire les cordes des demi-arcs, celles-ci
formeront un nouveau polygone régulier d'un nombre
de côtés double. Ainsi on voit que le quarré peut servir à inscrire successivement des polygones réguliers
de 8, 16, 32, etc. côtés. De même l'hexagone servira à inscrire des polygones réguliers de 12, 24 ,
48, etc. côtés ; le décagone, des polygones de 20, 40 ,
80 , etc. côtés ; le penté-décagone, des polygones de
30, 60, 120, etc. côtés ; et ces polygones réguliers sont
les seuls qu'on puisse inscrire par les opérations simples de la géométrie élémentaire.

PROPOSITION VI.

PROBLÈME.

F. 160. *Étant donné le polygone régulier inscrit* ABCD, etc. *circonscrire un polygone semblable à la même circonférence.*

Au milieu T de l'arc AB menez la tangente GH, qui sera parallèle à AB; faites la même chose au milieu des autres arcs BC, CD, etc.; ces tangentes formeront par leurs intersections le polygone régulier circonscrit GHIK, etc. semblable au polygone inscrit.

Il est aisé de voir d'abord que les trois points O, B, H, sont en ligne droite; car les triangles rectangles OTH, OHN, ont l'hypoténuse commune OH, et le côté OT =ON; donc ils sont égaux; donc l'angle TOH= HON, et par conséquent la ligne OH passe par le point B milieu de l'arc TN. Par la même raison, le point I est sur le prolongement de OC, le point K sur le prolongement de OD, etc. Mais, puisque GH est parallèle à AB, et HI à BC, l'angle GHI=ABC; de même HIK=BCD, etc.; donc les angles du polygone circonscrit sont égaux à ceux du polygone inscrit. De plus, à cause des mêmes parallèles, on a GH : AB :: OH : OB, et HI : BC :: OH : OB; donc GH : AB :: HI : BC. Mais AB=BC; donc GH=HI. Par la même raison HI=IK, etc.; donc les côtés du polygone circonscrit sont égaux entre eux; donc ce polygone est régulier et semblable au polygone inscrit.

Corollaire. Réciproquement, si on donnoit le polygone circonscrit GHIK, etc. et qu'il fallût tracer par son moyen le polygone inscrit ABC, etc., on voit qu'il suffiroit de mener aux angles G, H, I, etc. du polygone donné les lignes OG, OH, etc., qui rencontreroient

roient la circonférence aux points A, B, C, etc. ; on joindroit ensuite ces points par les cordes AB, DC, etc. qui formeroient le polygone inscrit. On pourroit aussi, dans le même cas, joindre tout simplement les points de contact T, N, P, etc., par les cordes TN, NP, etc., ce qui formeroit également un polygone inscrit semblable au circonscrit.

Corollaire II. Donc on peut circonscrire à un cercle donné tous les polygones réguliers qu'on sait y inscrire, et réciproquement.

PROPOSITION VII.

THÉORÈME.

La surface d'un polygone régulier est égale à son périmetre multiplié par la moitié du rayon du cercle inscrit.

Soit, par exemple, le polygone régulier GHIK, etc.: F. 160. le triangle GOH a pour mesure $GH \times \frac{1}{2}OT$, le triangle OHI a pour mesure $HI \times \frac{1}{2}ON$: mais $ON = OT$; donc les deux triangles réunis ont pour mesure $(GH + HI) \times \frac{1}{2}OT$. En continuant ainsi pour les autres triangles, on verra que la somme de tous les triangles, ou le polygone entier, a pour mesure la somme des bases GH, HI, IK, etc., ou le périmetre du polygone multiplié par $\frac{1}{2}OT$ moitié du rayon du cercle inscrit.

Scholie. Le rayon du cercle inscrit OT n'est autre chose que la perpendiculaire abaissée du centre sur un des côtés ; on l'appelle quelquefois l'*apothéme* du polygone.

H

PROPOSITION VIII.

THÉORÈME.

Les périmetres des polygones réguliers d'un même nombre de côtés sont comme les rayons des cercles circonscrits, et aussi comme les rayons des cercles inscrits ; leurs surfaces sont comme les quarrés de ces mêmes rayons.

F. 161.　　Soit AB un côté de l'un des polygones dont il s'agit, O son centre, et par conséquent OA le rayon du cercle circonscrit, et OD, perpendiculaire sur AB, le rayon du cercle inscrit ; soit pareillement ab le côté d'un autre polygone semblable, o son centre, oa et od les rayons des cercles, circonscrit et inscrit : les périmetres des deux polygones sont entre eux comme les côtés AB et ab. Mais les angles A et a sont égaux comme étant chacun moitié de l'angle du polygone ; il en est de même des angles B et b : donc les triangles ABO, abo, sont semblables, ainsi que les triangles rectangles ADO, ado; donc AB : ab :: AO : ao :: DO : do; donc les périmetres des polygones sont entre eux comme les rayons AO, ao, des cercles circonscrits, et aussi comme les rayons DO, do, des cercles inscrits.

Les surfaces de ces mêmes polygones sont entre elles comme les quarrés des côtés homologues AB, ab; elles sont par conséquent aussi comme les quarrés des rayons des cercles circonscrits AO, ao, ou comme les quarrés des rayons des cercles inscrits OD, od.

PROPOSITION IX.

LEMME.

Toute ligne courbe ou polygone qui enveloppe d'une extrémité à l'autre la ligne convexe AMB est plus longue que la ligne enveloppée AMB.

Nous avons déja dit que par ligne *convexe* nous F. 162. entendons une ligne courbe ou polygone, ou en partie courbe et en partie polygone, telle qu'une ligne droite ne peut la couper en plus de deux points. Si la ligne AMD avoit des parties rentrantes ou des sinuosités, elle cesseroit d'être convexe, parcequ'il est aisé de voir qu'une ligne droite pourroit la couper en plus de deux points. Les arcs de cercle sont essentiellement convexes, et même uniformément convexes ; mais la proposition dont il s'agit maintenant s'étend à une ligne quelconque qui remplit la condition exigée.

Cela posé, si la ligne AMB n'est pas plus petite que toutes celles qui l'enveloppent, il existera parmi ces dernieres une ligne plus petite que AMB ou tout au plus égale à AMB. Soit ACDEB cette ligne enveloppante ; entre les deux lignes menez par-tout où vous voudrez la droite PQ qui ne rencontre point la ligne AMB, ou du moins qui ne fasse que la toucher ; la droite PQ est plus courte que PCDEQ ; donc si à la partie PCDEQ on substitue la ligne droite PQ, on aura la ligne enveloppante APQB plus courte que APDQB. Mais, par hypothese, celle-ci doit être la plus courte de toutes ; donc cette hypothese ne sauroit subsister ; donc toutes les lignes enveloppantes sont plus longues que AMB.

Scholie. On démontrera absolument de la même F. 163. maniere qu'une ligne convexe et rentrante sur elle-même

H 2

AMB est plus courte que toute ligne qui l'envelopperoit de toutes parts, soit que la ligne enveloppante
FHG touche AMB en un ou plusieurs points, soit
qu'elle l'environne sans la toucher.

PROPOSITION X.

LEMME.

*Deux circonférences concentriques étant données,
on peut toujours inscrire dans la plus grande un
polygone régulier dont les côtés n'atteignent pas la
plus petite, et on peut aussi circonscrire à la plus
petite un polygone régulier dont les côtés n'atteignent
pas la grande. Ainsi dans l'un et dans l'autre cas les
côtés du polygone décrit seront renfermés entre les
deux circonférences.*

Fig. 164.   Soient CA, CB, les rayons des deux circonférences
données. Au point A menez la tangente DE terminée
à la grande circonférence en D et E. Inscrivez dans la
grande circonférence l'un des polygones réguliers qu'on
peut inscrire par les problêmes précédents, divisez
ensuite les arcs sous-tendus par les côtés en deux parties
égales, et menez les cordes des demi-arcs; vous aurez
un polygone régulier d'un nombre de côtés double.
Continuez la bissection des arcs jusqu'à ce que vous
parveniez à un arc plus petit que DBE. Soit MBN cet
arc (dont le milieu est supposé en B); il est clair que
la corde MN sera plus éloignée du centre que DE, et
qu'ainsi le polygone régulier dont MN est le côté ne
sauroit atteindre la circonférence dont CA est le rayon.

Les mêmes choses étant posées, joignez CM et CN
qui rencontrent la tangente DE en P et Q; PQ sera le
côté d'un polygone circonscrit à la petite circonférence,
semblable au polygone inscrit dans la grande, dont le

côté est MN. Or il est clair que le polygone circonscrit qui a pour côté PQ ne sauroit atteindre à la grande circonférence, puisque CP est moindre que CM.

Donc, par la même construction, on peut décrire un polygone régulier inscrit dans la grande circonférence, et un polygone semblable circonscrit à la petite, dont les côtés seront compris entre les deux circonférences.

Scholie. Si on a deux secteurs concentriques FCG, ICH, on pourra de même inscrire dans le plus grand une *portion de polygone régulier*, ou circonscrire au plus petit une portion de polygone semblable, de sorte que les contours des deux polygones soient compris entre les deux circonférences : il suffira de diviser l'arc FBG successivement en 2, 4, 8, 16, etc. parties égales, jusqu'à ce qu'on parvienne à une partie plus petite que DBE.

Nous appelons ici *portion de polygone régulier* la figure qui résulte d'une suite de cordes égales inscrites dans l'arc FG d'une extrémité à l'autre. Cette portion a les propriétés principales des polygones réguliers, elle a les angles égaux et les côtés égaux, elle est à la fois inscriptible et circonscriptible au cercle ; cependant elle ne feroit partie d'un polygone régulier proprement dit, qu'autant que l'arc sous-tendu par un de ses côtés seroit une partie aliquote de la circonférence.

PROPOSITION XI.
THÉORÈME.

Les circonférences des cercles sont comme les rayons, et leurs surfaces comme les quarrés des rayons.

Désignons pour abréger par *circ.* CA la circonférence qui a pour rayon CA ; je dis qu'on aura *circ.* F. 165. CA : *circ.* OB :: CA : OB.

H 3

Car, si cette proportion n'a pas lieu, CA sera à OB comme *circ.* CA est à une circonférence plus grande ou plus petite que *circ.* OB. Supposons qu'elle est plus petite, et soit, s'il est possible, CA : OB :: *circ.* CA : *circ.* OD.

Inscrivez dans la circonférence dont OB est le rayon un polygone régulier EFGKLE dont les côtés ne rencontrent point la circonférence dont OD est le rayon ; inscrivez un polygone semblable MNPSTM dans la circonférence dont CA est le rayon.

Cela posé, puisque ces polygones sont semblables, leurs périmetres MNPSM, EFGKE, sont entre eux * 8. comme les rayons CA, OB, des cercles circonscrits*, et on aura MNPSM : EFGKE :: CA : OB : mais, par hypothese, CA : OB :: *circ.* CA : *circ.* OD; donc MNPSM : EFGKE :: *circ.* CA : *circ.* OD. Or cette proportion est impossible, car le contour * 9. MNPSM est moindre que *circ.* CA*, et au contraire EFGKE est plus grand que *circ.* OD; donc il est impossible que CA soit à OB comme *circ.* CA est à une circonférence plus petite que *circ.* OB, ou, en termes plus généraux, il est impossible qu'un rayon soit à un rayon comme la circonférence du premier rayon est à une circonférence plus petite que la circonférence du second rayon.

De là je conclus qu'on ne peut avoir non plus, CA est à OB comme *circ.* CA est à une circonférence plus grande que *circ.* OB ; car si cela étoit, on auroit, en renversant les rapports, OB est à CA comme une circonférence plus grande que *circ.* OB est à *circ.* CA ; ou, ce qui est la même chose, comme *circ.* OB est à une circonférence plus petite que *circ.* CA ; donc un rayon seroit à un rayon comme la circonférence du premier rayon est à une circonférence plus petite que la circonférence du second rayon, ce qui a été démontré impossible.

Mais si le quatrieme terme de la proportion CA : OB :: *circ.* CA : X ne peut être ni plus petit ni plus grand que *circ.* OB, il faut qu'il soit égal à *circ.* OB ; donc les circonférences des cercles sont entre elles comme les rayons.

Un raisonnement et une construction entièrement semblables serviront à démontrer que les surfaces des cercles sont comme les quarrés de leurs rayons. Nous n'entrerons pas dans d'autres détails sur cette proposition qui d'ailleurs est un corollaire de la suivante.

Corollaire. Les arcs semblables AB, DE, sont comme les rayons AC, DO, et les secteurs semblables ACB, DOE, comme les quarrés de ces mêmes rayons.

F. 166.

Car puisque les arcs sont semblables, l'angle C est égal à l'angle O : or l'angle C est à quatre angles droits comme l'arc AB est à la circonférence entiere décrite du rayon AC★, et l'angle O est à quatre angles droits comme l'arc DE est à la circonférence décrite du rayon OD ; donc les arcs AB, DE, sont entre eux comme les circonférences dont ils font partie : ces circonférences sont comme les rayons AC, DO ; donc AB : DE :: AC : DO.

★ 17. 2.

Par la même raison les secteurs ACB, DOE, sont comme les cercles entiers, ceux-ci sont comme les quarrés des rayons ; donc ACB : DOE :: $\overline{AC}^2$: $\overline{DO}^2$.

H 4

PROPOSITION XII.

THÉORÈME.

La surface du cercle a pour mesure le produit de sa circonférence par la moitié du rayon.

F. 167.　Désignons par *surf.* CA la surface du cercle dont le rayon est CA ; je dis qu'on aura *surf.* CA $= \frac{1}{2}$ CA $\times$ *circ.* CA.

Car si $\frac{1}{2}$ CA $\times$ *circ.* CA n'est pas la mesure du cercle dont CA est le rayon, cette quantité sera la mesure d'un cercle plus grand ou plus petit. Supposons d'abord qu'elle est la mesure d'un cercle plus grand, et soit, s'il est possible, $\frac{1}{2}$ CA $\times$ *circ.* CA $=$ *surf.* CB.

　Au cercle dont le rayon est CA circonscrivez un polygone régulier DEFG, etc., dont les côtés n'at-

* 10.　teignent pas la circonférence dont CB est le rayon* ;
la surface de ce polygone sera égale à son contour

* 7.　DE$+$EF$+$FG$+$, etc., multiplié par $\frac{1}{2}$ AC* : mais
le contour du polygone est plus grand que la circonférence inscrite, puisqu'il l'enveloppe de toutes parts ;
donc la surface du polygone DEFG, etc. est plus grande que $\frac{1}{2}$ AC $\times$ *circ.* AC qui est la mesure du cercle dont CB est le rayon ; donc le polygone seroit plus grand que le cercle : or au contraire il est plus petit, puisqu'il y est contenu ; donc il est impossible que $\frac{1}{2}$ CA $\times$ *circ.* CA soit plus grand que *surf.* CA, ou, en d'autres termes, il est impossible que la circonférence d'un cercle multipliée par la moitié de son rayon soit la mesure d'un plus grand cercle.

　Je dis en second lieu que le même produit ne peut être la mesure d'un cercle plus petit, et pour ne pas changer de figure, je supposerai qu'il s'agit du cercle dont CB est le rayon : il faut donc prouver que $\frac{1}{2}$ CB

$\times$ *circ.* CB ne peut être la mesure d'un cercle plus petit, par exemple, du cercle dont le rayon est CA. En effet soit, s'il est possible, $\frac{1}{2}$CB $\times$ *circ.* CB=*surf.* CA.

Ayant fait la même construction que ci-dessus, la surface du polygone DEFG, etc. aura toujours pour mesure son contour multiplié par la moitié du rayon CA. Le contour du polygone est moindre que *circ.* CB qui l'enveloppe de toutes parts ; le rayon CA est moindre que le rayon CB ; par cette double raison, la surface du polygone est moindre que $\frac{1}{2}$CB $\times$ *circ.* CB qui est par hypothese la mesure du cercle dont CA est le rayon ; donc le polygone seroit moindre que le cercle inscrit, ce qui est absurde ; donc il est impossible que la circonférence d'un cercle multipliée par la moitié de son rayon soit la mesure d'un cercle plus petit.

Donc enfin la circonférence d'un cercle multipliée par la moitié de son rayon est la mesure de ce même cercle.

Corollaire I. La surface d'un secteur est égale à l'arc de ce secteur multiplié par la moitié du rayon. F. 168.

Car le secteur ACB est au cercle entier comme l'arc AMB est à la circonférence entiere ABD ; ou comme AMB $\times \frac{1}{2}$AC est à ABD $\times \frac{1}{2}$AC. Mais le cercle entier =ABD $\times \frac{1}{2}$AC ; donc le secteur ACB a pour mesure AMB $\times \frac{1}{2}$AC.

Corollaire II. Appelons π la circonférence dont le diametre est l'unité ; puisque les circonférences sont comme les rayons ou comme les diametres, on pourra faire cette proportion : le diametre 1 est à sa circonférence π comme le diametre 2CA est à la circonférence qui a pour rayon CA ; de sorte qu'on aura 1 : π :: 2CA : *circ.* CA ; donc *circ.* CA$=2\pi \times$CA. Multipliant de part et d'autre par $\frac{1}{2}$ CA, on aura $\frac{1}{2}$ CA $\times$ circ. CA$=\pi\times\overline{\text{CA}}^2$, ou surf. CA$=\pi.\overline{\text{CA}}^2$; donc *la surface d'un cercle est égale au quarré de son rayon multiplié par le nombre constant π, qui représente la circonférence dont le diametre est 1, ou le rapport de la circonférence au diametre.*

Pareillement la surface du cercle qui a pour rayon OB sera égale à $\pi\times\overline{\text{OB}}^2$: or $\pi\times\overline{\text{CA}}^2 : \pi\times\overline{\text{OB}}^2 :: \overline{\text{CA}}^2 : \overline{\text{OB}}^2$; donc *les surfaces des cercles sont entre elles comme les quarrés de leurs rayons*, ce qui s'accorde avec le théorême précédent.

Scholie. Nous avons déja dit que le problême de la quadrature du cercle consiste à trouver un quarré égal en surface à un cercle dont le rayon est connu; or on vient de prouver que le cercle est équivalent au rectangle fait sur la circonférence et la moitié du rayon, et ce rectangle se change en quarré en prenant une moyenne proportionnelle entre ses deux dimensions: ainsi le problême de la quadrature du cercle se réduit à trouver la circonférence quand on connoît le rayon, et pour cela il suffit de connoître le rapport de la circonférence au rayon ou au diametre.

Jusqu'à présent on n'a pu déterminer ce rapport que d'une maniere approchée; mais l'approximation a été poussée si loin, que la connoissance du rapport exact n'auroit aucun avantage réel sur celle du rapport approché. Aussi cette question, qui a beaucoup occupé les géometres lorsque les méthodes d'approximation étoient moins connues, est maintenant reléguée parmi les questions oiseuses dont il n'est permis de s'occuper qu'à ceux qui ont à peine les premieres notions de la géométrie.

Archimede a prouvé que le rapport de la circonférence au diametre est compris entre $3\frac{10}{70}$ et $3\frac{10}{71}$; ainsi $3\frac{1}{7}$ ou $\frac{22}{7}$ est une valeur déja fort approchée du nombre que nous avons représenté par π, et cette premiere approximation est fort en usage à cause de sa simplicité. *Métius* a trouvé pour le même nombre la valeur beaucoup plus approchée $\frac{355}{113}$. Enfin la valeur de π, développée jusqu'à un certain ordre de décimales, a été trouvée par d'autres calculateurs $3,14159265358979832$, etc., et *de Lagny* a eu la patience de prolonger ces décimales jusqu'à la cent vingt-septieme. Il est évident qu'une telle approximation équivaut à la vérité, et qu'on ne connoît pas mieux les racines des puissances imparfaites.

On expliquera dans les problêmes suivants deux des méthodes les plus simples pour obtenir ces approximations.

PROPOSITION XIII.

PROBLÊME.

Etant données la surface d'un polygone régulier inscrit et la surface d'un polygone semblable circonscrit, trouver les surfaces des polygones réguliers inscrit et circonscrit d'un nombre de côtés double.

Soit AB le côté du polygone donné inscrit, EF parallele à AB celui du polygone semblable circonscrit, C le centre du cercle : si on tire la corde AM et les tangentes AP, BQ, la corde AM sera le côté du polygone inscrit d'un nombre de côtés double, et PQ double de PM sera celui du polygone semblable circonscrit. Cela posé, comme chaque angle égal à ACM renferme les mêmes triangles, il suffit de considérer l'angle ACM seul, et les triangles qui y sont contenus seront

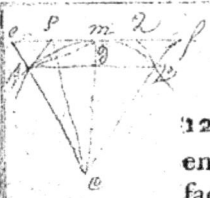

entre eux comme les polygones entiers. Soit A la surface du polygone inscrit dont AB est un côté, B la surface du polygone semblable circonscrit, A′ la surface
du polygone dont AM est un côté, B′ la surface du polygone semblable circonscrit; A et B sont connus, il
s'agit de trouver A′ et B′.

1°. Les triangles ACD, ACM, dont le sommet commun est A, sont entre eux comme leurs bases CD,
CM; d'ailleurs ces triangles sont comme les polygones
A et A′ dont ils font partie: donc A : A′ :: CD : CM.
Les triangles CAM, CME, dont le sommet commun est
M, sont entre eux comme leurs bases CA, C E; ces
mêmes triangles sont comme les polygones A′ et B
dont ils font partie : donc A′ : B :: CA : CE. Mais à
cause des parallèles A D, M E., on a CD : CM :: CA
: CE ; donc A : A′ :: A′ : B ; donc le polygone A′,
l'un de ceux qu'on cherche, est moyen proportionnel
entre les deux polygones connus A et B, et on a par
conséquent $A' = \sqrt{A \times B}$.

2°. Le triangle CPM est au triangle CPE. à cause
de la hauteur commune CM, comme PM est à PE ;
mais la ligne CP divisant en deux parties égales l'angle
MCE , on a* PM : PE :: CM : CE :: CD : CA :: A :
A′; donc CPM : CPE :: A : A′, *componendo*, CPM:
CPM+CPE , ou CME, :: A : A+A′. Mais CMPA ou
2CMP et CME sont entre eux comme les polygones
B′ et B dont ils font partie; donc B′ : B :: 2A : A+
A′. On a déjà déterminé A′, cette nouvelle proportion
déterminera B′ et on aura $B' = \dfrac{2A \times B}{A + A'}$; donc, au
moyen des polygones A et B, il est facile de trouver les
polygones A′ et B′ qui ont deux fois plus de côtés.

PROPOSITION XIV.

PROBLÊME.

Trouver le rapport approché de la circonférence au diametre.

Soit le rayon du cercle $= 1$, le côté du quarré inscrit sera $\sqrt{2}$*; celui du quarré circonscrit est égal au $*$ 3. diametre 2 ; donc la surface du quarré inscrit $=2$, et celle du quarré circonscrit $=4$. Maintenant, si on fait $A=2$ et $B=4$, on trouvera par le problême précédent l'octogone inscrit $A' = \sqrt{8} = 2,8284271$, et l'octogone circonscrit $B' = \dfrac{16}{2+\sqrt{8}} = 3,3137085$. Connoissant ainsi les octogones inscrit et circonscrit, on trouvera par leur moyen les polygones d'un nombre de côtés double ; il faudra de nouveau supposer $A = 2,8284271$, $B = 3,3137085$, et on aura $A' = \sqrt{A \times B} = 3,0614674$, et $B' = \dfrac{2 A \times B}{A+A'} = 3,1825979$. Ensuite ces polygones de 16 côtés serviront à connoître ceux de 32, et on continuera ainsi jusqu'à ce que le calcul ne donne plus de différence entre les polygones inscrit et circonscrit, au moins dans l'ordre de décimales auquel on s'est arrêté, qui est le septieme dans cet exemple. Arrivés à ce point, on conclura que le cercle est égal au dernier résultat, car le cercle doit toujours être compris entre le polygone inscrit et le polygone circonscrit ; donc, si ceux-ci ne different point entre eux jusqu'à un certain ordre de décimales, le cercle n'en differe pas non plus jusqu'au même ordre.

Voici le calcul de ces polygones prolongé jusqu'à ce qu'ils ne diffèrent plus dans le septieme ordre de décimales.

Nombre des côtés.	Polygone inscrit.	Polygone circonscrit.
4	2,0000000	4,0000000
8	2,8284271	3,3137085
16	3,0614674	3,1825979
32	3,1214451	3,1517249
64	3,1365485	3,1441184
128	3,1403311	3,1422236
256	3,1412772	3,1417504
512	3,1415138	3,1416321
1024	3,1415729	3,1416025
2048	3,1415877	3,1415951
4096	3,1415914	3,1415933
8192	3,1415923	3,1415928
16384	3,1415925	3,1415927
32768	3,1415926	3,1415926

De là je conclus que la *circonférence* du cercle = 3,1415926. On pourroit avoir du doute sur la derniere décimale à cause des erreurs qui viennent des parties négligées; mais le calcul a été fait avec une décimale de plus, pour être sûr du résultat que nous venons de trouver jusques dans la derniere décimale.

Puisque la surface du cercle est égale à la demi-circonférence multipliée par le rayon, le rayon étant 1, la demi-circonférence est 3,1415926; ou bien, le diametre étant 1, la circonférence est 3,1415926; donc le rapport de la circonférence au diametre désigné ci-dessus par $\pi = 3,1415926$.

PROPOSITION XV.

LEMME.

Le triangle CAB *est équivalent au triangle isos-* F. 170.
cèle DCE, *qui a le même angle* C, *et dont le côté* CE
ou CD *est moyen proportionnel entre* CA *et* CB. *De*
plus, si l'angle CAB *est droit, la perpendiculaire* CF
abaissée sur la base du triangle isoscèle sera moyenne
proportionnelle entre le côté CA *et la demi-somme*
des côtés CA, CB.

Car, 1°. à cause de l'angle commun C, le triangle
ACB est au triangle isoscèle DCE comme $AC \times CB$
est à $DC \times CE$, ou $\overline{DC}^2$; donc ces triangles seront * 24. 3.
équivalents, si $\overline{DC}^2 = AC \times CB$, ou si DC est moyenne
proportionnelle entre AC et CB.

2°. La perpendiculaire CGF coupant en deux parties
égales l'angle ACB, on a * AG : GB :: AC : CB, d'où * 17. 3.
il suit *componendo* AG : AG+GB ou AB :: AC : AC
+CB : mais AG est à AB comme le triangle ACG
est au triangle ACB ou 2 CDF ; d'ailleurs si l'angle A
est droit, les triangles rectangles ACG, CDF, sont
semblables, et on a ACG : CDF :: $\overline{AC}^2$: $\overline{CF}^2$; donc

$$\overline{AC}^2 : 2\overline{CF}^2 :: AC : AC+CB.$$

Multipliant le second rapport par AC, les antécédents deviendront égaux, et on aura par conséquent
$\overline{CF}^2 = AC \times (AC + CB)$, ou $\overline{CF}^2 = AC \times$
$\frac{AC+CB}{2}$) ; donc 2°. si l'angle A est droit, la perpendiculaire CF sera moyenne proportionnelle entre le
côté AC et la demi-somme des côtés AC, CB.

PROPOSITION XVI.

PROBLÈME.

Trouver un cercle qui diffère aussi peu qu'on vou-dra d'un polygone régulier donné.

F. 171. Soit proposé par exemple le quarré B M N P ; abais-sez du ~~côté~~ C la perpendiculaire C A sur le côté M B, et joignez C B.

Le cercle décrit du rayon C A est inscrit dans le quarré, et le cercle décrit du rayon C B est circonscrit à ce même quarré ; le premier sera plus petit que le quarré ; le second sera plus grand : il s'agit de resserrer ces limites.

Prenez C D et C E égales chacune à la moyenne pro-portionnelle entre C A et C B , joignez E D , et le trian-gle isoscele C D E sera équivalent au triangle C A B ; faites de même pour chacun des huit triangles qui com-posent le quarré , vous formerez ainsi un octogone ré-gulier équivalent au quarré B M N P. Le cercle décrit du rayon C F, moyen proprtionnel entre C A et $\dfrac{CA + CB}{2}$

sera inscrit dans l'octogone , et le cercle décrit du rayon C D lui sera circonscrit. Ainsi le premier sera plus pe-tit que le quarré donné , et le second plus grand.

Si on change de la même maniere le triangle rectan-gle C D F en un triangle isoscele équivalent , on for-mera par ce moyen un polygone régulier de seize côtés, équivalent au quarré proposé. Le cercle inscrit dans ce polygone sera plus petit que le quarré , et le cercle circonscrit sera plus grand.

On peut continuer ainsi jusqu'à ce que le rapport entre le rayon du cercle inscrit et le rayon du cercle circonscrit diffère aussi peu qu'on voudra de l'égalité.

Alors

Alors l'un et l'autre cercles pourront être regardés comme équivalents au quarré proposé.

Voici à quoi se réduit la recherche des rayons successifs. Soit a le rayon du cercle inscrit dans l'un des polygones trouvés, b le rayon du cercle circonscrit au même polygone ; soient a' et b' les rayons semblables pour le polygone suivant qui a un nombre de côtés double. Suivant ce que nous avons démontré, b' est une moyenne proportionnelle entre a' et b, et a' est une moyenne proportionnelle entre a et $\frac{a+b}{2}$, de sorte qu'on aura $b' = \sqrt{a \times b}$, et $a' = \sqrt{a \times \frac{a+b}{2}}$; donc les rayons a et b d'un polygone étant connus, on en conclut facilement les rayons a' et b' du polygone suivant : et on continuera ainsi jusqu'à ce que la différence entre les deux rayons soit devenue insensible ; alors l'un ou l'autre de ces rayons sera le rayon du cercle équivalent au quarré ou au polygone proposé.

Scholie. Cette méthode est facile à pratiquer en lignes, puisqu'elle se réduit à trouver des moyennes proportionnelles successives entre des lignes connues ; mais elle réussit encore mieux en nombres, et c'est une des plus commodes que la géométrie élémentaire puisse fournir pour trouver promptement le rapport approché de la circonférence au diametre. Soit le côté du quarré $= 2$, le premier rayon inscrit CA sera 1, et le premier rayon circonscrit CB sera $\sqrt{2}$ ou $1,4142136$. Faisant donc $a = 1$, $b = 1,4142136$, on trouvera $b' = 1,1892071$, et $a' = 1,0986841$. Ces nombres serviront à calculer les suivants d'après la loi de continuation. Voici le résultat du calcul fait jusqu'à sept ou huit chiffres par les tables de logarithmes ordinaires.

I

Rayons des cercles circonscrits.		Rayons des cercles inscrits.
1,4142136	. . . .	1,0000000
1,1892071	. . . .	1,0986841
1,1430500	. . . .	1,1210863
1,1320149	. . . .	1,1265639
1,1292862	. . . .	1,1279257
1,1286063	. . . .	1,1282657

Maintenant que la première moitié des chiffres est la même des deux côtés, au lieu des moyens géométriques on peut prendre les moyens arithmétiques qui n'en different que dans les décimales ultérieures. Par ce moyen l'opération s'abrege beaucoup et les résultats sont ,

1,1284360	: . . .	1,1283508
1,1283934	. . . .	1,1283721
1,1283827	. . . .	1,1283774
1,1283801	. . . .	1,1283787
1,1283794	. . . .	1,1283791
1,1283792	. . . .	1,1283792

Donc 1,1283792 est à très peu près le rayon du cercle égal en surface au quarré dont le côté est 2. De là il est facile de trouver le rapport de la circonférence au diametre ; car on a démontré que la surface du cercle est égale au quarré de son rayon multiplié par le nombre π ; donc si on divise la surface 4 par le quarré de 1,1283792, on aura la valeur de π qui se trouve par ce calcul de 3,1415926, etc. , comme on l'a trouvée par une autre méthode.

APPENDICE AU LIVRE IV.

DÉFINITIONS.

I. On appelle *maximum* la quantité la plus grande entre toutes celles de la même espece ; *minimum* la plus petite.

Ainsi le diametre du cercle est un *maximum* entre toutes les lignes qui joignent deux points de la circonférence , et la perpendiculaire est un *minimum* entre toutes les lignes menées d'un point donné à une ligne donnée.

II. On appelle figures *isopérimetres* celles qui ont des périmetres égaux.

PROPOSITION I.

THÉORÈME.

Entre tous les triangles de même base et de même périmetre , le triangle isoscele est un maximum.

Soit AC=CB, et AM+MB=AC+CB ; je dis F. 172. que le triangle isoscele ACB est plus grand que le non-isoscele AMB qui a même base et même périmetre.

Du point C comme centre , et du rayon CA=CB, décrivez une circonférence qui rencontre CA prolongé en D ; joignez DB ; et l'angle DBA , inscrit dans le demi-cercle , sera un angle droit. Prolongez la perpendiculaire DB vers N , faites MN=MB , et joignez AN. Enfin des points M et C abaissez MP, CG, perpendi-

I 2

culaires sur DN. Puisque CB = CD et MN = MB, on a AC + CB = AD, et AM + MB = AM + MN. Mais AC + CB = AM + MB ; donc AD = AM + MN ; donc AD > AN : or si l'oblique AD est plus grande que l'oblique AN, elle doit être plus éloignée de la perpendiculaire AB ; donc DB > BN. Mais la base BD est divisée en deux parties égales au point G★, ainsi que MN au point P ; on a donc aussi BG > BP. Mais les triangles ABC, ABM, qui ont même base AB, sont entre eux comme leurs hauteurs BG, BP ; et puisque BG > BP, il s'ensuit que le triangle isoscele ABC est plus grand que le non-isoscele ABM de même base et de même périmetre.

* 12. 1.

PROPOSITION II.

THÉORÈME.

De tous les polygones isopérimetres et d'un même nombre de côtés, le plus grand est équilatéral.

F. 173.

Car soit ABCDEF le polygone *maximum* ; si le côté BC n'est pas égal à CD, faites sur la base BD un triangle isoscele BOD, qui soit isopérimetre à BCD ; le triangle BOD sera plus grand que BCD, et par conséquent le polygone ABODEF sera plus grand que ABCDEF ; donc ce dernier ne seroit pas le *maximum* entre tous ceux qui ont le même périmetre et le même nombre de côtés, ce qui est contre la supposition ; donc BC = CD : par la même raison CD = DE, DE = EF, etc.; donc tous les côtés du polygone *maximum* sont égaux entre eux.

PROPOSITION III.

THÉORÈME.

De tous les triangles formés avec deux côtés donnés faisant entre eux un angle à volonté, le maximum est celui dans lequel les deux côtés donnés font un angle droit.

Soient les deux triangles BAC, BAD, qui ont le côté F. 174. AB commun, et le côté AC=AD : si l'angle BAC est droit, je dis que le triangle BAC sera plus grand que le triangle BAD.

Car la base AB étant la même, les deux triangles BAC, BAD, sont comme les hauteurs AC, DE : mais la perpendiculaire DE est plus courte que AD ou son égale AC ; donc le triangle BAD est plus petit que BAC.

PROPOSITION IV.

THÉORÈME.

De tous les polygones formés avec des côtés donnés et un dernier à volonté, le maximum doit être tel que tous ses angles soient inscrits dans une demi-circonférence dont le côté inconnu sera le diametre.

Soit ABCDEF le plus grand des polygones formés F. 175. avec les côtés donnés AB, BC, CD, DE, EF, et un dernier AF à volonté ; tirez les diagonales AD, DF. Si l'angle ADF n'est pas droit, on pourra, en conservant les parties ABCD, DEF, telles qu'elles sont, augmenter le triangle ADF et par conséquent le polygone entier en rendant l'angle ADF droit : mais ce polygone ne peut plus être augmenté, puisqu'il est supposé parvenu à son *maximum* ; donc l'angle ADF est déja

31

droit. Il en est de même des angles ABF, ACF, AEF; donc tous les angles A, B, C, D, E, F, du polygone *maximum* sont inscrits dans une demi-circonférence dont le côté indéterminé AF est le diametre.

Scholie. Cette proposition donne lieu à la question s'il y a plusieurs manieres de former un polygone avec des côtés donnés et un dernier inconnu qui sera le diametre de la demi-circonférence dans laquelle les autres côtés sont inscrits. Avant de décider cette question il faut observer que si une même corde AB sous-tend des

F. 176.

arcs décrits de différents rayons AC, AD, l'angle au centre appuyé sur cette corde sera plus petit dans le cercle dont le rayon est plus grand : ainsi $ACB < ADB$, car l'angle $ADO = ACD + CAD$; donc $ADB = ACB + CAD + CBD$.

PROPOSITION V.

THÉORÈME.

Il n'y a qu'une maniere de former le polygone ABCDEF *avec des côtés donnés et un dernier inconnu qui soit le diametre de la demi-circonférence dans laquelle les autres côtés sont inscrits.*

F. 175.

Car supposons qu'on a trouvé un cercle qui satisfasse à la question ; si on prend un cercle plus grand, les cordes AB, BC, CD, etc. répondront à des angles au centre plus petits. La somme de ces angles au centre sera donc moindre que deux angles droits, et ainsi les extrémités des côtés donnés n'aboutiront plus aux extrémités du diametre. L'inconvénient contraire aura lieu si on prend un cercle plus petit; donc le polygone dont il s'agit ne peut être inscrit que dans un seul cercle.

Scholie. On peut changer à volonté l'ordre des côtés AB, BC, CD, etc., et le diametre du cercle circonscrit sera toujours le même, ainsi que la surface du polygone ; car quel que soit l'ordre des arcs AB, BC, etc., il suffit que leur somme fasse la demi-circonférence, et le polygone aura toujours la même surface, puisqu'il sera égal au demi-cercle moins les segments AB, BC, etc., dont la somme est toujours la même.

PROPOSITION VI.

THÉORÈME.

De tous les polygones formés avec des côtés donnés, le maximum est celui qu'on peut inscrire dans un cercle.

Soit ABCDEFG le polygone inscrit, et *abcdefg* F. 177. le non-inscriptible formé avec des côtés égaux, en sorte qu'on ait AB=*ab*, BC=*bc*, etc. ; je dis que le polygone inscrit est plus grand que l'autre.

Tirez le diamètre EM; joignez AM, MB; sur *ab* =AB faites le triangle *abm*=ABM, et joignez *em*. En vertu de la proposition IV le polygone EFGAM est plus grand que *efgam*, à moins que celui-ci ne puisse être pareillement inscrit dans une demi-circonférence dont le côté *em* seroit le diametre, auquel cas les deux polygones seroient égaux en vertu de la proposition V. Par la même raison le polygone EDCBM est plus grand que *edcbm*, sauf la même exception où il y auroit égalité. Donc le polygone entier EFGAMBCDE est plus grand que *efgambcde*, à moins quils ne soient entièrement égaux : mais ils ne le sont pas, puisque l'un est inscriptible, et l'autre est supposé non-inscriptible ; donc le polygone inscrit est le plus grand. Retranchant de part et d'autre les triangles égaux ABM, *abm*, il restera le polygone

I 4

inscrit A B C D E F G plus grand que le non-inscriptible *abcdefg*.

PROPOSITION VII.

THÉORÊME.

Le polygone régulier est un maximum entre tous les polygones isopérimetres et d'un même nombre de côtés.

Car, suivant le théorême II, le polygone *maximum* a tous ses côtés égaux ; et, suivant le théorême précédent, il est inscriptible dans le cercle ; donc il est régulier.

PROPOSITION VIII.

LEMME.

Deux angles au centre, mesurés dans deux cercles différents , sont entre eux comme les arcs compris divisés par leurs rayons.

F. 178.   Ainsi l'angle C est à l'angle O comme le rapport $\frac{AB}{AC}$ est au rapport $\frac{DE}{DO}$.

D'un rayon O F égal à AC décrivez l'arc F G compris entre les côtés OD, OE, prolongés : à cause des rayons égaux AC, OF, on aura d'abord C : O :: AB : FG, où $::\frac{AB}{AC}:\frac{FG}{FO}$; mais à cause des arcs semblables FG,

* 11. DE, on a * FG : DE :: FO : DO ; donc le rapport $\frac{FG}{FO}$ est égal au rapport $\frac{DE}{DO}$, et on a par conséquent C : O $::\frac{AB}{AC}:\frac{DE}{DO}$.

PROPOSITION IX.

THÉORÊME.

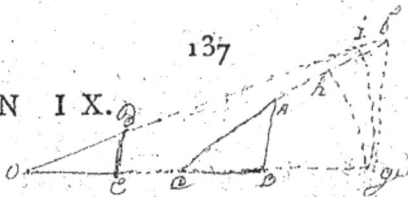

De deux polygones réguliers isopérimetres, celui qui a le plus de côtés est le plus grand.

Soit DE le demi-côté de l'un des polygones, O son centre, OE son apothême ; soit AB le demi-côté de l'autre polygone, C son centre, CB son apothême. On suppose les centres O et C situés à une distance quelconque.OC, et les apothêmes OE, CB, dans la direction OC : ainsi DOE et ACB seront les demi-angles au centre des polygones, et comme ces angles ne sont pas égaux, les lignes AC, OD, prolongées se rencontreront en un point F ; de ce point, abaissez sur OC la perpendiculaire FG ; des points O et C comme centres, décrivez les arcs GI, GH, terminés aux côtés OF, CF.

F. 179.

Cela posé, on aura par le lemme précédent $O : C :: \frac{GI}{OG} : \frac{GH}{CG}$: mais DE est au périmetre du premier polygone comme l'angle O est à quatre angles droits, et AB est au périmetre du second comme l'angle C est à quatre angles droits ; donc puisque les périmetres des polygones sont égaux, $DE : AB :: O : C$; donc $DE : AB :: \frac{GI}{OG} : \frac{GH}{CG}$. Multipliant les antécédents par OG et les conséquents par CG, on aura $DE \times OG : AB \times CG :: GI : GH$; mais les triangles semblables ODE, OFG, donnent $OE : OG :: DE : FG$, d'où résulte $DE \times OG = OE \times FG$. On aura de même $AB \times CG = CB \times FG$; donc $OE \times FG : CB \times FG :: GI : GH$, ou $OE : CB :: GI : GH$. Je dis maintenant que l'arc GI est plus

grand que l'arc G H , et alors il s'ensuivra que l'apothême OE est plus grand que CB.

En effet prolongez l'arc G H d'une quantité KH=
HG ; d'un rayon KP égal à O G décrivez l'arc K κ égal
à κ G ; la courbe K κ G qui enveloppe l'arc KH G est

*9. plus grande que cet arc★ ; donc G κ, moitié de la courbe,
est plus grand que G H moitié de l'arc ; donc, à plus
forte raison, G1 est plus grand que GH.

Il résulte de là que l'apothême OE est plus grand
que CB : mais les deux polygones ayant même péri-

*7. metre sont entre eux comme leurs apothêmes★ ; donc
le polygone qui a pour demi-côté DE est plus grand
que celui qui a pour demi-côté AB : le premier a plus
de côtés, puisque l'angle au centre est plus petit ; donc
de deux polygones réguliers isopérimetres , celui qui
a le plus de côtés est le plus grand.

PROPOSITION X.

THÉORÈME.

*Le cercle est plus grand que tout polygone isopé-
rimetre.*

F. 180.   Il est déja prouvé que de tous les polygones isopérimetres et d'un même nombre de côtés, le polygone régulier est le plus grand ; ainsi il ne s'agit plus que de
comparer le cercle à un polygone régulier quelconque
isopérimetre. Soit A I le demi-côté de ce polygone, C
son centre. Soit dans le cercle isopérimetre l'angle
DOE=ACI, et conséquemment l'arc DE égal au
demi-côté AI. Le polygone P sera au cercle C comme
le triangle ACI est au secteur ODE, ou P : C ::

$$\frac{AI \times CI}{2} : \frac{DE \times OE}{2} :: CI : OE.$$ Soit mené au

oint E la tangente EG; les triangles semblables ACI,
GOE, donneront la proportion CI : OE :: AI ou DE
: GE; donc P : C :: DE : GE, ou comme DE $\times$
OE qui est la mesure du secteur DOE est à GE $\times$
OE qui est la mesure du triangle GOE : or le secteur
est plus petit que le triangle; donc P est plus petit que
C; donc le cercle est plus grand que tout polygone
isopérimetre.

LIVRE V.

LES PLANS ET LES ANGLES SOLIDES.

DÉFINITIONS.

*Pr. 4.   I. Une ligne droite est *perpendiculaire à un plan*, lorsqu'elle est perpendiculaire* à toutes les droites qui passent par son *pied* dans le plan. Réciproquement le plan est perpendiculaire à la ligne.

Le *pied* de la perpendiculaire est le point où cette ligne rencontre le plan.

II. Une ligne est *parallele à un plan*, lorsqu'elle ne peut le rencontrer à quelque distance qu'on les prolonge l'un et l'autre. Réciproquement le plan est parallele à la ligne.

III. Deux *plans* sont *parallelles* entre eux, lorsqu'ils ne peuvent se rencontrer à quelque distance qu'on les prolonge l'un et l'autre.

*Pr. 3.   IV. Il sera démontré * que l'intersection commune de deux plans qui se rencontrent est une ligne droite : cela posé, *l'inclinaison* mutuelle *de deux plans* se *Pr. 17.* mesure* par l'angle que font entre elles les deux perpendiculaires menées dans chacun de ces plans au même point de l'intersection commune.

Cet angle peut être aigu, droit ou obtus.

V. S'il est droit, les deux *plans* seront *perpendiculaires* entre eux.

VI. *L'angle solide* est formé par la réunion de plu-
urs angles situés dans différents plans.

Ainsi l'angle solide S est formé par la réunion des F. 199.
ngles plans ASB, BSC, CSD, DSA.

Il faut au moins trois angles plans pour former un
ngle solide.

PROPOSITION I.

THÉORÈME.

*Une ligne droite ne peut être en partie dans un
lan, en partie au dehors.*

Car, suivant la définition du plan, dès qu'une
gne droite a deux points communs avec un plan,
le est tout entiere dans ce plan.

Corollaire. Donc pour reconnoître si une surface est
lane, il faut appliquer une ligne droite en différents
ns sur cette surface, et voir si elle touche la surface
ans toute son étendue.

PROPOSITION II.

THÉORÈME.

*Deux lignes droites qui se coupent sont dans un
ême plan et en déterminent la position.*

Soient AB, AC, deux lignes droites qui se coupent F. 181.
n A : on peut concevoir un plan où se trouve la ligne
roite AB : si on fait tourner ce plan autour de AB,
usqu'à ce qu'il passe par le point C, alors la ligne
C, qui a deux de ses points A et C dans ce plan, y
ra tout entiere ; donc la position de ce plan est dé-
rminée par la seule condition de renfermer les deux
roites AB, AC.

Corollaire I. Donc un triangle ABC, ou trois points

A, B, C, non en ligne droite, déterminent la position
d'un plan.

F. 182.　　*Corollaire II.* Donc aussi deux parallèles AB, CD
déterminent la position d'un plan ; car si on mene l
sécante EF, le plan des deux droites AE, EF, ser
celui des parallèles AB, CD.

PROPOSITION III.

THÉORÈME.

Si deux plans se coupent, leur intersection com-
mune sera une ligne droite.

Car, si dans les points communs aux deux plans o
en trouvoit trois qui ne fussent pas en ligne droite, le
deux plans dont il s'agit, passant chacun par ces troi
points, ne feroient qu'un seul et même plan, ce qu
est contre la supposition.

PROPOSITION IV.

THÉORÈME.

F. 183.　　*Si une ligne droite AP est perpendiculaire à deu*
autres PB, PC, qui se croisent à son pied dans l
plan MN, elle sera perpendiculaire à une droit
quelconque PQ menée par son pied dans le mêm
plan, et ainsi elle sera perpendiculaire au pla
MN.

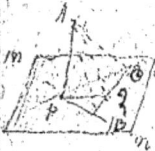

Par un point Q pris à volonté sur PQ, tirez la droite
Pr. 5,　BC dans l'angle BPC, de maniere que BQ=QC,
liv. 3.　joignez AB, AQ, AC.

La base BC étant divisée en deux parties égales a
14. 3.　point Q, le triangle BPC donnera

$$\overline{PC}^2 + \overline{PB}^2 = 2\overline{PQ}^2 + 2\overline{QC}^2.$$

Dans le $\triangle$ acq ..... $\overline{pc}^2 = \overline{pq}^2 + \overline{qc}^2$

Dans le $\triangle$ ape ...... $\overline{ac}^2 = \overline{ap}^2 + \overline{pc}^2$

D'où　$\overline{ap}^2 = \overline{ac}^2 - \overline{pc}^2$

$\overline{pq} = \overline{pc}^2 + \overline{qc}^2$

$\overline{ap}^2 + \overline{pq}^2 = \overline{ac}^2 - \overline{qc}^2 = \overline{aq}$

Le triangle BAC donnera pareillement

$$\overline{AC}^2 + \overline{AB}^2 = 2\overline{AQ}^2 + 2\overline{QC}^2.$$

Retranchant la premiere égalité de la seconde, et observant que les triangles rectangles APC, APB, donnent $\overline{AC}^2 - \overline{PC}^2 = \overline{AP}^2$, et $\overline{AB}^2 - \overline{PB}^2 = \overline{AP}^2$, on aura

$$\overline{AP}^2 + \overline{AP}^2 = 2\overline{AQ}^2 - 2\overline{PQ}^2.$$

Donc, en prenant les moitiés de part et d'autre, $\overline{AP}^2 = \overline{AQ}^2 - \overline{PQ}^2$, ou $\overline{AQ}^2 = \overline{AP}^2 + \overline{PQ}^2$; donc le triangle APQ est rectangle en P⋆; donc AP est perpendiculaire à PQ.

⋆ 13. 3.

Scholie. On voit par là, non seulement qu'il est possible qu'une ligne droite soit perpendiculaire à toutes celles qui passent par son pied dans un plan, mais que cela arrive toutes les fois que cette ligne est perpendiculaire à deux droites menées dans le plan : c'est ce qui démontre la légitimité de la définition I.

Corollaire I. La perpendiculaire AP est plus courte qu'une oblique quelconque AQ; donc elle mesure la vraie distance du point A au plan PQ.

Corollaire II. Par un point P donné sur un plan on ne peut élever qu'une seule perpendiculaire à ce plan; car si on pouvoit élever une autre perpendiculaire que AP, conduisez suivant ces deux perpendiculaires un plan dont l'intersection avec le plan MN soit PQ; alors les deux perpendiculaires dont il s'agit seroient perpendiculaires à la ligne PQ, au même point et dans le même plan, ce qui est impossible.

Il est pareillement impossible d'abaisser d'un point donné hors d'un plan deux perpendiculaires à ce plan; car soient AP, AQ, ces deux perpendiculaires, alors le triangle APQ auroit deux angles droits APQ, AQP, ce qui est impossible.

PROPOSITION V.

THÉORÊME.

F. 184. *Les obliques* AB, AC, AD, *etc.*, *également éloignées de la perpendiculaire, sont égales ; et de deux obliques* AD, AE, *inégalement éloignées de la perpendiculaire, celle qui s'en éloigne le plus* AE *est la plus longue.*

Car les angles APB, APC, APD, étant droits, si on suppose les distances PB, PC, PD, égales entre elles, les triangles APB, APC, APD, auront un angle égal compris entre côtés égaux ; donc ils seront égaux ; donc les hypoténuses ou les obliques AB, AC, AD, seront égales entre elles. Pareillement si la distance PE est plus grande que PD ou son égale PB, il est clair que l'oblique AE sera plus grande que AB ou son égale AD.

Corollaire. Toutes les obliques égales AB, AC, AD, etc., aboutissent à la circonférence BCD, décrite du pied de la perpendiculaire P comme centre ; donc étant donné un point A hors d'un plan, si on veut trouver sur ce plan le point P où tomberoit la perpendiculaire abaissée de A, il faut marquer sur ce plan trois points B, C, D, également éloignés du point A, et chercher ensuite le centre du cercle qui passe par ces trois points : ce centre sera le point cherché P.

Scholie. L'angle ABP est ce qu'on appelle l'inclinaison de l'oblique AB *sur le plan* MN ; on voit que cette inclinaison est égale pour toutes les obliques AB, AC, AD, etc. qui s'écartent également de la perpendiculaire ;

culaire ; car tous les triangles ABP, ACP, ADP, etc.
sont égaux entre eux.

PROPOSITION VI.

THÉORÊME.

Soit AP *une perpendiculaire au plan* MN, BC F. 185.
une ligne située dans ce plan; si du pied P *de la per-*
pendiculaire on abaisse PD *perpendiculaire sur* BC,
et qu'on joigne AD, *je dis que* AD *sera perpendicu-*
laire à BC.

Prenez DB=DC et joignez PB, PC, AB, AC :
puisque DB=DC, l'oblique PB=PC; et par rapport
à la perpendiculaire AP, puisque PB=PC, l'oblique
AB=AC ; donc la ligne AD a deux de ses points
A et D également distants des extrémités B et C; donc
AD est perpendiculaire sur le milieu de BC.

Corollaire. On voit en même temps que BC est
perpendiculaire au plan APD, puisque BC est perpendiculaire à la fois aux deux droites AD, PD.

Scholie. Les deux lignes AP, BC, offrent l'exemple
de deux lignes qui ne se rencontrent point, parcequ'elles ne sont pas situées dans un même plan. La
plus courte distance de ces lignes est la droite PD qui
est à la fois perpendiculaire à la ligne AP et à la ligne
BC. La distance PD est la plus courte entre ces deux
lignes; car si on joint deux autres points, comme A
et B, la distance AB est plus grande que AD ; AD
est plus grande que PD; donc, à plus forte raison,
AB > PD.

On voit par là qu'étant données dans l'espace deux
lignes AP, BC, qui ne sont pas situées dans le même
plan, pour avoir leur plus courte distance, il faut

K

marquer sur la ligne BC deux points B et C également
distants d'un point quelconque A pris sur l'autre ligne
AP, ensuite marquer sur celle-ci les deux points A et E
également distants de B; le milieu de BC et le milieu
de AE seront les points D et P dont la distance est la
plus petite.

PROPOSITION VII.

THÉORÈME.

F. 186. *Si la ligne* AP *est perpendiculaire au plan* MN,
toute ligne DE *parallele à* AP *sera perpendiculaire
au même plan.*

Suivant les parallèles AP, DE, conduisez un plan
dont l'intersection avec le plan MN sera PD; dans le
plan MN menez BC perpendiculaire à PD et joignez
AD.

Suivant le corollaire du théorème précédent, BC
est perpendiculaire au plan APDE; donc l'angle BDE
est droit: mais l'angle EDP est droit aussi, puisque
AP est perpendiculaire à PD, et que DE est parallèle
à AP; donc la ligne DE est perpendiculaire aux deux
droites DP, DB; donc elle est perpendiculaire à leur
plan MN.

Corollaire I. Réciproquement si les droites AP, DE,
sont perpendiculaires au même plan MN, elles seront
parallèles; car si elles ne l'étoient pas, conduisez par
le point D une parallèle à AP, cette parallèle sera
perpendiculaire au plan MN; donc on pourroit par un
même point D élever deux perpendiculaires à un
même plan, ce qui est impossible.

Corollaire II. Deux lignes A et B, parallèles à une
troisieme C, sont parallèles entre elles; car imaginez

un plan perpendiculaire à la ligne C, les lignes A et B, parallèles à cette perpendiculaire, seront perpendiculaires au même plan; donc, par le corollaire précédent, elles seront parallèles entre elles: il est entendu que les trois lignes ne sont pas dans le même plan, sans quoi la proposition seroit déja connue.

PROPOSITION VIII.

THÉORÈME.

Si la ligne AB est parallèle à une droite CD menée dans le plan MN, elle sera parallèle à ce plan. F. 187.

Car si la ligne AB, qui est dans le plan ABCD, rencontroit le plan MN, ce ne pourroit être qu'en quelque point de la ligne CD, intersection commune des deux plans: or AB ne peut rencontrer CD, puisqu'elle lui est parallèle; donc elle ne rencontrera pas non plus le plan MN; donc elle est parallèle à ce plan.

PROPOSITION IX.

THÉORÈME.

Deux plans MN, PQ, perpendiculaires à une même droite AB, sont parallèles entre eux. F. 188.

Car s'ils se rencontroient quelque part, soit O un de leurs points communs, et joignez OA, OB; la ligne AB perpendiculaire au plan MN est perpendiculaire à la droite OA menée par son pied dans ce plan; par la même raison, AB est perpendiculaire à BO; donc OA et OB seroient deux perpendiculaires abaissées du même point O sur la même ligne droite, ce qui est impossible; donc les plans MN, PQ, ne peuvent se rencontrer; donc ils sont parallèles.

K 2

PROPOSITION X.

THÉORÊME.

F. 189.   *Les intersections EF, GH, de deux plans paral-*
lèles MN, PQ, par un troisieme plan FG, sont paral-
leles.

Car si les lignes EF, GH, situées dans un même
plan, ne sont pas paralleles, prolongées elles se rencontreront; donc les plans MN, PQ, dans lesquels
elles sont, se rencontreroient aussi; donc ils ne seroient
pas paralleles.

PROPOSITION XI.

THÉORÊME.

F. 188.   *La ligne AB perpendiculaire au plan MN est per-*
pendiculaire au plan parallele PQ.

Ayant tiré à volonté la ligne BC dans le plan PQ,
suivant AB et BC, conduisez un plan ABC dont l'intersection avec le plan MN soit AD, l'intersection AD
sera parallele à BC : mais la ligne AB perpendiculaire
au plan MN est perpendiculaire à la droite AD; donc
elle sera aussi perpendiculaire à sa parallele BC; et
puisque la ligne AB est perpendiculaire à toute ligne
BC menée par son pied dans le plan PQ, il s'ensuit
qu'elle est perpendiculaire au plan PQ.

PROPOSITION XII.

THÉORÊME.

F. 189.   *Les paralleles EG, FH, comprises entre deux plans*
paralleles MN, PQ, sont égales.

Par les paralleles EG, FH, faites passer le plan

EGHF qui rencontrera les plans parallèles suivant EF et GH. Les intersections EF, GH, sont parallèles ainsi que EG, FH; donc la figure EGHF est un parallélogramme; donc EG=FH.

Corollaire. Il suit de là que *deux plans parallèles sont par-tout à égale distance;* car si EG et FH sont perpendiculaires aux deux plans MN, PQ, elles seront parallèles entre elles; donc elles seront égales.

PROPOSITION XIII.

THÉORÈME.

Si deux angles CAE, DBF, *non situés dans le même plan, ont leurs côtés parallèles et dirigés dans le même sens, ces angles seront égaux et leurs plans parallèles.* F. 190.

Prenez A C=BD, AE=BF, et joignez CE, DF, AB, CD, EF. Puisque AC est égale et parallèle à BD, la figure ABDC est un parallélogramme*; donc CD est * 32, 1. égale et parallèle à AB. Par une raison semblable EF est égale et parallèle à AB; donc aussi CD est égale et parallèle à EF; la figure CEFD est donc un parallélogramme, et le côté CE est égal et parallèle à DF; donc les triangles CAE, DBF, sont équilatéraux entre eux; donc l'angle CAE=DBF.

En second lieu, je dis que le plan ACE est parallèle au plan BDF; car supposons que le plan parallèle à BDF mené par le point A rencontre les lignes EF, CD, en d'autres points que C et E, par exemple en G et H; alors, suivant la proposition xii, les trois lignes AB, GD, FH, seront égales: mais les trois AB, CD, EF, le sont déjà; donc on auroit CD=GD, et FH= EF. ce qui est absurde; donc le plan ACE est parallèle à BDF.

Corollaire. Si deux plans paralleles MN, PQ, sont rencontrés par deux autres plans CABD, EABF, les angles CAE, DBF, formés par les intersections des plans paralleles, seront égaux; car l'intersection AC est parallele à BD, AE à BF; donc l'angle CAE = DBF.

PROPOSITION XIV.

THÉORÈME.

F. 191. *Les parties de deux droites, comprises entre des plans paralleles, sont proportionnelles.*

Supposons que la ligne AB rencontre les plans paralleles MN, PQ, RS, en A, E, B, et que la ligne CD rencontre les mêmes plans en C, F, D; je dis qu'on aura AE : EB :: CF : FD.

Tirez AD qui rencontre le plan PQ en G, et joignez AC, EG, GF, BD; les intersections EG, BD, des plans paralleles PQ, RS, par le plan ABD sont paralleles; donc AE : EB :: AG : GD : pareillement les intersections AC, GF, étant paralleles, on a AG : GD :: CF : FD; donc, à cause du rapport commun, AG : GD, on aura AE : EB :: CF : FD.

PROPOSITION XV.

THÉORÊME.

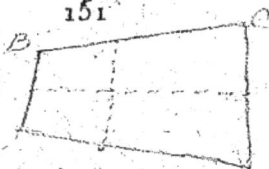

Soit ABCD *un quadrilatere quelconque situé ou* F. 192. *non situé dans un même plan, si on coupe les côtés opposés proportionnellement par deux droites* EF, GH, *de sorte qu'on ait* AE : EB :: DF : FC, *et* BG : GC :: AH : HD; *je dis que les droites* EF, GH, *se couperont en un point* M, *de manière qu'on aura* HM : MG :: AE : EB, *et* EM : MF :: AH : HD.

Conduisez suivant AD un plan quelconque A*b*H*c*D, qui ne passe pas suivant GH ; par les points E, B, C, F, menez à GH les parallèles E*e*, B*b*, C*c*, F*f*, qui ren- contrent ce plan en *e*, *b*, *c*, *f* : on aura d'abord, à cause des parallèles B*b*, GH, C*c**, *b*H : H*c* :: BG * 15, 3. : GC :: AH : HD ; donc* les triangles AH*b*, *c*HD, * 20, 3. sont semblables. On aura ensuite A*e* : *e*B :: AE : EB, et D*f* : *fc* :: DF : FC ; donc A*e* : *eb* :: D*f* : *fc*, ou, *componendo*, A*e* : D*f* :: A*b* : D*c* : mais, à cause des triangles semblables AH*b*, *c*HD, on a A*b* : D*c* :: AH : HD ; donc A*e* : D*f* :: AH : HD : d'ailleurs l'angle HA*e* = HD*f* ; donc les triangles AH*e*, DH*f*, sont semblables, et l'angle AH*e* = DH*f*. Il s'ensuit d'abord que *e*H*f* est une ligne droite, et qu'ainsi les droites EF, GH, sont situées dans un même plan E*e*F*f* ; donc elles doivent se couper en un point M. En- suite, à cause des parallèles E*e*, MH, F*f*, on aura EM : MF :: *e*H : H*f* :: AH : HD. Par une con- struction semblable, en faisant passer un plan par AB, on démontreroit que HM : MG :: AE : EB.

K 4

PROPOSITION XVI.

THÉORÈME.

F. 193. *L'angle compris entre les deux plans* MAN, MAP, *peut être mesuré, conformément à la définition, par l'angle* NAP *que font entre elles les deux perpendiculaires* AN, AP, *menées dans chacun de ces plans à l'intersection commune* AM.

Pour démontrer la légitimité de cette mesure, il faut prouver 1°. qu'elle est constante, ou qu'elle sera la même en quelque point de l'intersection commune qu'on mene les deux perpendiculaires.

En effet, si on prend un autre point M, et qu'on mene MC dans le plan MN, et MB dans le plan MP, perpendiculaires à l'intersection commune AM; puisque MB et AP sont perpendiculaires à une même ligne AM, elles seront paralleles entre elles. Par la même raison MC est parallèle à AN; donc l'angle BMC=PAN; donc il est indifférent de mener les perpendiculaires au point M ou au point A; l'angle compris sera toujours le même.

2°. Il faut prouver que si l'angle des deux plans augmente ou diminue dans un certain rapport, l'angle PAN augmentera ou diminuera dans le même rapport.

Décrivez du centre A et d'un rayon à volonté l'arc NDP, du centre M et d'un rayon égal décrivez l'arc CEB, tirez AD à volonté; le plan MAD coupera le plan MBC suivant la ligne ME parallèle à AD, et l'angle BME sera égal à PAD.

Appelons pour un moment *coin* l'angle formé par deux plans MP, MN; cela posé, si l'angle DAP étoit égal à DAN, il est clair que le coin DAMP seroit égal

au coin DAMN, car la base DAP se placeroit exactement sur son égale DAN, la hauteur AM seroit toujours la même; donc les deux coins coïncideroient
l'un avec l'autre. On voit de même que si l'angle
DAP étoit contenu un certain nombre de fois juste
dans l'angle PAN, le coin DAMP seroit contenu autant de fois dans le coin PAMN. D'ailleurs du rapport
en nombres entiers à un rapport quelconque la conclusion est légitime et a été démontrée dans une occasion tout-à-fait semblable*; donc, quel que soit le   * 17, 2.
rapport de l'angle DAP à l'angle PAN, le coin
DAMP sera dans le même rapport avec le coin PAMN;
donc l'angle NAP peut être pris pour la mesure du
coin PAMN, ou de l'angle que font entre eux les deux
plans MAP, MAN.

Scholie. Lorsque deux plans se traversent mutuellement, il se forme quatre angles dont les opposés sont
égaux, et deux adjacents valent deux angles droits;
donc si un plan est perpendiculaire à un autre, celui-
ci est perpendiculaire au premier. Pareillement dans
la rencontre des plans parallèles par un troisieme
plan, on aura les mêmes égalités d'angles et les mêmes
propriétés que dans la rencontre de deux lignes paralleles par une troisieme ligne.

PROPOSITION XVII.

THÉORÈME.

La ligne AP étant perpendiculaire au plan MN,   F. 194.
tout plan APB, conduit suivant AP, sera perpendi-
culaire au plan MN.

Soit BC l'intersection des plans AB, MN; si dans
le plan MN on mene DE perpendiculaire à BP,
la ligne AP, étant perpendiculaire au plan MN,

sera perpendiculaire à chacune des deux droites BC, DE : mais l'angle APD, formé par les deux perpendiculaires PA, PD, à l'intersection commune BP, est l'angle des deux plans AB, MN ; donc, puisque cet angle est droit, les deux plans sont perpendiculaires entre eux.

Scholie. Lorsque trois droites telles que AP, BP, DP, sont perpendiculaires entre elles, chacune de ces lignes est perpendiculaire au plan des deux autres, et les trois plans sont perpendiculaires entre eux.

PROPOSITION XVIII.

THÉORÈME.

Si le plan APB *est perpendiculaire au plan* MN, *et qu'on mene dans le plan* APB *la ligne* PA *perpendiculaire à l'intersection commune* PB, *je dis que* PA *sera perpendiculaire au plan* MN.

Car, si dans le plan MN on mene DP perpendiculaire à PB, l'angle APD sera droit, puisque les plans sont perpendiculaires entre eux ; donc la ligne AP est perpendiculaire aux deux droites PB, PD ; donc elle est perpendiculaire à leur plan MN.

Corollaire. Si le plan AB est perpendiculaire au plan MN, et que par un point P de l'intersection commune on éleve une perpendiculaire au plan MN ; je dis que cette perpendiculaire sera dans le plan AB ; car si elle n'y étoit pas, on pourroit mener dans le plan AB la perpendiculaire AP à l'intersection commune BP, laquelle seroit en même temps perpendiculaire au plan MN ; donc au même point P il y auroit deux perpendiculaires au plan MN, ce qui est impossible.

PROPOSITION XIX.

THÉORÈME.

Si deux plans AB, AD, *sont perpendiculaires à* F. 194.
un troisieme MN, *leur intersection commune* AP
sera perpendiculaire à ce troisieme plan.

Car si par le point P on éleve une perpendiculaire
au plan MN, cette perpendiculaire doit se trouver à
la fois dans le plan AB et dans le plan AD ; donc elle
est leur intersection commune AP.

PROPOSITION XX.

THÉORÈME.

Si un angle solide est formé par trois angles plans, F. 195.
*la somme de deux quelconques de ces angles sera plus
grande que le troisieme.*

Il n'y a lieu à démontrer la proposition que lorsque
l'un des angles plans est plus grand que chacun des
deux autres. Soit donc l'angle solide S formé par trois
angles plans ASB, ASC, BSC, et supposons que
l'angle ASB soit le plus grand des trois ; je dis qu'on
aura ASB < ASC + BSC.

Dans le plan ASB faites l'angle BSD = BSC, tirez
à volonté ADB ; et ayant pris SC = SD, joignez AC,
BC.

Les deux côtés BS, SD, sont égaux aux deux BS,
SC, l'angle BSD = BSC ; donc les deux triangles BSD,
BSC, sont égaux ; donc BD = BC. Mais AB < AC +
BC, retranchant d'un côté BD, de l'autre BC, il restera AD < AC. Les deux côtés AS, SD, sont égaux
aux deux AS, SC, le troisieme AD est plus petit que
le troisieme AC ; donc * l'angle ASD < ASC. Ajoutant * 10. 1.

$BSD = BSC$, on aura $ASD + BSD$, ou $ASB < ASC + BSC$.

PROPOSITION XXI.

THÉORÈME.

F. 196.   *La somme des angles plans qui forment un angle solide est toujours moindre que quatre angles droits.*

Coupez l'angle solide S par un plan quelconque ABCDE; d'un point O pris dans ce plan menez à tous les angles les lignes OA, OB, OC, OD, OE.

Les angles de tous les triangles ASB, BSC, etc., formés autour du sommet S, pris ensemble, équivalent à tous les angles d'un pareil nombre de triangles AOB, BOC, etc., formés autour du sommet O. Mais au point B les angles ABO, OBC, pris ensemble, font l'angle ABC plus petit que la somme des angles ABS, ★20.   SBC★; de même au point C on a $BCO + OCD < BCS + SCD$, et ainsi à tous les angles du polygone ABCDE. Il suit de là que dans les triangles dont le sommet est en O tous les angles à la base pris ensemble sont plus petits que tous les angles à la base des triangles dont le sommet est en S; donc par compensation la somme des angles formés autour du point O est plus grande que la somme des angles autour du point S. Mais la somme des angles autour du point O est égale à quatre angles droits; donc la somme des angles plans qui forment l'angle solide S est moindre que quatre angles droits.

Scholie. Cette démonstration suppose que l'angle solide est *convexe*, ou que le plan d'une face prolongé ne peut jamais couper l'angle solide; s'il en étoit autrement, la somme des angles plans n'auroit plus de bornes et pourroit être d'une grandeur quelconque.

PROPOSITION XXII.

THÉORÈME.

Si deux angles solides sont composés de trois angles F. 197.
plans égaux chacun à chacun , les plans dans lesquels
sont les angles égaux seront également inclinés entre
eux.

Soit l'angle ASC=DTF, l'angle ASB=DTE, et
l'angle BSC=ETF ; je dis que les deux plans ASC,
ASB , auront entre eux la même inclinaison que les
plans DTF, DTE.

Ayant pris SB à volonté, menez BO perpendiculaire
au plan ASC ; du point O où cette perpendiculaire
rencontre le plan menez OA, OC, perpendiculaires
sur SA, SC; joignez SO, AB, BC ; prenez ensuite TE
=SB ; menez EP perpendiculaire sur le plan DTF ;
du point P menez PD, PF, perpendiculaires sur TD,
TF ; enfin joignez TP, DE, EF.

Le triangle SAB est rectangle en A, et le triangle
TDE en D ⋆, et puisque l'angle ASB=DTE, on a   ⋆ 6.
aussi SBA=TED. D'ailleurs SB=TE ; donc le triangle SAB est égal au triangle TDE; donc SA=TD, et
AB=DE. On démontrera semblablement que SC=
TF, et BC=EF. Cela posé, le quadrilatère SAOC
est égal au quadrilatère TDPF ; car posant l'angle ASC
sur son égal DTF, à cause de SA=TD et SC=TF ,
le point A tombera en D et le point C en F. En même
temps AO perpendiculaire à SA tombera sur DP perpendiculaire à TD, et pareillement OC sur PF; donc
le point O tombera sur le point P, et on aura AO=
DP. Mais les triangles AOB, DPE, sont rectangles en
O et P, l'hypoténuse AB=DE, et le côté AO=
DP; donc ces triangles sont égaux; donc l'angle OAB

=PDE. L'angle OAB est l'inclinaison des deux plans ASB, ASC, l'angle PDE est celle des deux plans DTF, DTE; donc ces deux inclinaisons sont égales entre elles.

Il faut observer cependant que l'angle A du triangle rectangle OAB n'est proprement l'inclinaison des deux plans ASB, ASC, que lorsque la perpendiculaire BO tombe, par rapport à SA, du même côté que SC; si elle tomboit de l'autre côté, alors l'angle des deux plans seroit obtus, et joint à l'angle A du triangle OAB il feroit deux angles droits. Mais dans le même cas l'angle des deux plans TDE, TDF, seroit pareillement obtus, et joint à l'angle D du triangle DPE il feroit deux angles droits; donc comme l'angle A seroit toujours égal à D, on concluroit de même que l'inclinaison des deux plans ASB, ASC, est égale à celle des deux plans TDE, TDF.

Scholie. Si deux angles solides sont composés de trois angles plans égaux chacun à chacun, et qu'en même temps les angles égaux ou homologues soient *disposés de la même maniere* dans les deux angles solides, alors ces angles solides seront égaux; et posés l'un sur l'autre ils coïncideront. En effet on a déja vu que le quadrilatère SAOC peut être placé sur son égal TDPF; ainsi en plaçant SA sur TD, SC tombe sur TF et le point O sur le point P. Mais à cause de l'égalité des triangles AOB, DPE, la perpendiculaire OB au plan ASB est égale à la perpendiculaire PE au plan TDF; de plus ces perpendiculaires sont dirigées dans le même sens; donc le point B tombera sur le point E, la ligne SB sur TE, et les deux angles solides coïncideront entièrement l'un avec l'autre.

Cette coïncidence cependant n'a lieu qu'autant que

les angles plans égaux sont *disposés de la même ma-*
niere dans les deux angles solides; car si les angles plans
égaux étoient *disposés dans un ordre inverse*, ou, ce
qui revient au même, si les perpendiculaires OB, PE,
au lieu d'être dirigées dans le même sens par rapport
aux plans A SC, DTF, étoient dirigées en sens contraire, alors il seroit impossible de faire coïncider les
deux angles solides l'un avec l'autre. Il n'en seroit
cependant pas moins vrai, conformément au théorème,
que les plans dans lesquels sont les angles égaux seroient également inclinés entre eux; de sorte que les
deux angles solides seroient égaux dans toutes leurs
parties constituantes, sans néanmoins pouvoir être
superposés. Cette sorte d'égalité, qui n'est pas absolue
ou de superposition, mérite d'être distinguée par une
dénomination particuliere : nous l'appellerons *égalité*
par symmétrie. Ainsi les deux angles solides dont il s'a-
git, qui sont formés par trois angles plans égaux
chacun à chacun, mais disposés dans un ordre inverse,
nous les appellerons *angles égaux par symmétrie*, ou
simplement *angles symmétriques.*

La même remarque s'applique aux angles solides
formés de plus de trois angles plans : ainsi un angle
solide formé par les angles plans A, B, C, D, E, et
un autre angle solide formé par les mêmes angles dans
un ordre inverse A, E, D, C, B, peuvent être tels que
les plans dans lesquels sont les angles égaux soient
également inclinés entre eux. Ces deux angles solides,
qui seroient égaux sans que la superposition fût possible, s'appelleront *angles égaux par symmétrie*, ou angles *symmétriques.*

Dans les figures planes il n'y a point d'*égalité par*
symmétrie qu'il n'y ait en même temps égalité absolue

ou de superposition : la raison en est qu'on peut ren-
verser une figure plane et prendre indifféremment le
dessus pour le dessous. Il en est autrement dans les
solides.

PROPOSITION XXIII.

PROBLÊME.

F. 198.   *Etant donnés les trois angles plans qui forment
un angle solide, trouver par une construction plane
l'angle que deux de ces plans font entre eux.*

Soit S l'angle solide tout construit, dans lequel on
connoît les trois angles plans ASB, ASC, BSC ; on
demande l'angle que font entre deux de ces plans, par
exemple, les plans ASB, ASC.

Imaginons qu'on ait fait dans l'angle solide la même
construction que dans le théorème précédent, l'angle
OAB seroit l'angle requis. Il s'agit donc de trouver la
même angle par une construction plane ou faite sur
un plan.

Pour cela faites sur un plan les angles B'SA, ASC,
B''SC, égaux aux angles BSA, ASC, BSC, dans
la figure solide; prenez B'S et B''S égaux chacun à
BS de la figure solide ; des points B' et B'' abaissez
B'A et B''C perpendiculaires sur SA et SC, lesquelles
se rencontrent en un point O. Du point A comme
centre et du rayon AB' décrivez la demi-circonférence
B'BE, au point O élevez sur AO la perpendiculaire
OB qui rencontre la circonférence en B, joignez AB,
et l'angle EAB sera l'inclinaison cherchée des deux
plans ASC, ASB, dans l'angle solide.

Tout se réduit à faire voir que le triangle AOB de la
figure plane est égal au triangle AOB de la figure solide.

lide. Or les deux triangles B'SA, BSA, sont rectangles en A, les angles en S sont égaux; donc les angles en B et B' sont pareillement égaux. Mais l'hypoténuse SB' est égale à l'hypoténuse SB; donc ces triangles sont égaux; donc SA de la figure plane est égale à SA de la figure solide, et aussi AB', ou son égale AB dans la figure plane, est égale à AB dans la figure solide. On démontrera de même que SC est égal de part et d'autre; d'où il suit que le quadrilatere SAOC est égal dans l'une et dans l'autre figures, et qu'ainsi AO de la figure plane est égal à AO de la figure solide; donc dans l'une et dans l'autre les triangles rectangles AOB ont l'hypoténuse égale et un côté égal; donc ils sont égaux, et l'angle EAB trouvé par la construction plane est égal à l'inclinaison des deux plans SAB, SAC, dans l'angle solide.

Lorsque le point O tombe entre A et B' dans la figure plane, l'angle EAB devient obtus et mesure toujours la vraie inclinaison des plans. C'est pour cela que l'on a désigné par EAB et non par OAB l'inclinaison demandée, afin que la même solution convienne à tous les cas sans exception.

Scholie. On peut se demander si, en prenant trois angles à volonté, on pourra former avec ces trois angles, plans un angle solide.

D'abord il faut que la somme des trois angles donnés soit plus petite que quatre angles droits, sans quoi l'angle solide ne peut être formé; il faut de plus qu'après avoir pris deux des angles à volonté B'SA, ASC, le troisieme CSB'' soit tel que la perpendiculaire B''C au côté SC rencontre le diametre B'E entre ses extrémités B' et E. Ainsi les limites de la grandeur de l'angle CSB'' sont celles qui font aboutir la perpendiculaire

L

B″ C aux points B′ et E. De ces points abaissez sur SC
les perpendiculaires B′I, EK, qui rencontrent en I et
K la circonférence décrite du rayon SB″, et les limites
de l'angle CSB″ seront CSI et CSK.

Mais dans le triangle isoscele B′SI, la ligne SC étant
perpendiculaire à la base B′I, on a l'angle CSI = CSB′
= ASC + ASB′. Et dans le triangle isoscele ESK, la
ligne SC étant perpendiculaire à EK, on a l'angle CSK
= CSE. D'ailleurs, à cause des triangles égaux ASE,
ASB′, l'angle ASE = ASB′; donc CSE ou CSK =
ASC — ASB′.

Il résulte de là que le problême sera possible toutes
les fois que le troisieme angle CSB″ sera plus petit que
la somme des deux autres ASC, ASB′, et plus grand
que leur différence. Condition qui s'accorde avec le
théorême XX; car en vertu de ce théorême il faut qu'on
ait CSB″ < ASC + ASB′; il faut aussi qu'on ait
ASC < CSB″ + ASB′, ou CSB″ > ASC — ASB′.

PROPOSITION XXIV.

PROBLÊME.

F. 198. *Etant donnés deux des trois angles plans qui forment
un angle solide, avec l'angle que leurs plans font
entre eux, trouver le troisieme angle plan.*

Soient ASC, ASB′, les deux angles plans donnés, et
supposons pour un moment que CSB″ soit le troisieme
angle que l'on cherche; alors, en faisant la même construction que dans le problême précédent, l'angle compris entre les plans des deux premiers seroit EAB. Or,
de même qu'on détermine l'angle EAB par le moyen
de CSB″, les deux autres étant donnés, de même
on peut déterminer CSB″ par le moyen de EAB, ce
qui résoudra le problême proposé.

Ayant pris SB′ à volonté, abaissez sur SA la perpendiculaire indéfinie B′E., faites l'angle EAB égal à l'angle
des deux plans donnés, du point B où le côté AB rencontre la circonférence décrite du centre A et du rayon
AB′ abaissez sur AE la perpendiculaire BO, et du
point O abaissez sur SC la perpendiculaire indéfinie
OCB″, que vous terminerez en B″ de manière que SB″
= SB′; l'angle CSB″ sera le troisieme angle plan demandé.

Car si on faisoit un angle solide avec les trois angles
plans B′SA, ASC, CSB″, l'inclinaison des plans où
sont les angles donnés ASB′, ASC, seroit égale à l'angle donné EAB.

Scholie. Si un angle solide est *quadruple*, ou for- F. 199.
mé par quatre angles plans ASB, BSC, CSD,
DSA, la connoissance de ces angles ne suffit pas pour
déterminer les inclinaisons mutuelles de leurs plans;
car avec les mêmes angles plans on pourroit former une
infinité d'angles solides. Mais si on ajoute une condition, par exemple, si on donne l'inclinaison des deux
plans ASB, BSC, alors l'angle solide est entièrement
déterminé, et on pourra trouver l'inclinaison de deux
de ses plans quelconques. En effet imaginez un angle
solide *triple* formé par les angles plans ASB, BSC,
ASC; les deux premiers angles sont donnés, ainsi que
l'inclinaison de leurs plans; on pourra donc déterminer
par le problême présent le troisieme angle ASC. Ensuite,
si on considere l'angle solide triple formé par les angles
plans ASC, ASD, DSC, ces trois angles sont connus,
ainsi l'angle solide est entièrement déterminé. Mais
l'angle solide quadruple est formé par la réunion des
deux angles solides triples dont on vient de parler; donc,
puisque ces angles partiels sont connus et déterminés;

l'angle total sera pareillement connu et déterminé.

L'angle des deux plans ASD, DSC, se trouveroit immédiatement par le moyen du second angle solide partiel. Quant à l'angle des deux plans BSC, CSD, il faudroit dans un angle solide partiel chercher l'angle compris entre les deux plans BSC, ASC, et dans l'autre l'angle compris entre les deux plans ASC, DSC; la somme de ces deux angles seroit l'angle compris entre les plans BSC, DSC.

On trouvera de la même maniere que pour déterminer un angle solide quintuple il faut connoître, outre les cinq angles plans qui le composent, deux des inclinaisons mutuelles de leurs plans. Il en faudroit trois dans l'angle solide sextuple, et ainsi de suite.

LIVRE VI.

LES POLYEDRES.

DÉFINITIONS.

I. O<small>N</small> appelle *solide polyedre* ou simplement *polyedre* tout solide terminé par des plans ou des faces planes. (Ces plans sont nécessairement terminés eux-mêmes par des lignes droites.) On appelle en particulier *tétraedre* le solide qui a quatre faces ; *hexaedre* celui qui en a six; *octaedre* celui qui en a huit; *dodécaedre* celui qui en a douze ; *icosaedre* celui qui en a vingt , etc.

Le tétraedre est le plus simple des polyedres , car il faut au moins trois plans pour former un angle solide, et ces trois plans laissent un vuide qui doit être fermé par un quatrieme plan.

II. L'intersection commune de deux faces adjacentes d'un polyedre s'appelle *côté* ou *arête* du polyedre.

III. On appelle *polyedre régulier* celui dont toutes les faces sont des polygones réguliers égaux , et dont tous les angles solides sont égaux entre eux.

IV. Le *prisme* est un solide compris sous plusieurs plans , dont deux opposés sont égaux et parallèles et les autres sont des parallélogrammes.

Soient par exemple les deux polygones égaux ABCDE, FGHIK, situés dans des plans parallèles , de maniere F. 200.

L 3

que les côtés égaux soient en même temps parallèles ;
si on conduit un plan suivant les côtés égaux et parallèles AB, FG, la figure ABGF sera un parallélogramme ; il en sera de même des autres faces BCHG, CDIH, etc., et le solide ainsi formé sera un prisme.

V. Les polygones égaux et parallèles ABCDE, FGHIK, s'appellent les *bases du prisme*; les autres faces prises ensemble constituent ce qu'on appelle la surface *latérale* ou *convexe du prisme*.

VI. La *hauteur d'un prisme* est la perpendiculaire comprise entre les plans de ses deux bases.

VII. Un *prisme* est *droit* lorsque les côtés AF, BG, etc., sont perpendiculaires aux plans des bases; alors chacun de ces côtés est égal à la hauteur du prisme. Dans tout autre cas le prisme est *oblique* et la hauteur est plus petite que le côté.

VIII. Un *prisme* est *triangulaire*, *quadrangulaire*, *pentagonal*, *hexagonal*, etc., selon que la base est un triangle, un quadrilatère, un pentagone, un hexagone, etc.

F. 206. IX. Le prisme qui a pour base un parallélogramme a toutes ses faces parallélogrammiques ; il s'appelle *parallélépipede*.

Le *parallélépipede* est *rectangle* lorsque toutes ses faces sont des rectangles.

X. Parmi les parallélépipedes rectangles on distingue le *cube* ou hexaèdre régulier compris sous six quarrés égaux.

F. 201. XI. La *pyramide* est le solide formé lorsque plusieurs plans triangulaires se réunissent d'une part en un même point S et de l'autre aboutissent à un même plan ABCDE.

Le polygone ABCDE s'appelle la *base* de la pyramide, le point S en est le *sommet*, et l'ensemble des triangles ASB, BSC, etc. forme la *surface convexe* de la pyramide.

XII. La *hauteur* de la pyramide est la perpendiculaire abaissée du sommet sur le plan de la base, prolongé s'il est nécessaire.

XIII. La pyramide est *triangulaire*, *quadrangulaire*, etc., selon que la base est un triangle, un quadrilatere, etc.

XIV. Une pyramide est *réguliere* lorsque la base est un polygone régulier, et qu'en même temps la perpendiculaire abaissée du sommet sur le plan de la base passe par le centre de cette base. Cette ligne s'appelle alors l'*axe* de la pyramide.

XV. *Diagonale* d'un polyedre est la ligne menée d'un angle à un autre.

XVI. J'appellerai *polyedres symmétriques* deux polyedres qui ont une base commune et qui sont construits semblablement, l'un au-dessus du plan de cette base, l'autre au-dessous, de sorte que les angles solides homologues sont situés à égales distances du plan de la base sur une même droite perpendiculaire à ce plan.

Par exemple, si la droite ST est perpendiculaire au plan ABC, et qu'au point O où elle rencontre ce plan elle soit divisée en deux parties égales, les deux pyramides S.ABC, T.ABC, qui ont la base commune ABC, seront deux polyedres symmétriques. F. 202.

XVII. Deux *pyramides triangulaires* sont *semblables* lorsqu'elles ont deux faces semblables chacune à chacune, semblablement placées et également inclinées entre elles.

Ainsi, en supposant les angles ABC = DEF, BAC = EDF, ABS = DET, BAS = EDT, si en outre F. 203.

L 4

l'inclinaison des plans ABS, ABC, est égale à celle
de leurs homologues DTE, DEF, les pyramides
SABC, TDEF, seront semblables.

XVIII. Ayant formé un triangle avec trois angles
pris sur une même face ou base d'un polyedre, on peut
imaginer que les différents angles solides du polyedre,
hors du plan de cette base, soient les sommets d'autant de pyramides triangulaires qui ont pour base commune le triangle désigné, et chacune de ces pyramides
déterminera la position de chaque angle solide du polyedre par rapport à la base. Cela posé :

Deux *polyedres* sont *semblables* lorsqu'ayant des
bases semblables les angles solides homologues, hors
de ces bases, sont déterminés par des pyramides triangulaires semblables chacune à chacune.

N. B. Tous les polyedres que nous considérons sont
des polyedres à angles saillants ou polyedres *convexes*.
Nous appelons ainsi ceux dont la surface ne peut
être rencontrée par une ligne droite en plus de deux
points. Dans ces sortes de polyedres le plan d'une face
prolongé ne peut couper le solide; il est donc impossible
que le polyedre soit en partie au-dessus du plan d'une
face, en partie au-dessous; il est tout entier d'un même
côté de ce plan.

PROPOSITION I.

THÉORÈME.

*Deux polyedres ne peuvent avoir les mêmes angles
et en même nombre sans coïncider l'un avec l'autre.*
Par angles on entend ici les points situés à leurs sommets.

Car supposons l'un des polyedres déjà construit;

si on veut en construire un autre qui ait les mêmes
angles et en même nombre, il faudra que les plans de
celui-ci ne passent pas tous par les mêmes angles que
dans le premier, sans quoi ils ne différeroient pas l'un
de l'autre : mais alors il est clair que quelques uns des
nouveaux plans couperoient le premier polyedre; il y
auroit des angles solides au-dessus de ces plans et des
angles solides au-dessous, ce qui ne peut convenir à
un polyedre convexe : donc si deux polyedres ont les
mêmes angles et en même nombre, ils doivent nécessairement coïncider.

Scholie. Etant donnés de position les points A, B, F. 204.
C, K, etc. qui doivent servir d'angles solides à un polyedre, il est facile de décrire le polyedre.

Choisissez d'abord trois points voisins D, E, H,
tels que le plan DEH passe, s'il y a lieu, par de nouveaux points K, C, mais laisse tous les autres d'un
même côté, tous au-dessus du plan ou tous au-dessous.
Le plan DEH ou DEHKC, ainsi déterminé, sera une
face du solide. Suivant un de ses côtés EH, conduisez
un plan que vous ferez tourner jusqu'à ce qu'il rencontre un nouvel angle F, ou plusieurs à la fois F, I;
vous aurez une seconde face qui sera FEH ou FEHI.
Continuez ainsi en faisant passer des plans par les côtés
trouvés jusqu'à ce que le solide soit terminé de toutes
parts : ce solide sera le polyedre demandé, car il n'y
en a pas deux qui puissent passer par les mêmes
angles.

PROPOSITION II.

THÉORÈME.

F. 205. *Deux polyedres symmétriques ont les faces homo-*
logues égales chacune à chacune, et l'inclinaison de
deux faces adjacentes dans un polyedre est égale à
l'inclinaison des faces homologues dans l'autre.

Soit ABCDE la base commune aux deux polyedres,
soient M et N deux angles solides quelconques de l'un
des polyedres, M' et N' les angles homologues de l'autre
polyedre; il faudra, suivant la définition, que les
droites M M', N N', soient perpendiculaires au plan
ABC et soient divisées en deux parties égales aux
points m et n où elles rencontrent ce plan. Cela posé,
je dis que la distance MN est égale à M'N'.

Car si on fait tourner le trapeze m M'N'n autour de
mn jusqu'à ce que son plan s'applique sur le plan
mMNn, à cause des angles droits en m et en n, le
côté m M' tombera sur son égal mM, et nN' sur nN;
donc les deux trapezes coincideront, et on aura MN
= M'N'.

Soit P un troisieme angle du polyedre supérieur, et
P' son homologue dans l'autre; on aura de même MP
= M'P' et NP = N'P'; donc *le triangle* MNP, *qui joint*
trois angles quelconques du polyedre supérieur, est
égal au triangle M'N'P' *qui joint les trois angles ho-*
mologues de l'autre polyedre.

Si parmi ces triangles on considere seulement ceux
qui sont formés à la surface des polyedres, on peut
déja conclure que les surfaces des deux polyedres sont
composées d'un même nombre de triangles égaux
chacun à chacun.

Je dis maintenant que si des triangles sont dans un même plan sur une surface et forment une même face polygone, les triangles homologues seront dans un même plan sur l'autre surface et formeront une face polygone égale.

En effet soient MPN, NPQ, deux triangles adjacents qu'on suppose dans un même plan, et soient M'P'N', N'P'Q', leurs homologues. On a l'angle MNP = M'N'P', l'angle PNQ = P'N'Q', et si on joint MQ et M'Q', le triangle MNQ seroit égal à M'N'Q', ainsi on auroit l'angle MNQ = M'N'Q'. Mais, puisque MPNQ est un seul plan, on a l'angle MNQ = MNP + PNQ. Donc on aura aussi M'N'Q' = M'N'P' + P'N'Q'. Or si les trois plans M'N'P', P'N'Q', M'N'Q', n'étoient pas confondus en un seul, ces trois plans formeroient un angle solide, et on auroit* l'angle M'N'Q' < M'N'P' + P'N'Q'. Donc, puisque cette condition n'a pas lieu, les deux triangles M'N'P', P'N'Q', sont dans un même plan.

* 20. 5.

Il suit de là que chaque face soit triangulaire soit polygone d'un polyedre répond à une face égale dans l'autre, et qu'ainsi les deux polyedres sont compris sous un même nombre de plans égaux chacun à chacun.

Il reste à prouver que l'inclinaison de deux faces adjacentes quelconques dans l'un des polyedres est égale à l'inclinaison des deux faces homologues dans l'autre.

Soient MPN, NPQ, deux triangles formés sur l'arête commune NP dans les plans de deux faces adjacentes; soient M'P'N', N'P'Q', leurs homologues; on peut concevoir en N un angle solide formé par les trois angles plans MNQ, MNP, PNQ, et en N' un angle solide formé par les trois M'N'Q', M'N'P', P'N'Q'. Or ces angles plans sont égaux chacun à chacun; donc l'inclinaison des deux plans MNP, PNQ, est égale à celle de leurs homologues M′N′P′, P′N′Q′.

Donc dans les polyedres symmétriques les faces sont égales chacune à chacune, ainsi que les inclinaisons de leurs plans.

Corollaire. Puisque les parties constituantes d'un solide, angles, côtés, inclinaisons de faces, sont égales aux parties constituantes de l'autre, on peut conclure que *deux polyedres symmétriques sont égaux quoiqu'ils ne puissent être superposés.* Car il n'y a d'autre différence dans les deux solides que celle de la position des parties, laquelle n'est point essentielle à la grandeur de ces mêmes parties.

Scholie. On peut remarquer que les angles solides d'un polyedre sont les symmétriques des angles solides de l'autre polyedre : car si l'angle solide N est formé par les plans MNP, PNQ, QNR, etc., son homologue N′ est formé par les plans M′N′P′, P′N′Q′, Q′N′R′, etc.; ceux-ci sont disposés dans le même ordre que les autres. Mais comme les deux angles solides sont dans une situation inverse l'un par rapport à l'autre, il s'ensuit que la disposition réelle des plans qui forment l'angle solide N′ est l'inverse de celle qui a lieu dans l'angle homologue N. D'ailleurs les inclinaisons des plans consécutifs sont égales dans l'un et l'autre angle solide. Donc les angles solides sont symmétriques l'un de l'autre. Voyez le scholie de la prop. XXII, liv. V.

Cette remarque prouve qu'un polyedre quelconque ne peut avoir qu'un polyedre symmétrique. Car si on construisoit sur une autre base un nouveau polyedre symmétrique au polyedre donné, les angles solides de celui-ci seroient toujours symmétriques des angles du polyedre donné. Donc ils seroient égaux à ceux du polyedre symmétrique construit sur la première base. D'ailleurs les faces homologues seroient toujours égales. Donc les polyedres symmétriques construits sur une base ou sur une autre auroient les faces égales et les angles solides égaux ; donc ils coïncideroient par la superposition et ne feroient qu'un seul et même polyedre.

PROPOSITION III.

THÉORÈME.

Deux prismes sont égaux lorsqu'ils ont un angle solide compris entre trois plans égaux chacun à chacun et semblablement placés.

Soit la base ABCDE égale à la base $abcde$, le parallélogramme ABGF égal au parallélogramme $abgf$, et le parallélogramme BCHG égal au parallélogramme $bchg$; je dis que le prisme ABCI sera égal au prisme $abci$.

F. 200.

Car soit posée la base ABCDE sur son égale $abcde$, ces deux bases coïncideront ; mais les trois angles plans qui forment l'angle solide B sont égaux aux trois angles plans qui forment l'angle solide b chacun à chacun, savoir ABC $= abc$, ABG $= abg$ et GBC $= gbc$, de plus ces angles sont semblablement placés ; donc les angles solides B et b sont égaux, et par conséquent le côté BG tombera sur son égal bg. On voit aussi qu'à cause des parallélogrammes égaux ABGF, $abgf$, le côté GF tombera sur son égal gf, et semblablement GH sur gh ; donc la base supérieure FGHIK coïncidera entièrement avec son égale $fghik$, et les deux solides seront confondus en un seul, puisqu'ils auront

* 1. les mêmes angles solides*. Donc deux prismes sont égaux, etc.

Scholie. Un prisme est entièrement déterminé lorsqu'on connoît sa base ABCDE et que l'arête BG est donnée de grandeur et de position. Car si par le point G on mene GF égale et parallele à AB, GH égale et parallele à BC, et que dans le plan FGH parallele à ABC on décrive le polygone FGHIK égal à ABCDE, il est clair que tous les angles du prisme seront déterminés. Donc deux prismes construits avec les mêmes données ne peuvent être inégaux; ce qui confirme la proposition que nous venons de démontrer.

PROPOSITION IV.

THÉORÈME.

F. 206. *Dans tout parallélépipede les plans opposés sont égaux et paralleles.*

Car, suivant la définition de ce solide, les bases ABCD, EFGH, sont des parallélogrammes égaux, et leurs côtés sont paralleles : il reste donc à démontrer que la même chose a lieu pour deux faces latérales opposées telles que AEHD, BFGC. Or AD est égale et parallele à BC, puisque la figure ABCD est un parallélogramme; par une raison semblable AE est égale et parallele à BF. Donc l'angle DAE est égal à l'angle
* 13, 5. CBF*, et le plan DAE parallele à CBF. Donc aussi le parallélogramme DAEH est égal au parallélogramme CBFG. On démontrera de même que les parallélogrammes ABFE, DCGH, sont égaux et paralleles. Donc dans tout parallélépipede, etc.

Corollaire. Puisque le parallélépipede est un solide compris sous six plans dont les opposés sont égaux et paralleles, il s'ensuit qu'une face quelconque et son opposée peuvent être prises pour les bases du parallélépipede.

Scholie. Etant données trois droites AB, AE, AD, non situées dans le même plan et faisant entre elles des angles donnés, on peut sur ces trois droites construire un parallélépipede AG; il faut pour cela mener par l'extrémité de chaque droite un plan parallele au plan des deux autres, savoir par le point B un plan parallele à DAE, par le point D un plan parallele à BAE, et par le point E un plan parallele à BAD. Les rencontres mutuelles de ces plans formeront le parallélépipede demandé AG.

PROPOSITION V.

THÉORÊME.

Dans tout parallélépipede les angles solides opposés sont symmétriques, et les diagonales menées par ces angles se coupent mutuellement en deux parties égales.

Comparons, par exemple, l'angle solide A à son opposé G; l'angle EAB, égal à EFB, est aussi égal à HGC, l'angle DAE = DHE = CGF, et l'angle DAB = DCB = HGF. Donc les trois angles plans qui forment l'angle solide A sont égaux aux trois qui forment l'angle solide G chacun à chacun. Mais comme ils sont disposés différemment dans les deux angles solides, il s'ensuit que ces deux angles A et G sont symmétriques l'un de l'autre*.

En second lieu imaginons deux diagonales quelconques EC, AG, menées par des angles opposés. Puisque AE est égale et parallele à CG, la figure AEGC est un parallélogramme; donc les diagonales

F. 206.

* 22. 5.

EC, AG, se couperont mutuellement en deux parties égales. Mais la diagonale EC et une autre DF se couperont aussi en deux parties égales; donc le milieu d'une diagonale est le milieu des trois autres, et par conséquent les quatre diagonales se couperont en deux parties égales dans un même point qu'on peut regarder comme le centre du parallélépipede.

PROPOSITION VI.

THÉORÈME.

F. 207.

Le plan BDHF qui passe par deux arêtes parallèles opposées BF, DH, divise le parallélépipede AG en deux prismes triangulaires ABDHEF, GHFBCD, symétriques l'un de l'autre.

D'abord ces deux solides sont des prismes, car les triangles ABD, EFH, ont leurs côtés égaux et parallèles; donc ils sont égaux, et en même temps les faces latérales ABFE, ADHE, BDHF, sont des parallélogrammes; donc le solide ABDHEF est un prisme; il en est de même du solide GHFBCD. Je dis maintenant que ces deux prismes sont symétriques.

Sur la base ABD faites le prisme ABDE'F'H' qui soit le symétrique du prisme ABDEFH. Suivant ce

* 2.

qui a été démontré*, le plan ABF'E' est égal à ABFE, et le plan ADH'E' est égal à ADHE : mais si on compare le prisme GHFBCD au prisme ABDH'E'F', la base GHF est égale à ABD, le parallélogramme GHDC qui est égal à ABFE est aussi égal à ABF'E', et le parallélogramme GFBC = ADHE = ADH'E'. Donc les trois plans qui forment l'angle solide G dans le prisme GHFBCD sont égaux aux trois plans qui forment l'angle solide A dans le prisme ABDH'E'F'

chacun

chacun à chacun ; d'ailleurs ils sont disposés semblablement. Donc ces deux prismes sont égaux* et pourroient * 3.
être superposés. Mais l'un d'eux, ABDH'E'F', est le symmétrique du prisme ABDHEF ; donc l'autre, GHFBCD ,
est aussi le symmétrique de ABDHEF.

Corol. Un prisme triangulaire quelconque ABDHEF
est la moitié du parallélépipede construit sur les trois
arêtes AB, AD, AE, qui aboutissent à un même angle A : il seroit aussi la moitié du parallélépipede construit sur trois autres arêtes BA, BD, BF.

PROPOSITION VII.

THÉORÊME.

Si deux parallélépipedes AG, AL, ont une base com- F. 208
mune ABCD, et que leurs bases supérieures EFGH, et 209.
IKLM, soient comprises dans un même plan et entre
les mêmes paralleles EK, HL, ces deux parallélépi-
pedes seront équivalents entre eux.

Il peut arriver trois cas, dont deux sont exprimés par
les figures 208 et 209, et le troisieme auroit lieu si
FG se confondoit avec IM, mais la démonstration est
la même pour tous. Et d'abord je dis que le prisme
triangulaire AEIDHM est égal au prisme triangulaire
BFKCGL.

En effet, puisque AE est parallele à BF et HE à GF,
l'angle AEI = BFK, HEI = GFK, et HEA = GFB.
Les trois angles plans qui forment l'angle solide E sont
donc égaux aux trois angles plans qui forment l'angle
solide F, chacun à chacun, et de plus ils sont disposés
de la même maniere ; donc ces deux angles solides sont
égaux. Maintenant si on pose le prisme AEM sur le
prisme BFL, et d'abord la base AEI sur la base BFK,
ces deux bases étant égales coïncideront, et puisque

M

l'angle solide E est égal à l'angle solide F, le côté EH tombera sur son égal FG. Il n'en faut pas davantage pour prouver que les deux prismes coïncideront dans toute leur étendue; car la base AEI et l'arête EH déterminent le prisme AEM, comme la base BFK et l'arête FG déterminent le prisme BFL*. Donc ces deux prismes sont égaux.

*3.

Mais si du solide AEL on retranche le prisme AEM, il restera le parallélépipede AIL; et si du même solide AEL on retranche le prisme BFL, il restera le parallélépipede AEG. Donc les deux parallélépipedes AIL, AEG, sont équivalents entre eux.

PROPOSITION VIII.

THÉORÈME.

F. 210.

Deux parallélépipedes de même base et de même hauteur sont équivalents entre eux.

Soit ABCD la base commune aux deux parallélépipedes AG, AL; puisqu'ils ont même hauteur, leurs bases supérieures EFGH, IKLM, seront sur le même plan. De plus les côtés EF et AB sont égaux et parallèles, il en est de même de IK et AB; donc EF est égal et parallèle à IK; par une raison semblable, GF est égale et parallèle à LK. Soient prolongés les côtés EF, HG, ainsi que LK, IM, jusqu'à ce que les uns et les autres forment par leurs intersections le parallélogramme NOPQ; il est clair que ce parallélogramme sera égal à chacune des bases EFGH, IKLM. Or si on imagine un troisieme parallélépipede qui avec la même base inférieure ABCD ait pour base supérieure NOPQ; ce troisieme parallélépipede seroit équivalent au parallélépipede AG*, puisqu'ayant même base inférieure, les bases supérieures sont comprises

*7.

entre les paralleles HP, EO. Par la même raison ce troisieme parallélépipede seroit équivalent au parallélé-pipede AL. Donc les deux parallélépipedes AG, AL, qui ont même base et même hauteur, sont équivalents entre eux.

PROPOSITION IX.

THÉORÊME.

Tout parallélépipede peut être changé en un paral-lélépipede rectangle équivalent qui aura même hau-teur et une base équivalente.

F. 210 et 211.

Soit AG le parallélépipede proposé ; des points A, B, C, D, menez AI, BK, CL, DM, perpendiculaires au plan de la base ; vous formerez ainsi le parallélé-pipede AL équivalent au parallélépipede AG, et dont les faces latérales AK, BL, etc. seront des rectangles. Si donc la base ABCD est un rectangle, AL fera le parallélépipede rectangle équivalent au parallélépipede proposé AG. Mais si ABCD n'est pas un rectangle,

F. 211.

menez AO et BN perpendiculaires sur CD, ensuite OQ NP perpendiculaires sur la base, vous aurez le solide BNOIKPQ qui sera un parallélépipede rectangle. En effet, par construction, la base ABON et son op-posée IKPQ sont des rectangles ; les faces latérales en ont aussi, puisque les arêtes AI, OQ, etc. sont per-pendiculaires au plan de la base : donc le solide AP est un parallélépipede rectangle. Mais les deux paral-lélépipedes AP, AL, peuvent être censés avoir même

F. 210.

base ABKI et même hauteur AO : donc ils sont équi-valents ; donc le parallélépipede AG, qu'on avoit d'a-bord changé en un parallélépipede équivalent AL, se trouve de nouveau changé en un parallélépipede rec-tangle équivalent AP, qui a la même hauteur AI, et dont la base ABNO est équivalente à la base ABCD.

M 2

PROPOSITION X.

LEMME.

F. 200.

Toute section NOPQR, *faite dans un prisme parallèlement à la base* ABCDE, *est égale à cette base.*

Car les parallèles AN, BO, CP, etc. comprises entre les plans parallèles ABC, NOP, sont égales; et ainsi toutes les figures ABON, BCPO, etc. sont des parallélogrammes. De là il suit que le côté ON est égal à AB, OP à BC, QP à CD, etc. De plus les côtés égaux sont parallèles; donc l'angle ABC = NOP, l'angle BCD = OPQ, etc. Donc les deux polygones ABCDE, NOPQR, ont les côtés égaux et les angles égaux chacun à chacun; donc ils sont égaux.

PROPOSITION XI.

THÉORÈME.

F. 212.

Deux parallélépipedes rectangles AG, AL, *qui ont la même base* ABCD, *sont entre eux comme leurs hauteurs* AE, AI.

Supposons d'abord que les hauteurs AE, AI, soient entre elles comme deux nombres entiers, par exemple comme 15 est à 8. On divisera AE en 15 parties égales dont AI contiendra 8; et par les points de division x, y, z, etc. on menera des plans parallèles à la base. Ces plans partageront le solide AG en 15 parallélépipedes partiels qui seront tous égaux entre eux, car ils auront des bases égales et des hauteurs égales; des bases égales parceque toute section, comme MIKL, faite dans un prisme parallèlement à sa base ABCD, est égale à cette base; des hauteurs égales, parceque ces hauteurs sont les divisions mêmes Ax, xy, yz, etc. Or de ces parallélépipedes, 8 sont contenus dans AL; donc le solide

lide AG est au solide AL comme 15 est à 8, ou en général comme la hauteur AE est à la hauteur AI.

En second lieu si le rapport de AE à AI ne peut s'exprimer en nombres, je dis, qu'on n'en aura pas moins *solid.* AG : *solid.* AL :: AE : AI. Car si cette proportion n'a pas lieu, supposons qu'on ait *sol.* AG : *sol.* AL :: AE : AO. Divisez AE en parties égales dont chacune soit plus petite que OI, il y aura au moins un point de division *m* entre O et I. Soit P le parallélépipede qui a pour base ABCD et pour hauteur A*m*; puisque les hauteurs AE, A*m*, sont entre elles comme deux nombres entiers, on aura *sol.* AG : P :: AE : A*m*. Mais on a par hypothese *sol.* AG : *sol.* AL :: AE : AO; de là résulte *sol.* AL : P :: AO : A*m*. Mais AO est plus grand que A*m*; donc il faudroit pour que la proportion eût lieu, que le solide AL fût plus grand que P; or au contraire il est plus petit : donc il et impossible que le quatrieme terme de la proportion *sol.* AG : *sol.* AL :: AE : *x*, soit une ligne AO plus grande que AI. Par un raisonnement semblable on démontreroit que le quatrieme terme ne peut être plus petit que AI; donc il est égal à AI. Donc les parallélépipedes rectangles de même base sont entre eux comme leurs hauteurs.

PROPOSITION XII.

THÉORÈME.

Deux parallélépipedes rectangles AG, AK, *qui ont* F. 215. *même hauteur* AE, *sont entre eux comme leurs bases* ABCD, AMNO.

Ayant placé les deux solides l'un à côté de l'autre, comme la figure les représente, prolongez le plan ONKL jusqu'à ce qu'il rencontre le plan DCGH suivant PQ,

M 3

vous. aurez un troisieme parallélépipede AQ, qu'on pourra comparer à chacun des parallélépipedes AG, AK. Les deux solides AG, AQ, ayant même base AEHD, sont entre eux comme leurs hauteurs AB, AO; pareillement les deux solides AQ, AK, ayant même base AOLE, sont entre eux comme leurs hauteurs AD, AM. Ainsi on aura les deux proportions

sol. AG,: *sol.* AQ:: AB: AO,

sol. AQ: *sol.* AK :: AD: AM.

Multipliant ces deux proportions par ordre, et omettant, dans le résultat, le multiplicateur commun *sol.* AQ, on aura

sol. AG: *sol.* AK :: AB × AD: AO × AM.

Mais AB × AD représente la base ABCD, et AO × AM représente la base AMNO. Donc deux parallélépipedes rectangles de même hauteur sont entre eux comme leurs bases.

PROPOSITION XIII.

THÉORÈME.

F. 213. *Deux parallélépipedes rectangles quelconques sont entre eux comme les produits de leurs bases par leurs hauteurs, ou comme les produits de leurs trois dimensions.*

Car ayant placé les deux solides AG, AZ, de maniere qu'ils aient un angle commun BAE, prolongez les plans nécessaires pour former le troisieme parallélépipede AK de même hauteur avec le parallélépipede AG. On aura par la proposition précédente

sol. AG: *sol.* AK :: ABCD: AMNO.

Mais les deux parallélépipedes AK, AZ, qui ont même base AMNO, sont entre eux comme leurs hauteurs AE, AX; ainsi on a

sol. AK: *sol.* AZ :: AE: AX.

Multipliant ces deux proportions par ordre, et omettant dans le résultat le multiplicateur commun *sol.* AK, on aura

sol. AG : *sol.* AZ :: ABCD $\times$ AE : AMNO $\times$ AX.

A la place de ABCD et AMNO on peut mettre AB $\times$ AD et AO $\times$ AM, ce qui donnera

sol. AG : *sol.* AZ :: AB $\times$ AD $\times$ AE : AO $\times$ AM $\times$ AX.

Donc deux parallélépipèdes rectangles quelconques sont entre eux, etc.

Scholie. De là il suit qu'on peut prendre pour mesure d'un parallélépipède rectangle le produit de sa base par sa hauteur, ou le produit de ses trois dimensions. C'est sur ce principe que nous évaluerons tous les autres solides.

Pour l'intelligence de cette mesure il faut se rappeler qu'on entend par produit de deux ou de plusieurs lignes le produit des nombres qui représentent ces lignes, et ces nombres dépendent de l'unité linéaire qu'on peut prendre à volonté. Cela posé, le produit des trois dimensions d'un parallélépipède est un nombre qui ne signifie rien en lui-même, et qui seroit différent si on avoit pris une autre unité linéaire. Mais si on multiplie de même les trois dimensions d'un autre parallélépipède en les évaluant d'après la même unité linéaire, les deux produits seront entre eux comme les solides et donneront l'idée de leur grandeur relative.

La grandeur d'un solide, son volume ou son étendue, s'appellent autrement sa *solidité*, et le mot de *solidité* est employé particulièrement pour désigner la mesure d'un solide. Ainsi on dit que la solidité d'un parallélépipède rectangle est égale au produit de sa base par sa hauteur ou au produit de ses trois dimensions.

Les trois dimensions du cube étant égales entre elles,

si le côté est 1, la solidité sera 1×1×1, ou 1; si le côté est 2, la solidité sera 2×2×2, ou 8; si le côté est 3, la solidité sera 3×3×3, ou 27, et ainsi de suite; ainsi les côtés des cubes étant comme les nombres 1, 2, 3, etc., les cubes eux-mêmes ou leurs solidités sont comme les nombres 1, 8, 27, etc. De là vient qu'on appelle en arithmétique *cube* d'un nombre le produit qui résulte de trois facteurs égaux à ce nombre.

Si on proposoit de faire un cube double d'un cube donné, il faudroit que le côté du cube cherché fût au côté du cube donné comme la racine cube de 2 est à l'unité. Or on trouve facilement par une construction géométrique la racine quarrée de 2, mais on ne peut pas trouver de même sa racine cube, du moins par les opérations de la géométrie élémentaire, lesquelles consistent à n'employer que des lignes droites dont on connoît deux points, et des cercles dont les centres et les rayons sont déterminés.

A raison de cette difficulté le problème de la *duplication du cube* a été célèbre parmi les anciens géometres, comme celui de la *trisection de l'angle* qui est à-peu-près du même ordre.

PROPOSITION XIV.
THÉORÈME.

La solidité d'un parallélépipede et en général la solidité d'un prisme quelconque est égale au produit de sa base par sa hauteur.

Car 1°. un parallélépipede quelconque est équivalent à un parallélépipede rectangle de même hauteur et de base équivalente*. Or la solidité de celui-ci est égale à sa base multipliée par sa hauteur; donc la solidité du premier est pareillement égale au produit de sa base par sa hauteur.

2°. Tout prisme triangulaire est la moitié d'un parallélépipede de même hauteur et de base double*. * 6.
Or la solidité de celui-ci est égale à la base multipliée
par sa hauteur; donc celle du prisme triangulaire est
égale au produit de sa base, moitié de celle du parallélépipede, multipliée par sa hauteur.

3°. Un prisme quelconque peut être partagé en autant de prismes triangulaires de même hauteur qu'on
peut former de triangles dans le polygone qui lui sert
de base. Mais la solidité de chaque prisme triangulaire
est égale à sa base multipliée par sa hauteur; et puisque la hauteur est la même pour tous, il s'ensuit que
la somme de tous les prismes partiels sera égale à la
somme de tous les triangles qui leur servent de bases,
multipliée par la hauteur commune. Donc la solidité
d'un prisme polygonal quelconque est égale au produit
de sa base par sa hauteur.

Corollaire. Si on compare deux prismes qui ont même
hauteur, les produits des bases par les hauteurs seront
comme les bases. Donc *deux prismes de même hauteur sont entre eux comme leurs bases;* par une raison
semblable *deux prismes de même base sont entre eux
comme leurs hauteurs.*

P R O P O S I T I O N   X V.

L E M M E.

Si une pyramide SABCDE *est coupée par un plan* F. 214.
abe *parallele à la base,*

1°. *Les côtés* SA, SB, SC, *etc. et la hauteur* SO,
seront coupés proportionnellement en a, b, c, *etc. etc.;*

2°. *La section* abcde *sera un polygone semblable à
la base* ABCDE.

Car 1°. les plans ABE, *abe*, étant paralleles, leurs

intersections A B, ab, par un troisieme plan S A B, seront paralleles*; donc les triangles S A B, S ab, sont semblables, et on a la proportion S A : S a :: S B : S b; on
auroit de même S B : S b :: S C : S c, et ainsi de suite.
Donc tous les côtés S A, S B, S C, etc. sont coupés proportionnellement en a, b, c, etc. La hauteur S O est
coupée dans la même proportion au point o; car B O
et bo sont parallèles, et ainsi on a S O : S o :: S B : S b.

2°. Puisque ab est parallèle à A B, bc à B C, cd à
C D, etc., l'angle $abc =$ A B C, l'angle $bcd =$ B C D,
et ainsi de suite. De plus, à cause des triangles semblables S A B, S ab, on a A B : ab :: S B : S b; et à cause
des triangles semblables S B C, S bc, on a S B : S b ::
B C : bc; donc A B : ab :: B C : bc; on auroit de même
B C : bc :: C D : cd, et ainsi de suite. Donc les polygones $abcde$, A B C D E, ont les angles égaux et les
côtés homologues proportionnels; donc ils sont semblables.

Corollaire. Soient S A B C D E, S X Y Z, deux pyramides dont le sommet est commun et dont les bases sont
sur un même plan, de sorte qu'elles ont la même hauteur : si on les coupe par un même plan parallele au
plan des bases, soit $abcde$ la section faite dans une pyramide, xyz la section faite dans l'autre; je dis que
*les sections $abcde$, xyz, seront entre elles comme les
bases* A B C D E, X Y Z.

Car les polygones A B C D E, $abcde$, étant semblables, leurs surfaces sont comme les quarrés des côtés
homologues A B, ab : mais A B : ab :: S A : S a; donc
A B C D E : $abcde$ :: $\overline{SA}^2$: $\overline{Sa}^2$. Par la même raison X Y Z :
xyz :: $\overline{SX}^2$: $\overline{Sx}^2$. Mais puisque $abcxyz$ n'est qu'un
même plan, on a aussi S A : S a :: S X : S x; donc A B C D E

: $abcde$ :: XYZ : xyz. Donc les sections $abcde$, xyz, sont entre elles comme les bases ABCDE , XYZ.

PROPOSITION XVI.

L E M M E.

Soit SABC *une pyramide triangulaire dont* S *est le* F. 215. *sommet et* ABC *la base; ayant pris à volonté* SP < SA, *déterminez successivement* SQ, SR, SV, *etc. de manière qu'on ait la progression géométrique* SA : SP :: SP : SQ :: SQ : SR :: SR : SV, *et ainsi à l'infini : par le point* P *faites passer le plan* PED *parallele à la base, et enfin menez* BG, CF, IE, HD, *paralleles à* AP, *vous aurez deux prismes triangulaires,* ABCFPG, AHIEPD, *l'un plus grand, l'autre plus petit que la portion de pyramide* ABCEPD *qui répond à la division* AP : *supposons qu'il soit formé de semblables prismes à chacune des autres divisions* PQ, QR, RV, *etc. : cela posé,*

1°. *Chaque prisme,* ABCFPG, *qu'on peut appeler* prisme excédent, *est au prisme* AHIEPD, *qu'on peut appeler* prisme déficient, *comme le quarré de* SA *est au quarré de* SP.

2°. *La somme de tous les prismes excédents est à la somme de tous les prismes déficients pareillement* :: $\overline{SA}$: $\overline{SP}$.

En effet, 1°. les deux prismes excédent et déficient ont même hauteur, ils sont donc entre eux comme leurs bases ABC, AHI. Ces bases étant des triangles semblables, on a ABC : AHI :: $\overline{AB}$: $\overline{AH}$ ou $\overline{PD}$; mais PD étant parallele à AB, on a AB : PD :: SA : SP, ou $\overline{AB}$: $\overline{PD}$ :: $\overline{SA}$: $\overline{SP}$. Donc le prisme excédent PABC est au prisme déficient PAHI comme $\overline{SA}^2$ est à $\overline{SP}^2$.

2°. On démontrera de même que les prismes excédent

et déficient qui répondent à la division PQ, sont entre eux comme $\overline{SP}$ est à $\overline{SQ}$. Mais par hypothese SA : SP :: SP : SQ, ou $\overline{SP}$: $\overline{SQ}$ :: $\overline{SA}$: $\overline{SP}$: donc les prismes excédent et déficient qui répondent à la division PQ, sont entre eux comme $\overline{SA}$ est à $\overline{SP}$. Ce même rapport subsistera dans toutes les divisions; ainsi on aura une suite de rapports égaux dans lesquels les prismes excédents seront antécédents, et les prismes déficients seront conséquents. D'où il suit que la somme de tous les prismes excédents est à la somme de tous les prismes déficients comme un antécédent est à son conséquent, ou comme le quarré de SA est au quarré de SP.

Corollaire. Si on considere une autre pyramide SXYZ qui ait le même sommet et la même hauteur, en sorte que les bases ABC, XYZ, soient dans un même plan, cette seconde pyramide étant divisée comme la premiere par les mêmes plans qui passent aux points P, Q, R, etc., et les prismes excédents et déficients étant formés de même à chaque division; je dis que *la somme des prismes excédents ou déficients dans une pyramide sera à la somme des prismes de même nom dans l'autre, comme la base de la premiere est à la base de la seconde.*

Car à même hauteur deux prismes sont entre eux comme leurs bases : or deux sections faites par le même plan dans les deux pyramides sont entre elles comme leurs bases*. Donc chaque prisme excédent ou déficient dans une pyramide est à son correspondant de même nom dans l'autre, comme la base de la premiere est à la base de la seconde. Donc la somme des prismes excédents ou déficients dans l'une est à la somme des prismes de même nom dans l'autre comme la base de la premiere est à la base de la seconde.

*15.

PROPOSITION XVII.

THÉORÈME.

Deux pyramides triangulaires de même hauteur, SABC, SXYZ, *sont entre elles comme leurs bases* ABC, XYZ.

F. 215.

Si on nie cette proposition, la pyramide SABC sera à la pyramide SXYZ comme la base ABC est à une surface K plus grande ou plus petite que XYZ. Supposons d'abord K > XYZ, et sur le côté SA prenons le point P de manière qu'on ait

$$K : XYZ :: \overline{SA}^2 : \overline{SP}^2.$$

Divisons le côté SA aux points Q, R, etc., de sorte qu'on ait la progression SA : SP :: SP : SQ :: SQ : SR, etc. à l'infini. Par les points P, Q, R, etc. menons des plans parallèles à la base et formons comme il a été dit ci-dessus des prismes excédents et déficients à l'infini dans les deux pyramides.

Soit D la somme des prismes déficients et E la somme des prismes excédents dans la pyramide SABC; soient *d* et *e* les sommes semblables dans l'autre pyramide. Cela posé, on aura, en vertu de ce qui précède, les quatre proportions, savoir,

Par hypothèse . SABC : SXYZ :: ABC : K.

Par construction . . K : XYZ :: $\overline{SA}^2$: $\overline{SP}^2$.

Par le lemme préc. . E : D :: $\overline{SA}^2$: $\overline{SP}^2$.

Par son corollaire . . E : *e* :: ABC : XYZ.

La seconde et le troisième donnent E : D :: K : XYZ; celle-ci ayant les mêmes extrêmes que la quatrième, les moyens donneront D : *e* :: ABC : K. Enfin, comparant ce résultat à la première, on aura

SABC : SXYZ :: D : *e*.

Or D est plus petit que SABC, et au contraire *e* plus

grand que SXYZ; donc cette proportion ne peut avoir lieu. Donc il est impossible que la pyramide SABC soit à la pyramide SXYZ comme la base ABC est à un quatrieme terme K plus grand que XYZ.

Supposons en second lieu K < XYZ, alors on auroit la proportion : SXYZ est à SABC comme une surface plus petite que XYZ est à ABC, ou comme XYZ est à une surface plus grande que ABC. Mais il est clair que le même raisonnement employé dans la premiere supposition s'appliqueroit à celle-ci en changeant seulement les pyramides l'une dans l'autre; et en effet du premier raisonnement on pouvoit conclure en général qu'une pyramide ne peut être à une pyramide de même hauteur comme la base de la premiere est à une quantité plus grande que la base de la seconde. De là il suit que cette seconde supposition est aussi absurde que la premiere, et qu'ainsi le quatrieme terme de la proportion dont il s'agit ne peut être ni plus grand ni plus petit que XYZ. Donc il est égal à XYZ. Donc SABC : SXYZ :: ABC : XYZ.

Corollaire. Deux pyramides triangulaires de même hauteur et de bases égales en surface sont équivalentes.

PROPOSITION XVIII.

THÉORÈME.

F. 216

Toute pyramide triangulaire est le tiers du prisme triangulaire de même base et de même hauteur.

Soit SABC une pyramide triangulaire, ABCDES le prisme triangulaire de même base et de même hauteur; je dis que la pyramide sera le tiers du prisme.

Retranchez du prisme la pyramide SABC, il restera le solide SACDE, qu'on peut considérer comme une pyramide quadrangulaire dont le sommet est S et qui

pour base le parallélogramme ACDE; tirez la diagonale CE et conduisez le plan SCE qui partagera la
pyramide quadrangulaire en deux pyramides triangulaires SACE, SCDE. Ces deux pyramides ont pour
hauteur commune la perpendiculaire abaissée de S sur le
plan ACDE; elles ont des bases égales, puisque les
triangles ACE, DCE, sont moitiés du même parallélogramme; donc les deux pyramides SACE, SCDE,
sont équivalentes entre elles*. Mais la pyramide SCDE * 17.
et la pyramide SABC ont des bases égales ABC, DSE;
elles ont aussi même hauteur, car cette hauteur est
la distance des plans parallèles ABC, DSE; donc les
deux pyramides SACE, SCDE, sont équivalentes ou
égales en solidité. Mais on a démontré que la pyramide
SACE est équivalente à SCDE; donc les trois pyramides SABC, SCDE, SACE, qui composent le prisme
ABD, sont équivalentes entre elles. Donc chacune de
ces pyramides, et nommément la pyramide SABC, est
le tiers du prisme de même base et de même hauteur.

Corollaire. Donc la solidité d'une pyramide triangulaire est égale au tiers du produit de sa base par sa
hauteur.

PROPOSITION XIX.

THÉORÈME.

Toute pyramide SABCDE *a pour mesure le tiers* F. 214.
du produit de sa base ABCDE *par sa hauteur* AO.

Car en faisant passer les plans SEB, SEC, par les
diagonales EB, EC, on divisera la pyramide polygonale SABCDE en plusieurs pyramides triangulaires
qui auront toutes la même hauteur SO. Mais par le
théorème précédent chacune de ces pyramides se mesure en multipliant chacune des bases ABE, BCE,

CDE, par le tiers de la hauteur SO; donc la somme des pyramides triangulaires ou la pyramide polygonale SABCDE, aura pour mesure la somme des triangles ABE, BCE, CDE, ou le polygone ABCDE, multiplié par ⅓ SO. Donc toute pyramide a pour mesure le tiers du produit de sa base par sa hauteur; ou, ce qui revient au même, toute pyramide est le tiers du prisme de même base et de même hauteur.

Corollaire. De là il suit que deux pyramides de même hauteur sont entre elles comme leurs bases, et que deux pyramides de même base sont entre elles comme leurs hauteurs.

Scholie. On peut évaluer la solidité de tout corps polyedre en le décomposant en pyramides, et cette décomposition peut se faire de plusieurs manieres. Une des plus simples est de faire partir les plans de division d'un même angle solide; alors on aura autant de pyramides partielles qu'il y a de faces dans le polyedre, excepté celles qui forment l'angle solide d'où partent les plans de division.

PROPOSITION XX.

THÉORÈME.

F. 217.

Si une pyramide est coupée par un plan parallele à sa base, le tronc qui reste en ôtant la petite pyramide est égal à la somme de trois pyramides qui auroient pour hauteur commune la hauteur du tronc, et dont les bases seroient la base inférieure du tronc, sa base supérieure, et une moyenne proportionnelle entre ces deux bases.

Soit SABCDE une pyramide coupée par le plan abd parallele à la base; soit TFGH une pyramide triangulaire dont la base et la hauteur soient égales ou équivalentes

équivalentes à celles de la pyramide SABCDE. On peut supposer les deux bases situées sur un même plan ; et alors le plan abd, prolongé, déterminera dans la pyramide triangulaire une section fgh, située à la même hauteur au-dessus du plan commun des bases. Or la section fgh est à la section abd comme la base FGH est à la base ABD★ ; et puisque les bases sont équivalentes, les sections le seront aussi. De là il suit que les pyramides S$abcde$, Tfgh, sont équivalentes, puisqu'elles ont même hauteur et des bases équivalentes. Les pyramides entieres SABCDE, TFGH, sont équivalentes par la même raison ; donc les troncs ABDdab, FGHhfg, sont équivalents, et par conséquent il suffira de démontrer la proposition énoncée pour le seul cas du tronc de pyramide triangulaire.

★ 154

Soit donc FGHhfg un tronc de pyramide triangulaire à bases parallèles : par les trois points F, g, H, conduisez le plan FgH, qui retranchera du tronc la pyramide triangulaire gFGH ; cette pyramide a pour base la base inférieure FGH du tronc ; elle a pour hauteur la hauteur du tronc, puisque le sommet g est dans le plan de la base supérieure fgh.

F. 218.

Après avoir retranché cette pyramide, il restera la pyramide quadrangulaire gfhHF, dont le sommet est g et la base fhHF. Par les trois points f, g, H, conduisez le plan fgH, qui partagera la pyramide quadrangulaire en deux triangulaires gFfH, gfhH. Cette derniere a pour base la base supérieure gfh du tronc, et pour hauteur la hauteur du tronc. Ainsi nous avons déja deux des trois pyramides qui doivent composer le tronc.

Il reste à considérer la troisieme gFfH : or si on mene gK parallèle à fF, et qu'on imagine une nouvelle pyramide fFHK, dont le sommet est K et la base FfH,

N

ces deux pyramides auront même base FfH ; elles auront aussi même hauteur, puisque les sommets g et K sont situés sur une ligne gK parallele au plan de la base ; donc ces pyramides sont équivalentes : mais la pyramide fFKH peut être considérée comme ayant son sommet en f, et ainsi elle aura même hauteur que le tronc. Quant à sa base FKH, je dis qu'elle est moyenne proportionnelle entre les bases FGH, fgh. En effet les triangles FHK, fgh, ont un angle égal * 24. 3. F$=f$, et un côté égal FK$=fg$; on a donc * FHK : fgh :: FH : fh. On a aussi FHG : FHK :: FG : FK ou fg. Mais les triangles semblables FGH, fgh, donnent FG : fg :: FH : fh ; donc FGH : FHK :: FHK : fgh ; c'est-à-dire que la base FHK est moyenne proportionnelle entre les deux bases FGH, fgh. Donc un tronc de pyramide triangulaire, à bases parallèles, équivaut à trois pyramides qui ont pour hauteur commune la hauteur du tronc, et dont les bases sont la base inférieure du tronc, sa base supérieure, et une moyenne proportionnelle entre ces deux bases.

PROPOSITION XXI.

THÉORÈME.

203. *Deux pyramides triangulaires semblables ont les faces homologues semblables et les angles solides homologues égaux.*

Suivant la définition, les deux pyramides triangulaires SABC, TDEF, sont semblables, si les deux triangles SAB, ABC, sont semblables aux deux TDE, DEF, et semblablement placés, c'est-à-dire si l'on a l'angle ABS$=$DET, BAS$=$EDT, ABC$=$DEF, BAC$=$EDF, et si en outre l'inclinaison des plans SAB, ABC, est égale à celle des plans TDE, DEF.

Cela posé, je dis que ces pyramides ont toutes les faces semblables chacune à chacune, et les angles solides homologues égaux.

Prenez $BG = ED$, $BH = EF$, $BI = ET$, et joignez GH, GI, IH. La pyramide TDEF est égale à la pyramide IGBH; car ayant pris les côtés GB, BH, égaux aux côtés DE, EF, et l'angle GBH étant par hypothese égal à l'angle DEF, le triangle GBH est égal à DEF. Donc, pour opérer la superposition des deux pyramides, on peut d'abord placer la base DEF sur son égale GBH; ensuite, puisque le plan DTE est incliné sur DEF autant que le plan SAB sur ABC, il est clair que le plan DET tombera indéfiniment sur le plan BAS. Mais par hypothese l'angle DET = GBI; donc ET tombera sur son égale BI. Et puisque les quatre angles D, E, F, T, coïncident avec les quatre G, B, H, I, il s'ensuit* que la pyramide TDEF coïncide avec la pyramide IGBH.   * 1.

Or, à cause des triangles égaux DEF, GBH, on a l'angle BGH = EDF = BAC; donc GH est parallele à AC. Par une raison semblable GI est parallele à AS; donc le plan IGH est parallele à SAC*. De là il suit que le   * 13. 5. triangle IGH, ou son égal TDF, est semblable à SAC, et que le triangle IBH, ou son égal TEF, est semblable à SBC; donc les deux pyramides triangulaires semblables SABC, TDEF, ont les quatre faces semblables chacune à chacune.

De plus elles ont les angles solides homologues égaux.

Car on a déja placé l'angle solide E sur son homologue B, et on pourroit faire de même pour deux autres angles solides homologues: mais on voit immédiatement que deux angles solides homologues sont

N 2

égaux , par exemple , les angles T et S, parcequ'ils sont formés par trois angles plans égaux chacun à chacun , et semblablement placés.

Donc deux pyramides triangulaires semblables ont les faces homologues semblables et les angles solides homologues égaux.

Corollaire I. Les triangles semblables dans les deux pyramides fournissent les proportions AB:DE::BC: EF::AC:DF::AS:DT::SB:TE::SC:TF; donc, *dans les pyramides triangulaires semblables, les côtés homologues sont proportionnels.*

Corollaire II. Et puisque les angles solides homologues sont égaux, il s'ensuit que *l'inclinaison de deux faces quelconques d'une pyramide est égale à l'inclinaison des faces homologues de la pyramide semblable.*

Corollaire III. Si on coupe la pyramide triangulaire SABC par un plan GIH parallele à l'une des faces SAC, la pyramide partielle BGIH sera semblable à la pyramide entiere BASC. Car les triangles BGI, BGH, sont semblables aux triangles BAS, BAC, chacun à chacun, et semblablement placés ; l'inclinaison de leurs plans est la même de part et d'autre ; donc les deux pyramides sont semblables.

F. 214. *Corollaire IV.* En général *si on coupe une pyramide quelconque SABCDE par un plan abcde parallele à la base, la pyramide partielle Sabcde, sera semblable à la pyramide entiere SABCDE.* Car les bases ABCDE, abcde, sont semblables, et en joignant AC, ac, on vient de prouver que la pyramide triangulaire SABC est semblable à la pyramide Sabc; donc le point S est déterminé par rapport à la base ABC comme le point S par rapport à la base abc (voyez la

définition 18); donc les deux pyramides SABCDE,
S*abcde*, sont semblables.

Scholie. Au lieu des cinq données requises par la
définition pour que deux pyramides triangulaires
soient semblables, on pourroit en substituer cinq
autres, suivant différentes combinaisons, et il en
résulteroit autant de théorèmes parmi lesquels on
peut distinguer celui-ci : *Deux pyramides triangulaires sont semblables lorsqu'elles ont les côtés homologues proportionnels.*

Car si on a les proportions AB:DE::BC:EF::
AC:DF::AS:DT::SB:TE::SC:TF, ce qui
renferme cinq conditions, les triangles ABS, ABC,
seront semblables aux triangles DET, DEF, et
semblablement placés. On aura aussi le triangle SBC
semblable à TEF; donc les trois angles plans qui
forment l'angle solide B seront égaux aux angles plans
qui forment l'angle solide E, chacun à chacun; d'où il
suit que l'inclinaison des plans SAB, ABC, est égale
à celle de leurs homologues TDE, DEF, et qu'ainsi
les deux pyramides sont semblables.

F. 205.

PROPOSITION XXII.
THÉORÈME.

Deux polyedres semblables ont les faces homologues
semblables, et les angles solides homologues égaux.

F. 219.

Soit ABCDE la base d'un polyedre; soient M et N
deux angles solides, hors du plan de cette base, déterminés par les pyramides triangulaires MABC, NABC,
dont la base commune est ABC; soient, dans l'autre polyedre, *abcde* la base homologue ou semblable à ABCDE,
m et *n* les angles solides homologues à M et N, déterminés par les pyramides *mabc, nabc*, semblables

N 3

aux pyramides MABC, NABC; je dis d'abord que les distances MN, mn, sont proportionnelles aux côtés homologues AB, ab.

En effet les pyramides MABC, $mabc$, étant semblables, l'inclinaison des plans MAC, BAC, est égale à celle des plans mac, bac; pareillement les pyramides NABC, $nabc$, étant semblables, l'inclinaison des plans NAC, BAC, est égale à celle des plans nac, bac. Donc, si on retranche les premieres inclinaisons des dernieres, il restera l'inclinaison des plans NAC, MAC, égale à celle des plans nac, mac. Mais à cause de la similitude des mêmes pyramides, le triangle MAC est semblable à mac, et le triangle NAC est semblable à nac. Donc les deux pyramides triangulaires MNAC, $mnac$, ont deux faces semblables chacune à chacune, semblablement placées et également inclinées entre elles. Donc ces pyramides sont semblables; donc leurs côtés homologues sont proportionnels, et on a MN : mn :: AM : am. D'ailleurs AM : am :: AB : ab; donc MN : mn :: AB : ab.

Soient P et p de nouveaux angles homologues des polyedres, et on aura semblablement PN : pn :: AB : ab, PM : pm :: AB : ab. Donc MN : mn :: PN : pn :: PM : pm. Donc le triangle PNM qui joint trois angles solides quelconques d'un polyedre, est semblable au triangle pnm qui joint les trois angles homologues de l'autre polyedre.

Soient encore Q et q des angles solides homologues, et le triangle PQN sera semblable à pqn. Je dis de plus que l'inclinaison des plans PQN, PMN, est égale à celle des plans pqn, pmn.

Car si on joint QM et qm, on aura toujours le triangle QNM semblable à qnm, et par conséquent l'angle QNM égal à qnm. Concevez en N un angle solide formé par les trois angles plans QNM, QNP, PNM, et en n un angle solide formé par les trois angles plans qnm, qnp, pnm : puisque ces angles plans sont égaux chacun à chacun, il s'ensuit que les angles solides sont égaux. Donc l'inclinaison des deux plans PNQ, PMN, est égale à celle de leurs homologues pnq, pnm. Donc, si les deux triangles PNQ, PNM, étoient dans un même plan, auquel cas on auroit l'angle QNM $=$ QNP $+$ PNM, on auroit aussi l'angle $qnm =$ $qnp+pnm$, et les deux triangles qnp, pnm, seroient aussi dans un même plan.

Tout ce qui vient d'être démontré a lieu quels que soient les angles M, N, P, Q, comparés à leurs homologues m, n, p, q.

Supposons maintenant que la surface de l'un des polyedres soit partagée en triangles ABC, ACD, MNP, NPQ, etc., on voit que la surface de l'autre polyedre contiendra un pareil nombre de triangles abc, acd, mnp, npq, etc. semblables et semblablement placés. Et si plusieurs triangles, comme MPN, NPQ, etc. appartiennent à une même face et sont dans un même plan, leurs homologues mpn, npq, etc., seront pareillement dans un même plan. Donc toute face polygone dans un polyedre répondra à une face polygone semblable dans l'autre polyedre. Donc les deux polyedres seront compris sous un même nombre de plans semblables et semblablement placés. Je dis de plus que les angles solides homologues seront égaux.

Car si l'angle solide N, par exemple, est formé par les angles plans QNP, PNM, MNR, QNR, l'angle solide homologue n sera formé par les angles plans qnp, pnm, mnr, qnr. Or ces angles plans sont égaux chacun à chacun, et l'inclinaison de deux plans adja-

N 4

cents est égale à celle de leurs homologues. Donc les
deux angles solides sont égaux, comme pouvant être
superposés.

Donc enfin deux polyedres semblables ont les faces
homologues semblables et les angles solides homologues égaux.

Corollaire. Il suit de la démonstration précédente
que si avec quatre angles solides d'un polyedre on
forme une pyramide triangulaire, et aussi une pyramide avec les quatre angles homologues d'un polyedre
semblable, ces deux pyramides seront semblables ; car
elles auront les côtés homologues proportionnels.

On voit en même temps que deux diagonales homologues, par exemple, AN, *an*, sont entre elles comme
deux côtés homologues AB, *ab*.

PROPOSITION XXIII.

THÉORÈME.

*Deux polyedres semblables peuvent se partager en
un même nombre de pyramides triangulaires semblables chacune à chacune, et semblablement placées.*

Car on a déja vu que les surfaces des deux polyedres
peuvent se partager en un même nombre de triangles
semblables chacun à chacun, et semblablement placés. Considérez tous les triangles d'un polyedre, excepté ceux qui forment l'angle solide A, comme les
bases d'autant de pyramides triangulaires dont le sommet est en A, ces pyramides prises ensemble compo-
seront le polyedre. Partagez de même l'autre polyedre
en pyramides qui aient leur sommet commun dans
l'angle *a* homologue à A. Il est clair que la pyramide
qui joint quatre angles solides d'un polyedre sera

semblable à la pyramide qui joint les quatre angles homologues de l'autre polyedre. Donc deux polyedres semblables, etc.

PROPOSITION XXIV.

THÉORÈME.

Deux pyramides semblables sont entre elles comme F. 214. *les cubes des côtés homologues.*

Car deux pyramides étant semblables, la plus petite pourra être placée dans la plus grande, de maniere qu'elles aient l'angle solide S commun. Alors les bases ABCDE, *abcde*, seront paralleles ; car, puisque les faces homologues sont semblables★, l'angle S*ab* est ★ 22. égal à SAB, ainsi que S*bc* à SBC ; donc le plan *abc* est parallele au plan ABC★. Cela posé, soit SO la ★ 13. 5. perpendiculaire abaissée du sommet S sur le plan ABC, et soit *o* le point où cette perpendiculaire rencontre le plan *abc* ; on aura, suivant ce qui a été déja démontré★, SO:S*o*::SA:S*a*::AB:*ab*, et par conséquent ★ 15.
$$\tfrac{1}{3}SO : \tfrac{1}{3}So :: AB : ab.$$

Mais les bases ABCDE, *abcde*, étant des figurés semblables, on a
$$ABCDE : abcde :: \overline{AB}^2 : \overline{ab}^2.$$

Multipliant ces deux proportions terme à terme, il en résultera la proportion
$$ABCDE \times \tfrac{1}{3}SO : abcde \times \tfrac{1}{3}So :: \overline{AB}^3 : \overline{ab}^3 ;$$

or ABCDE $\times \tfrac{1}{3}$ SO est la solidité de la pyramide SABCDE★, et *abcde* $\times \tfrac{1}{3}$ S*o* est celle de la pyra- ★ 19. mide S*abcde* ; donc deux pyramides semblables sont entre elles comme les cubes de leurs côtés homologues.

PROPOSITION XXV.

THÉORÈME.

F. 219. *Deux polyedres semblables sont entre eux comme les cubes des côtés homologues.*

Car deux polyedres semblables peuvent être partagés en un même nombre de pyramides triangulaires semblables chacune à chacune. Or les deux pyramides semblables A P N M, $apnm$, sont entre elles comme les cubes des côtés homologues A M, am, ou comme les cubes des côtés homologues A B : ab. Le même rapport aura lieu entre deux autres pyramides homologues quelconques ; donc la somme de toutes les pyramides qui composent un polyedre, ou le polyedre lui-même, est à l'autre polyedre comme le cube d'un côté quelconque du premier est au cube du côté homologue du second.

Scholie général.

Nous pouvons présenter en termes algébriques, c'est-à-dire de la maniere la plus succincte, la récapitulation des principales propositions de ce livre concernant les solidités des polyedres.

Soit B la base d'un prisme, H sa hauteur, la solidité du prisme sera B $\times$ H ou B H.

Soit B la base d'une pyramide, H sa hauteur, la solidité de la pyramide sera B $\times \frac{1}{3}$ H, ou H $\times \frac{1}{3}$ B ou $\frac{1}{3}$ B H.

Soit H la hauteur d'un tronc de pyramide à bases parallèles, soient A et B ses bases, et $\sqrt{AB}$ la moyenne proportionnelle entre elles, la solidité du tronc sera $\frac{1}{3}$ H $\times$ (A + B + $\sqrt{AB}$).

Soient enfin P et p les solidités de deux polyedres semblables, A et a deux côtés homologues de ces polyedres, on aura P : p :: $\overset{3}{A}$: $\overset{3}{a}$.

LIVRE VII.

LA SPHERE.

DÉFINITIONS.

I. La *sphere* est un solide terminé par une surface courbe dont tous les points sont également distants d'un point intérieur qu'on appelle *centre*.

On peut imaginer que la sphere est produite par la révolution du demi-cercle DAE autour du diametre DE. Car la surface décrite dans ce mouvement par la courbe DAE aura tous ses points à égales distances du centre C.

F. 220.

II. Le *rayon de la sphere* est une ligne droite menée du centre à un point de la surface ; le *diametre* ou *axe* est une ligne passant par le centre et terminée de part et d'autre à la surface.

Tous les rayons de la sphere sont égaux, tous les diametres sont égaux et doubles du rayon.

III. Il sera démontré★ que toute section de la sphere faite par un plan est un cercle : cela posé, on appelle *grand cercle* la section qui passe par le centre, *petit cercle* celle qui n'y passe pas.

★ Pr. 1.

IV. Un *plan* est *tangent* à la sphere lorsqu'il n'a qu'un point commun avec sa surface.

V. Le *pole d'un cercle* de la sphere est un point de

la surface également éloigné de tous les points de la
circonférence de ce cercle. On fera voir * que tout
cercle grand ou petit a toujours deux poles.

*Pr. 6.

VI. *Triangle sphérique* est une partie de la surface
de la sphere comprise par trois arcs de grands cercles.

Ces arcs, qui s'appellent les *côtés* du triangle, sont
toujours supposés plus petits que la demi-circonférence.
Les angles que leurs plans font entre eux sont les
angles du triangle.

VII. *Un triangle sphérique* prend le nom de *rectangle*,
obliquangle, *isoscele*, *équilatéral*, dans les mêmes cas
qu'un triangle rectiligne.

VIII. *Polygone sphérique* est une partie de la surface
de la sphere terminée par plusieurs arcs de grands
cercles.

IX. *Fuseau* est la partie de la surface de la sphere
comprise entre deux demi-grands cercles qui ont un
diametre commun.

X. J'appellerai *coin* ou *onglet sphérique* la partie
du solide de la sphere comprise entre les mêmes
demi-grands cercles. La *base* du coin sera le fuseau.

XI. *Pyramide sphérique* est la partie du solide de
la sphere comprise entre les plans d'un angle solide
dont le sommet est au centre. La base de la pyramide
sera un polygone sphérique.

XII. On appelle *zone* la partie de la surface de la
sphere comprise entre deux plans paralleles. L'un de
ces plans peut être tangent à la sphere, alors la zone
n'a qu'une base.

XIII. *Segment sphérique* est la portion du solide
de la sphere comprise entre deux plans paralleles.

l'un de ces plans peut être tangent à la sphere, et-
lors le segment sphérique n'a qu'une base.

XIV. *L'axe* ou *hauteur* d'une zone et d'un segment
est la distance des deux plans parallèles qui sont les
bases de la zone ou du segment.

XV. Tandis que le demi-cercle DAE tournant autour F. 220.
du diametre DE décrit la sphere, tout secteur circulaire comme DCF ou FGH décrit un solide qu'on
appelle *secteur sphérique.*

PROPOSITION I.
THÉORÈME.

Si la sphere est coupée par un plan quelconque, F. 221.
la section sera un cercle.

Soit AMB la section faite par un plan dans la
sphere dont le centre est C. Du point C menez la
perpendiculaire CO sur le plan AMB, et différentes
lignes CM, CM, à différents points de la courbe
AMB qui termine la section.

Les obliques CM, CM, CB, sont égales puisqu'elles
sont des rayons de la sphere, elles sont donc également
éloignées de la perpendiculaire CO*; donc * 5. 5.
toutes les lignes OM, OM, OB, sont égales; donc la
section AMB est un cercle dont le point O est le
centre.

Corollaire I. Si la section passe par le centre de
la sphere, son rayon sera le rayon de la sphere;
donc tous les grands cercles sont égaux entre eux.

Corollaire II. Deux grands cercles se coupent
toujours en deux parties égales; car leur intersection
commune, passant par le centre, est un diametre.

Corollaire III. Tout grand cercle divise la sphere
et sa surface en deux parties égales; car si après

avoir séparé les deux hémisphères, on les applique sur la base commune en tournant la convexité du même côté, les deux surfaces coïncideront l'une avec l'autre, sans quoi il y auroit des points plus près du centre les uns que les autres.

Corollaire IV. Le centre d'un petit cercle et celui de la sphère sont sur une même droite perpendiculaire au plan du petit cercle.

Corollaire V. Les petits cercles sont d'autant plus petits qu'ils sont plus éloignés du centre de la sphere; car plus la distance CO est grande, plus est petite la corde AB diametre du petit cercle AMB.

Corollaire VI. Par deux points donnés sur la surface d'une sphere, on peut faire passer un arc de grand cercle ; car les deux points donnés et le centre de la sphere sont trois points qui déterminent la position d'un plan. Si cependant les deux points donnés étoient aux extrémités d'un diametre, alors ces deux points et le centre seroient en ligne droite, et il y auroit une infinité de grands cercles qui pourroient passer par les deux points donnés.

PROPOSITION II.

THÉORÈME.

F. 222.

Dans tout triangle sphérique ABC, un côté quelconque est plus petit que la somme des deux autres.

Soit O le centre de la sphère, et soient menés les rayons OA, OB, OC. Si on imagine les plans AOB, AOC, COB, ces plans formeront au point O un angle solide; et les angles AOB, AOC, COB, auront pour mesure les côtés AB, AC, BC, du triangle sphérique ABC. Or chacun des trois angles plans qui composent l'angle solide est moindre que la somme des deux autres*; donc un côté quelconque du triangle ABC est moindre que la somme des deux autres. * 20. 5.

PROPOSITION III.

THÉORÈME.

Le plus court chemin d'un point à un autre sur la surface de la sphére est l'arc de grand cercle qui joint les deux points donnés. F. 223.

Soit ANB l'arc de grand cercle qui joint les points A et B, et soit, s'il est possible, M un point de la ligne la plus courte entre A et B. Par le point M menez les arcs de grands cercles MA, MB, et prenez BN=MB.

Suivant le théorême précédent, ANB est plus court que AMB; retranchant de part et d'autre BN=BM, il restera AN < AM. Or la distance de B en M, soit qu'elle se confonde avec l'arc BM, ou qu'elle soit toute autre ligne, est égale à la distance de B en N; car en faisant tourner le plan du grand cercle BM autour du diametre qui passe par B, on peut amener le point M sur le point N, et alors la ligne la plus courte de M en B, quelle qu'elle soit, se confondra avec celle de N en B; donc les deux chemins de A en B, l'un en passant par M, l'autre en passant par N, ont une partie égale de M en B et de N en B. Le premier chemin est, par hypothese, le plus court; donc la distance de A en M est plus courte que la distance de A en N, ce qui est absurde, puisque l'arc AM est plus grand que AN. Donc aucun point de la ligne la plus courte entre A et B ne peut être hors de l'arc ANB; donc cet arc est lui-même la ligne la plus courte entre ses extrémités.

PROPOSITION IV.

THÉORÈME.

F. 224. *La somme des trois côtés d'un triangle sphérique est moindre que la circonférence d'un grand cercle.*

Soit ABC un triangle sphérique quelconque; prolongez les côtés AB, AC, jusqu'à ce qu'ils se rencontrent de nouveau en D. Les arcs ABD, ACD, seront des demi-circonférences, puisque deux grands cercles se coupent toujours en deux parties égales; mais dans le triangle BCD le côté BC < BD+CD; ajoutant de part et d'autre AB+AC, on aura AB+ AC+BC < ABD+ACD, c'est-à-dire plus petit qu'une circonférence.

PROPOSITION V.

THÉORÈME.

F. 225. *La somme des côtés de tout polygone sphérique est moindre que la circonférence d'un grand cercle.*

Soit, par exemple, le pentagone ABCDE : prolongez les côtés AB, DC, jusqu'à leur rencontre en F; puisque BC est plus petit que BF+CF, le contour du pentagone ABCDE est plus petit que celui du quadrilatère AEDF. Prolongez de nouveau les côtés AE, FD, jusqu'à leur rencontre en G, on aura ED < EG+GD ; donc le contour du quadrilatère AEDF est plus petit que celui du triangle AFG ; celui-ci est plus petit que la circonférence d'un grand cercle; donc *a fortiori* le contour du polygone ABCDE est moindre que cette même circonférence.

Scholie. Cette proposition est au fond la même que la XXIe du livre V. Car si O est le centre de la sphère, on peut imaginer au point O un angle solide
formé

formé par les angles plans AOB, BOC, COD, etc., et la somme de ces angles doit être plus petite que quatre angles droits, ce qui ne diffère pas de la proposition présente. La démonstration que nous venons de donner est différente de celle du livre V : l'une et l'autre supposent que le polygone ABCDE est *convexe*, ou qu'aucun côté prolongé ne coupe la figure.

PROPOSITION VI.

THÉORÈME.

Si on mène le diamètre DE *perpendiculaire au plan du grand cercle* AMB, *les extrémités* D *et* E *de ce diamètre seront les poles du cercle* AMB, *et de tous les petits cercles comme* FNG *qui lui sont parallèles.*

Car DC, étant perpendiculaire au plan AMB, est perpendiculaire à toutes les droites CA, CM, CB, etc. menées par son pied dans ce plan ; donc tous les arcs DA, DM, DB, etc. sont des quarts de circonférence : il en est de même des arcs EA, EM, EB, etc. Donc les points D et E sont chacun également éloignés de tous les points de la circonférence AMB ; donc ils sont les poles de cette circonférence.

En second lieu le rayon DC, perpendiculaire au plan AMB, est perpendiculaire à son parallèle FNG ; donc il passe par le centre O du cercle FNG* ; donc si on tire les obliques DF, DN, DG, ces obliques s'écarteront également de la perpendiculaire DO et seront égales. Mais les cordes étant égales les arcs sont égaux ; donc tous les arcs DF, DN, DG, etc. sont égaux entre eux ; donc le point D est le pole du petit cercle FNG, et par la même raison le point E est l'autre pole.

F. 22.

* 1.

Q

Corollaire I. Tout arc DM mené d'un point de l'arc de grand cercle AMB à son pole est un quart de circonférence. Nous l'appellerons, pour abréger, un *quadrans*, et ce *quadrans* fait en même temps un angle droit avec l'arc AM. Car la ligne DC étant perpendiculaire au plan AMC, tout plan DMC qui passe par la ligne DC est perpendiculaire au plan AMC*; donc l'angle AMD est un angle droit.

* 17. 5.

Corollaire II. Pour trouver le pole d'un arc donné AM, menez l'arc indéfini MD perpendiculaire à AM, prenez MD égal à un *quadrans*, et le point D sera un des poles de l'arc AM ; ou bien menez aux deux points A et M les arcs AD et MD perpendiculaires à AM, le point de concours D de ces deux arcs sera le pole demandé.

Corollaire III. Réciproquement si la distance du point D à chacun des points A et M est égale à un *quadrans*, je dis que le point D sera le pole de l'arc AM, et qu'en même temps les angles DAM, AMD, seront droits.

Car soit C le centre de la sphere, et soient menés les rayons CA, CD, CM : puisque les angles ACD, MCD, sont droits, la ligne CD est perpendiculaire aux deux droites CA, CM ; donc elle est perpendiculaire à leur plan ; donc le point D est le pole de l'arc AM; et par suite les angles DAM, AMD, sont droits.

Scholie. Les propriétés des poles permettent de tracer sur la surface de la sphere des arcs de cercle avec la même facilité que sur une surface plane. On voit, par exemple, qu'en faisant tourner l'arc DF ou toute autre ligne de même intervalle autour du point D, l'extrémité F décrira le petit cercle FNG ; et si on fait tourner le *quadrans* DFA autour du point D, l'extrémité A décrira l'arc de grand cercle AM.

S'il faut prolonger l'arc AM, ou si on ne donne que les points A et M par lesquels cet arc doit passer, on déterminera d'abord le pole D par l'intersection de deux arcs décrits des points A et M comme centres avec un intervalle égal au *quadrans*. Le pole D étant trouvé, on décrira du point D comme centre et avec le même intervalle l'arc AM et son prolongement.

Enfin on voit aisément ce qu'il faudroit faire pour mener par un point donné un arc perpendiculaire à un arc donné, et aussi pour diviser un arc donné en deux parties égales, etc.

PROPOSITION VII.

THÉORÈME.

Tout plan perpendiculaire à l'extrémité d'un rayon F. 226. *est tangent à la sphere.*

Soit FAG un plan perpendiculaire à l'extrémité du rayon OA; si on prend un point quelconque M sur le plan et qu'on joigne OM et AM, l'angle OAM sera droit, et ainsi la distance OM sera plus grande que OA. Le point M est donc hors de la sphere; et comme il en est de même de tout autre point du plan FAG, il s'ensuit que ce plan n'a que le seul point A commun avec la surface de la sphere; donc il est tangent à cette surface.

Scholie. On peut prouver de même que deux spheres n'ont qu'un point commun, et sont par conséquent *tangentes* l'une à l'autre, lorsque la distance de leurs centres est égale à la somme ou à la différence de leurs rayons. Alors les centres et le point de contact sont en ligne droite.

O 2

PROPOSITION VIII.

THÉORÈME.

F. 226. *L'angle BAC que font entre eux deux arcs de grands cercles AB, AC, est égal à l'angle FAG, formé par les tangentes de ces arcs au point A : il a aussi pour mesure l'arc DE, décrit du point A comme pole entre les côtés AB, AC, prolongés, s'il est nécessaire.*

Car la tangente AF, menée dans le plan de l'arc AB, est perpendiculaire au rayon AO ; la tangente AG, menée dans le plan de l'arc AC, est perpendiculaire au même rayon AO. Donc l'angle FAG est égal à l'an-

* 16, 5. gle des plans OAB, OAC*, qui est celui des arcs AB, AC, et qui se désigne par BAC.

Pareillement si l'arc AD est égal à un *quadrans*, ainsi que AE, les lignes OD, OE, seront perpendiculaires à AO, et ainsi l'angle DOE sera égal à l'angle des plans AOD, AOE. Donc l'arc DE est la mesure de l'angle de ces plans, ou la mesure de l'angle BAC.

Corollaire. Les angles des triangles sphériques peuvent se comparer entre eux par les arcs de grands cercles décrits de leurs sommets comme poles et compris entre leurs côtés. Ainsi il est facile de faire un angle égal à un angle donné.

Scholie. L'angle BAC est égal à l'angle BHC formé par les mêmes côtés prolongés : l'un ou l'autre est toujours l'angle formé par les deux plans BAO, CAO.

Remarquez aussi que dans la rencontre de deux arcs AD, BC, les deux angles adjacents ABC, CBD, pris ensemble valent toujours deux angles droits.

PROPOSITION IX.

THÉORÈME.

Etant donné le triangle ABC, *si on décrit le trian-* F. 227. *gle* DEF *de maniere que les angles du premier soient les poles des côtés du second, réciproquement les angles du second seront les poles des côtés du premier.*

Des points A, B, C, comme poles, soient décrits les arcs EF, DF, DE, qui par leur concours forment le triangle DEF; je dis que les angles D, E, F, seront les poles des arcs BC, AC, AB, respectivement.

Car le point A étant le pole de l'arc EF, la distance AE est un *quadrans;* le point C étant le pole de l'arc DE, la distance CE est pareillement un *quadrans;* donc le point E est éloigné d'un *quadrans* de chacun des points A et C; donc il est le pole de l'arc AC. On démontrera de même que D est le pole de l'arc BC, et F celui de l'arc AB.

Corollaire. Donc le triangle ABC peut être décrit par le moyen de DEF, comme DEF par le moyen de ABC.

PROPOSITION X.

THÉORÈME.

Les mêmes choses étant posées que dans le théorème précédent, chaque angle de l'un des triangles ABC, DEF, *aura pour mesure la demi-circonférence moins le côté opposé dans l'autre triangle.*

Soient prolongés, s'il est nécessaire, les côtés AB, AC, jusqu'à la rencontre de EF en G et H; puisque le point A est le pole de l'arc GH, l'angle A aura pour mesure l'arc GH. Mais l'arc EH est un *quadrans* ainsi que GF, puisque E est le pole de AH, et F le pole de AG; donc EH + GF vaut une demi-circonférence. Or EH + GF est la même chose que EF + GH. Donc l'arc GH qui mesure l'angle A est égal à une demi-cir. conférence moins le côté EF; de même l'angle B aura pour mesure $\frac{1}{2}$ circ. — DF, et l'angle C, $\frac{1}{2}$ circ. — DE.

Cette propriété doit être réciproque entre les deux triangles, puisqu'ils se décrivent de la même manière l'un par le moyen de l'autre. Ainsi on trouvera que les angles D, E, F, du triangle DEF, ont pour mesure respectivement $\frac{1}{2}$ circ. — BC, $\frac{1}{2}$ circ. — AC, $\frac{1}{2}$ circ. — AB. En effet l'angle D, par exemple, a pour mesure l'arc MI; or MI + BC = MC + BI = $\frac{1}{2}$ circ. Donc l'arc MI, mesure de l'angle D, = $\frac{1}{2}$ circ. — BC, et ainsi des autres.

F. 228.   *Scholie*. Il faut remarquer qu'outre le triangle DEF on en pourroit former trois autres dont les angles seroient pareillement les poles des côtés du triangle ABC, car l'intersection de trois arcs donnés de position produit quatre triangles. Mais la proposition actuelle n'a lieu que pour le triangle central, qui est distingué des trois autres en ce que les deux angles A et D sont situés d'un même côté de BC, les deux B et E d'un même côté de AC, et les deux C et F d'un même côté de AB.

On donne différents noms aux deux triangles ABC, DEF : le plus convenable paroît être celui de *triangles polaires*.

PROPOSITION XI.
L E M M E.

Etant donné le triangle ABC, *si du pole* A *et de* F. 229.
l'intervalle AC *on décrit l'arc de petit cercle* DEC,
si du pole B *et de l'intervalle* BC *on décrit pareille-*
ment l'arc DFC, *et que du point* D, *où les arcs* DEC,
DFC, *se couperont, on mene les arcs de grand cercle*
AD, DB, *je dis que le triangle* ADB *ainsi formé*
aura ses parties égales à celles du triangle ACB.

Car par construction le côté AD $=$ AC, DB $=$ BC,
AB est commun ; donc ces deux triangles ont les côtés égaux chacun à chacun. Je dis maintenant que les
angles opposés aux côtés égaux sont égaux.

En effet si le centre de la sphere est supposé en O,
on peut concevoir un angle solide formé au point O
par les trois angles plans AOB, AOC, BOC ; on
peut concevoir de même un second angle solide formé
par les trois angles plans AOB, AOD, BOD. Et puisque les côtés du triangle ABC sont égaux à ceux du
triangle ADB, il s'ensuit que les angles plans qui forment un de ces angles solides sont égaux aux angles
plans qui forment l'autre angle solide, chacun à chacun. Mais dans ce cas il a été démontré* que les plans   * 22. 5.
dans lesquels sont les angles égaux sont également
inclinés entre eux ; donc les angles du triangle sphérique
DAB sont égaux à ceux du triangle CAB, savoir
DAB $=$ BAC, DBA $=$ ABC, et ADB $=$ ACB. Donc
les côtés et les angles du triangle ADB sont égaux
aux côtés et aux angles du triangle ACB.

Scholie. L'égalité de ces triangles n'est cependant
pas une égalité absolue ou de superposition, car il seroit impossible de les appliquer l'un sur l'autre exac-

O 4

tement, à moins qu'ils ne fussent isoscèles. L'égalité
dont il s'agit est ce que nous avons déja appelé une
égalité par *symmétrie*, et par cette raison nous appellerons
les triangles ACB, ADB, *triangles symmétriques*.

PROPOSITION XII.

THÉORÊME.

F. 230. *Deux triangles situés sur la même sphere, ou sur
des spheres égales, sont égaux dans toutes leurs parties,
lorsqu'ils ont un angle égal compris entre côtés
égaux chacun à chacun.*

Soit le côté AB = EF, le côté AC = EG, et l'angle
BAC = FEG; le triangle EFG pourra être placé sur
le triangle ABC ou sur son symmétrique ABD, de
la même maniere qu'on superpose deux triangles rectilignes
qui ont un angle égal compris entre côtés égaux.
Donc toutes les parties du triangle EFG seront égales
à celles du triangle ABC, c'est-à-dire qu'outre les
trois parties qui sont supposées égales, on aura le
côté BC = FG, l'angle ABC = EFG, et l'angle ACB
= EGF.

PROPOSITION XIII.

THÉORÊME.

*Deux triangles situés sur la même sphere, ou sur
des spheres égales, sont égaux dans toutes leurs parties
lorsqu'ils ont un côté égal adjacent à deux angles
égaux chacun à chacun.*

Car l'un de ces triangles peut être placé sur l'autre
ou sur son symmétrique, comme on l'a expliqué
dans le cas pareil des triangles rectilignes. Voyez
prop. VII, liv. I.

P R O P O S I T I O N   X I V.

T H É O R Ê M E.

Si deux triangles situés sur la même sphere, ou sur des spheres égales, sont équilatéraux entre eux, ils seront aussi équiangles, et les angles égaux seront opposés aux côtés égaux.

Cela est manifeste par la prop. XI, où l'on a vu qu'avec trois côtés donnés AB, AC, BC, on ne peut faire que deux triangles ACB, ABD, différents quant à la position des parties, mais égaux quant à la grandeur de ces mêmes parties. Donc deux triangles équilatéraux entre eux sont ou absolument égaux, ou au moins égaux par symmétrie; dans l'un et l'autre cas ils sont équiangles et les angles égaux sont opposés aux côtés égaux.

F. 229.

P R O P O S I T I O N   X V.

T H É O R Ê M E.

Dans tout triangle sphérique isoscele les angles opposés aux côtés égaux sont égaux; et réciproquement si deux angles d'un triangle sphérique sont égaux, le triangle sera isoscele.

F. 231.

1°. Soit le côté AB = AC; je dis qu'on aura l'angle C = B; car si du sommet A au point D, milieu de la base, on mene l'arc AD, les deux triangles ABD, ADC, auront les trois côtés égaux chacun à chacun; savoir AD commun, BD = DC, et AB = AC; donc par le théorême précédent ces triangles auront les angles égaux, et on aura B = C.

2°. Soit l'angle B = C; je dis qu'on aura AC = AB : car si le côté AB n'est pas égal à AC, soit AB le plus grand des deux, prenez BO = AC et joignez OC.

Les deux côtés BO, BC, sont égaux aux deux AC, BC;
l'angle compris par les premiers OBC est égal à l'angle compris par les seconds ACB. Donc par la prop.
XII les deux triangles BOC, ACB, ont les autres
parties égales; et par conséquent l'angle OCB=ABC:
mais l'angle ABC par hypothese = ACB; donc on
auroit OCB = ACB, ce qui est impossible. Donc on
ne peut supposer AB différent de AC; donc les côtés AB, AC, opposés aux angles égaux C et B, sont
égaux.

Scholie. La même démonstration prouve que l'angle BAD = DAC, et que l'angle BDA = ADC.
Donc ces deux derniers sont droits : donc *l'arc mené
du sommet d'un triangle isoscele au milieu de sa base
est perpendiculaire à cette base et divise l'angle du
sommet en deux parties égales.*

PROPOSITION XVI.

THÉORÈME.

F. 232.
*Dans un triangle sphérique ABC, si l'angle A
est plus grand que l'angle B, le côté BC opposé à
l'angle A sera plus grand que le côté AC opposé à
l'angle B; réciproquement si le côté BC est plus grand
que AC, l'angle A sera plus grand que l'angle B.*

1°. Soit l'angle A > B, faites l'angle BAD = B,
15. vous aurez AD = DB. Mais AD+DC est plus grand
que AC; à la place de AD mettant DB, on aura
DB+DC ou BC > AC.

2°. Si on suppose BC > AC, je dis que l'angle BAC
sera plus grand que ABC. Car si BAC étoit égal à
ABC, on auroit BC=AC; et si on avoit BAC < ABC,
il s'ensuivroit par ce qui vient d'être démontré BC <
AC; ce qui est contre la supposition. Donc BAC est
plus grand que ABC.

PROPOSITION XVII.

THÉORÈME.

Si les deux côtés AB, AC, *du triangle sphérique* F. 233. *ABC sont égaux aux deux côtés* DE, DF, *du triangle* DEF *tracé sur une sphere égale, si en même temps l'angle* A *est plus grand que l'angle* D, *je dis que le troisieme côté* BC *du premier triangle sera plus grand que le troisieme* EF *du second.*

La démonstration est absolument semblable à celle de la prop. X, liv. I.

PROPOSITION XVIII.

THÉORÈME.

Si deux triangles tracés sur la même sphere ou sur des spheres égales sont équiangles entre eux, ils seront aussi équilatéraux.

Soient A et B les deux triangles donnés, P et Q leurs triangles polaires. Puisque les angles sont égaux dans les triangles A et B, les côtés seront égaux dans les polaires P et Q*. Mais de ce que les triangles P * 10. et Q sont équilatéraux entre eux, il s'ensuit qu'ils sont aussi équiangles*. Enfin de ce que les angles sont * 14. égaux dans les triangles P et Q, il s'ensuit * que les * 10. côtés sont égaux dans leurs polaires A et B. Donc les triangles équiangles A et B sont en même temps équilatéraux entre eux.

On peut encore démontrer la même proposition sans le secours des triangles polaires.

Soient ABC, DEF, deux triangles équiangles entre eux, F. 234. de sorte qu'on ait A = D, B = E, C = F; je dis qu'on aura le côté AB = DE, AC = DF, BC = EF.

Sur le prolongement des côtés AC, AB, prenez

AG = DE, et AH = DF; joignez GH et prolongez les arcs BC, GH, jusqu'à ce qu'ils se rencontrent en I et K.

Les deux côtés AG, AH, sont par construction égaux aux deux DE, DF, l'angle compris GAH = BAC = EDF; donc* les triangles AGH, DEF, sont égaux dans toutes leurs parties, et on a l'angle AGH = DEF = ABC, et l'angle AHG = DFE = ACB.

*. 12.

Dans les triangles IBG, KBG, le côté BG est commun, l'angle IGB = GBK; et puisque IGB + BGK est égal à deux droits, ainsi que GBK + IBG, il s'ensuit que BGK = IBG. Donc les triangles IBG, GBK, sont égaux*, et on a IG = BK, et IB = GK.

*. 15.

Pareillement de ce que l'angle AHG = ACB, on conclura que les triangles ICH, HCK, ont un côté égal adjacent à deux angles égaux. Donc ils sont égaux; donc IH = CK, et HK = IC.

Maintenant si des égales BK, IG, on retranche les égales CK, IH, les restes BC, GH, seront égaux. D'ailleurs l'angle BCA = AHG, et l'angle ABC = AGH. Donc les triangles ABC, AHG, ont un côté égal adjacent à deux angles égaux; donc ils sont égaux. Mais le triangle DEF est égal dans toutes ses parties au triangle AHG; donc il est égal aussi au triangle ABC, et on aura AB = DE, AC = DF, BC = EF. Donc si deux triangles sphériques sont équiangles entre eux, les côtés opposés aux angles égaux seront égaux.

Scholie. Cette proposition n'a pas lieu dans les triangles rectilignes, où de l'égalité des angles on ne peut conclure que la proportionnalité des côtés. Mais il est aisé de se rendre compte de la différence qui se trouve à cet égard entre les triangles rectilignes et les triangles sphériques. Dans la proposition présente ainsi que dans les propositions XII, XIII, XIV et XVIII, où il s'agit de la comparaison des triangles, il est dit expressément que ces triangles sont tracés sur la même sphere ou sur des spheres égales. Or les arcs semblables sont proportionnels aux rayons; donc sur des spheres égales deux triangles ne peuvent être semblables sans être égaux. Il n'est donc pas surprenant que l'égalité des angles entraîne l'égalité des côtés.

Il en seroit autrement si les triangles étoient tracés sur des spheres inégales; alors les angles étant égaux, les triangles seroient semblables et les côtés homologues seroient entre eux comme les rayons des spheres.

PROPOSITION XIX.

THÉORÈME.

La somme des angles de tout triangle sphérique est moindre que six et plus grande que deux angles droits.

Car 1°. chaque angle d'un triangle sphérique est moindre que deux angles droits, (voyez le scholie ci-après); donc la somme des trois angles est moindre que six angles droits.

2°. La mesure de chaque angle d'un triangle sphérique est égale à la demi-circonférence moins le côté correspondant du triangle polaire*. Donc la somme * 10. des trois angles a pour mesure trois demi-circonférences moins la somme des côtés du triangle polaire. Or cette derniere somme est plus petite qu'une circonférence*; donc en la retranchant de trois demi- * 4. circonférences, il restera plus d'une demi-circonférence qui est la mesure de deux angles droits. Donc 2°. la somme des trois angles d'un triangle sphérique est plus grande que deux angles droits.

Corollaire I. La somme des angles d'un triangle sphérique n'est pas constante comme celle des triangles rectilignes; elle varie depuis deux angles droits jusqu'à six, sans pouvoir être égale à l'une ni à l'autre limite. Ainsi deux angles donnés ne font pas connoître le troisieme.

Corollaire II. Un triangle sphérique peut avoir deux ou trois angles droits, deux ou trois angles obtus.

F. 235. Si le triangle A B C est *bi-rectangle*, c'est-à-dire s'il a deux angles droits B et C., le sommet A sera le pole de la base B C; et les côtés A B, A C, seront des *quadrans*.

Si en outre l'angle A est droit, le triangle A B C sera *tri-rectangle*, ses angles seront tous droits et ses côtés des *quadrans*. Le triangle tri-rectangle est contenu huit fois dans la surface de la sphere, c'est ce qu'on voit par la fig. 236, en supposant l'arc M N égal à un *quadrans*.

Scholie. Nous avons supposé dans tout ce qui précede, et conformément à la définition VI, que les triangles sphériques ont leurs côtés toujours plus petits que la demi-circonférence, alors il s'ensuit que les angles sont toujours plus petits que deux angles F. 237. droits. Car si le côté A B est moindre que la demi-circonférence, ainsi que A C, ces arcs doivent être prolongés tous deux pour se rencontrer en D. Or les deux angles A B C, C B D, pris ensemble, valent deux angles droits; donc l'angle A B C tout seul est moindre que deux angles droits.

Nous observerons cependant qu'il existe des triangles sphériques dont certains côtés sont plus grands que la demi-circonférence, et certains angles plus grands que deux angles droits. Car si on prolonge le

té AC en une circonférence entiere ACE, ce qui
este en retranchant de la demi-sphere le triangle ABC,
t un nouveau triangle; qu'on peut désigner aussi
ar ABC, et dont les côtés sont AB, BC, AEC. On
oit donc que le côté AEC est plus grand que la de-
ni-circonférence AED, mais en même temps l'angle
pposé en B surpasse deux angles droits de l'excès CBD.

Au reste si on a exclus de la définition les triangles
lont les côtés et les angles sont si grands, c'est que
eur résolution ou la détermination de leurs parties se
éduit toujours à celle des triangles renfermés dans
la définition. En effet on voit aisément que si on connoît les angles et les côtés du triangle ABC, on connoîtra immédiatement les angles et les côtés du triangle qui est le reste de la demi-sphere.

PROPOSITION XX.

THÉORÊME.

Le fuseau AMBNA *est à la surface de la sphere* F. 236.
comme l'angle MAN *de ce fuseau est à quatre angles*
droits, ou comme l'arc MN *qui mesure cet angle est à*
la circonférence.

Supposons d'abord que l'arc MN soit à la circonférence MNPQ dans un rapport rationnel, par exemple comme 5 est à 48. On divisera la circonférence
MNPQ en 48 parties égales, dont MN contiendra
5; joignant ensuite le pôle A et les points de division
par autant de quarts de circonférence, on aura 48 triangles dans la demi-sphere AMNPQ, lesquels seront
tous égaux entre eux, puisqu'ils auront toutes leurs parties égales. La sphere entiere contiendra donc 96 de
es triangles partiels, et le fuseau AMBNA en contiendra 10; donc le fuseau est à la sphere comme 10

est à 96, ou comme 5 est à 48, c'est-à-dire comme l'arc MN est à la circonférence.

Si l'arc MN n'est pas commensurable avec la circonférence, on prouvera par le même raisonnement dont on a déja vu beaucoup d'exemples, que le fuseau est toujours à la sphere comme l'arc MN est à la circonférence.

Corollaire I. Deux fuseaux sont entre eux comme leurs angles respectifs.

Corollaire II. On a déja vu que la surface entiere de la sphere est égale à huit triangles tri-rectangles. Donc si l'aire d'un de ces triangles est prise pour l'unité, la surface de la sphere sera représentée par 8. Cela posé la surface du fuseau dont l'angle est A sera exprimée par 2 A, (si toutefois l'angle A est évalué en supposant l'angle droit égal à l'unité); car on a 2 A : 8 :: A : 4. Il y a donc ici deux unités différentes ; l'une pour les angles, c'est l'angle droit ; l'autre pour les surfaces, c'est le triangle sphérique tri-rectangle, ou celui dont tous les angles sont droits, et les côtés des quarts de circonférence.

Scholie. L'onglet sphérique compris par les plans AMB, ANB, est au solide entier de la sphere comme l'angle A est à quatre angles droits. Car les fuseaux étant égaux, les onglets sphériques seront pareillement égaux. Donc deux onglets sphériques sont entre eux comme leurs angles respectifs.

PROPOSITION

PROPOSITION XXI.

THÉORÈME.

Si deux grands cercles AOB, COD, se coupent comme F. 238.
on voudra dans l'hémisphere OACBD, la somme des
triangles opposés AOC, BOD, sera égale au fuseau
dont l'angle est BOD.

Car en prolongeant les arcs OB, OD, dans l'autre
hémisphere jusqu'à leur rencontre en N, OBN sera
une demi-circonférence ainsi que AOB ; retranchant de
part et d'autre OB, on aura BN = AO. Par une raison
semblable DN = CO, et BD = AC. Donc les deux
triangles AOC, BDN, ont les trois côtés égaux et semblablement disposés ; donc ils sont égaux, et la somme
des triangles AOC, BOD, est équivalente au fuseau
OBNDO dont l'angle est BOD.

Scholie. Il est clair aussi que les deux pyramides
sphériques qui ont pour bases les triangles AOC, BOD,
prises ensemble, équivalent à l'onglet sphérique dont
l'angle est BOD.

PROPOSITION XXII.

THÉORÈME.

La surface d'un triangle sphérique quelconque a F. 239.
pour mesure l'excès de la somme de ses trois angles
sur deux angles droits.

Soit ABC le triangle proposé ; prolongez ses côtés jusqu'à ce qu'ils rencontrent le grand cercle DEFG mené
comme on voudra hors du triangle. En vertu du théorème précédent les deux triangles ADE, AGH, pris
ensemble, équivalent au fuseau dont l'angle est A, et
qui a pour mesure 2A. *Ainsi on aura ADE + AGH   * 20.
= 2 A ; par une raison semblable BGF + BID = 2 B,

P

CIH + CFE = 2 C. Mais la somme de ces six triangles excède la demi-sphère de deux fois le triangle
ABC, d'ailleurs la demi-sphère est représentée par 4;
donc le double du triangle ABC est égal à 2 A + 2 B
+ 2 C — 4, et par conséquent ABC = A + B + C — 2.
Donc un triangle sphérique a pour mesure la somme
de ses angles moins deux angles droits.

Corollaire I. Autant il y aura d'angles droits dans
cette mesure, autant le triangle proposé contiendra de
triangles tri-rectangles ou de huitièmes de sphère qui
sont l'unité de surface. Par exemple, si les angles sont
tous égaux à $\frac{4}{3}$ d'un angle droit, alors les trois angles
vaudront 4 angles droits, et le triangle proposé sera
représenté par 4 — 2 ou 2; donc il sera égal à deux
triangles tri-rectangles ou au quart de la surface de
la sphère.

Corollaire II. Le triangle sphérique ABC est équivalent au fuseau dont l'angle est $\frac{A + B + C}{2} - 1$, et aussi
la pyramide sphérique, dont la base est ABC, équivaut
à l'onglet sphérique dont l'angle est $\frac{A + B + C}{2} - 1$.

Scholie. En même temps qu'on compare le triangle
sphérique ABC au triangle tri-rectangle, la pyramide
sphérique qui a pour base ABC se compare et suit la
même proportion avec la pyramide tri-rectangle. L'angle solide au sommet de la pyramide se compare de
même avec l'angle solide au sommet de la pyramide tri-
rectangle. En effet la comparaison s'établit par la coïncidence des parties. Or si les bases des pyramides coïncident, il est évident que les pyramides elles-mêmes
coïncideront ainsi que les angles à leur sommet. De là
résultent plusieurs conséquences.

1°. Deux pyramides triangulaires sphériques sont entre elles comme leurs bases; et puisqu'une pyramide polygonale peut se partager en plusieurs pyramides triangulaires, il s'ensuit que deux pyramides sphériques quelconques sont entre elles comme les polygones qui leur servent de bases.

2°. Les angles solides au sommet des mêmes pyramides sont également dans la proportion des bases. Donc, pour comparer deux angles solides quelconques, il faut placer leurs sommets au centre de deux sphères égales, et ces angles solides seront entre eux comme les polygones sphériques interceptés entre leurs plans ou faces.

L'angle au sommet de la pyramide tri-rectangle est formé par trois plans perpendiculaires entre eux. Cet angle, qu'on peut appeler *angle solide droit*, est très propre à servir d'unité de mesure aux autres angles solides. Cela posé, le même nombre qui donne l'aire du polygone sphérique donnera la mesure de l'angle solide correspondant. Par exemple, si l'aire du polygone sphérique est $\frac{2}{3}$, c'est-à-dire s'il est les $\frac{2}{3}$ du triangle tri-rectangle, l'angle solide correspondant sera aussi $\frac{2}{3}$ de l'angle solide droit.

P R O P O S I T I O N   XXIII.

T H É O R È M E.

La surface d'un polygone sphérique a pour mesure F. 240. la somme de ses angles moins autant de fois deux angles droits que le polygone a de côtés au-delà de deux.

De l'angle A soient menées à tous les autres angles les diagonales AC, AD ; le polygone ABCDE sera partagé en autant de triangles moins deux qu'il a de côtés. Mais la surface de chaque triangle a pour me-

P 2

sure la somme de ses angles moins deux angles droits, et il est clair que la somme de tous les angles des triangles est égale à la somme des angles du polygone. Donc la surface du polygone est égale à la somme de ses angles, moins autant de fois deux angles droits qu'il a de côtés moins deux.

Scholie. Soit s la somme des angles d'un polygone sphérique, n le nombre de ses côtés; l'angle droit étant supposé l'unité, la surface du polygone aura pour mesure $s - 2(n-2)$ ou $s - 2n + 4$.

PROPOSITION XXIV.

THÉORÈME.

Soit S le nombre des angles solides d'un polyedre, H le nombre de ses faces, A le nombre de ses arêtes; je dis qu'on aura toujours $S + H = A + 2$.

Prenez au dedans du polyedre un point d'où vous menerez des lignes droites à tous les angles; imaginez ensuite que du même point comme centre on décrive une surface sphérique qui soit rencontrée par toutes ces lignes en autant de points; joignez ces points par des arcs de grands cercles de manière à former sur la surface de la sphere des polygones correspondants et en même nombre avec les faces du polyedre. Soit ABCDE un de ces polygones, et soit n le nombre de ses côtés; sa surface sera $s - 2n + 4$, s étant la somme des angles A, B, C, D, E. Si on évalue semblablement la surface de chacun des autres polygones sphériques et qu'on les ajoute toutes ensemble, on en conclura que leur somme ou la surface de la sphere, représentée par 8, est égale à la somme de tous les angles des polygones, moins deux fois le nombre de leurs côtés, plus 4 pris autant de fois qu'il y a de faces. Or comme tous les angles qui s'ajustent autour d'un même point A valent quatre angles droits, la somme de tous les angles des polygones est égale à 4 pris autant de fois qu'il y a d'angles solides, elle est donc égale à 4 S. Ensuite le double du nombre des côtés A B, B C, C D, etc. est égal au quadruple du nombre des arêtes ou $= 4$ A, puisque la même arête sert de côté à deux faces. Donc on aura $8 = 4S - 4A + 4H$; et en prenant le quart de chaque membre, $2 = S - A + H$, ou, ce qui revient au même, $S + H = A + 2$.

Corollaire. Il suit de là que *la somme des angles plans qui forment les angles solides d'un polyedre est égale à autant de fois quatre angles droits qu'il y a d'unités dans S — 2, S étant le nombre des angles solides du polyedre.*

Car si on considere une face dont le nombre de côtés soit n, la somme des angles de cette face sera égale à autant de fois deux angles droits qu'il y a d'unités dans $n - 2$. Mais la somme de tous les n, ou le nombre des côtés de toutes les faces, est 2 A, et 2 pris autant de fois qu'il y a de faces $= 2$H. Donc la somme de tous les angles des faces est égale à deux angles droits pris autant de fois qu'il y a d'unités dans $2A - 2H$. D'ailleurs $2A - 2H = 2S - 4 = 2(S - 2)$. Donc la somme dont il s'agit est égale à quatre angles droits pris autant de fois qu'il y a d'unités dans $S - 2$.

PROPOSITION XXV.

THÉORÊME.

F. 241. *De tous les triangles sphériques formés avec deux côtés donnés et un troisieme à volonté, le plus grand est celui qu'on peut inscrire dans une demi-circonférence dont la corde du troisieme côté sera le diametre.*

Soit ABC le triangle le plus grand de tous ceux qu'on peut former avec les deux côtés donnés AB, AC, et un troisieme à volonté ; au-dessous de BC faites le triangle BDC égal à BAC, en sorte qu'on ait BD=AC, et DC=AB ; tirez la diagonale AD, je dis que la diagonale AD est égale à BC.

Car le triangle ABD a les deux côtés AB, BD, égaux aux deux AB, AC, du triangle ABC : si donc le troisieme côté AD n'est pas égal à BC, le triangle ABC sera plus grand par hypothese que ABD ; par la même raison ABC, ou BCD, sera plus grand que ACD : donc ABD + ADC seroit plus petit que ABC + BCD. Mais il est clair au contraire que les deux sommes sont égales puisque l'une et l'autre forment le quadrilatere ABDC ; donc la diagonale AD est égale à BC, et en même temps le triangle BAD est égal au triangle BAC.

Il suit de là que l'angle BAD est égal à ABC, et qu'ainsi le triangle BAO est isoscele ; on a donc BO= AO ; on a de même AO=CO. Donc, si du point O comme pole et de l'intervalle BO on décrit une circonférence, cette circonférence passera par les trois points B, A, C ; donc le triangle *maximum* BAC est celui qu'on peut inscrire dans une demi-circonférence dont la corde du troisieme côté BC est le diametre.

Scholie I. Le triangle sphérique BAC devient un *maxi-*

mum en même temps que le triangle rectiligne BAC formé par les cordes de ses côtés, savoir, lorsque l'angle compris par les cordes AB, AC, est un angle droit. Car alors ce triangle peut être inscrit dans une demi-circonférence dont le troisième côté BC est le diamètre.

Dans le triangle rectiligne BAC l'angle droit A est égal à la somme des deux autres B et C; dans le triangle sphérique BAC, l'angle BAC est aussi égal à la somme des deux autres. Car l'angle $BAC = BAO + CAO$; or $BAO = ABO$ et $CAO = ACO$. Donc l'angle A du triangle sphérique BAC est égal à la somme des deux autres B et C; et de là il suit que l'angle A est obtus, car la somme des trois angles du triangle BAC est double de l'angle A, et d'un autre côté cette même somme est plus grande que deux angles droits.* Donc l'angle A est plus grand qu'un angle droit.

* 19.

Si l'on prolonge les côtés AB, AC, jusqu'à leur rencontre en E, le triangle BCE sera égal au quart de la surface de la sphere. Car l'angle $E = A = ABC + ACB$; donc les trois angles du triangle BCE équivalent aux quatre ABC, CBE, ACB, BCE, dont la somme est 4 angles droits. Donc la surface du triangle BCE* $= 4 - 2 = 2$ qui est le quart de la surface de la sphere.

* 22.

Scholie II. Il n'y auroit pas lieu à *maximum* si la somme des deux côtés donnés AB, AC, étoit égale ou plus grande qu'une demi-circonférence; car puisque le triangle ABC doit être inscrit dans un demi-cercle de la sphere, il faut que la somme des deux côtés AB, AC, soit plus petite que la demi-circonférence d'un cercle de la sphere, et par conséquent plus petite que la demi-circonférence d'un grand cercle.

La raison pourquoi il n'y a pas de *maximum*, lorsque la somme des deux côtés donnés est plus grande

P 4

que la demi-circonférence, c'est qu'alors le triangle augmente de plus en plus à mesure que l'angle compris par les côtés donnés est plus grand. Enfin, lorsque cet angle sera égal à deux droits, les trois côtés seront dans un même plan et formeront une circonférence entière; le triangle sphérique deviendra donc égal à la demi-sphère, mais il cessera alors d'être triangle.

PROPOSITION XXVI.

THÉORÈME.

De tous les triangles sphériques formés avec un côté donné et un périmètre donné, le plus grand est celui dans lequel les deux côtés non déterminés sont égaux.

Soit AB le côté donné commun aux deux triangles ACB, ADB, et soit AC+CB=AD+DB; je dis que le triangle isoscele ACB, dans lequel AC=CB, est plus grand que le non isoscele ADB.

Car ces triangles ayant la partie commune AOB, il suffit de faire voir que le triangle BOD est plus petit que AOC. L'angle CBA, égal à CAB, est plus grand que OAB; ainsi le côté AO est plus grand que OB*; prenez OI=OB, faites OK=OD, et joignez KI; le triangle OKI sera égal à DOB*. Si on nie maintenant que le triangle DOB ou son égal KOI soit plus petit que OAC, il faudra qu'il soit égal ou plus grand; dans l'un ou l'autre cas, puisque le point I est entre les points A et O, il faudra que le point K soit sur OC prolongé, sans quoi le triangle OKI seroit contenu dans le triangle CAO, et par conséquent plus petit. Cela posé, le plus court chemin de C en A étant CA, on a CK+KI+IA > CA. Mais CK=OD—CO, AI=AO—OB, KI=BD; donc

OD — CO + AO — OB + BD > CA, et en réduisant
AD — CB + BD > CA, ou AD + BD > AC + CB. Or
cette inégalité est contraire à l'hypothèse AD + BD =
AC + CB ; donc le point K ne peut tomber sur le
prolongement de OC ; donc il tombe entre O et C, et
par conséquent le triangle KOI, ou son égal ODB, est
plus petit que ACO ; donc le triangle isoscele ACB
est plus grand que le non isoscele ADB de même
base et de même périmetre.

Scholie. Ces deux dernieres propositions sont ana-
logues aux propositions I et III de l'appendice au livre IV ;
ainsi on peut en tirer, par rapport aux polygones
sphériques, les conséquences qui ont lieu pour les
polygones rectilignes. Voici les principales.

1°. *De tous les polygones sphériques isopérimetres*
et d'un même nombre de côtés le plus grand a ses côtés
égaux.

2°. *De tous les polygones sphériques formés avec des*
côtés donnés et un dernier à volonté, le plus grand est
celui qu'on peut inscrire dans un demi-cercle dont la
corde du côté non déterminé est le diametre. Il faut
pour la possibilité de la solution que la somme des
côtés donnés soit moindre qu'une demi-circonférence
de grand cercle.

3°. *Le plus grand des polygones sphériques formés*
avec des côtés donnés est celui qu'on peut inscrire
dans un cercle de la sphere.

4°. *Le plus grand des polygones sphériques qui*
ont le même périmetre et le même nombre de côtés
est le polygone régulier.

Toutes les propositions de *maximum* concernant
les polygones sphériques s'appliquent aux angles
solides dont ces polygones sont la mesure.

APPENDICE AUX LIVRES VI ET VII.
LES POLYEDRES RÉGULIERS.

PROPOSITION I.
THÉORÈME.

Il ne peut y avoir que cinq polyedres réguliers.

Car on a défini *polyedres réguliers* ceux dont toutes les faces sont des polygones réguliers égaux et dont tous les angles solides sont égaux entre eux. Ces conditions ne peuvent avoir lieu que dans un petit nombre de cas.

1°. Si les faces sont des triangles équilatéraux, on peut former chaque angle solide du polyedre avec trois angles de ces triangles, ou avec quatre, ou avec cinq. De là naissent trois corps réguliers, qui sont le tétraedre, l'octaedre et l'icosaedre. On n'en peut pas former un plus grand nombre avec des triangles équilatéraux, car six angles de ces triangles valent quatre angles droits, et ne peuvent former d'angle solide. *

* 21. 5.

2°. Si les faces sont des quarrés, on peut assembler leurs angles trois à trois; et de là résulte l'hexaedre ou cube.

Quatre angles de quarrés valent quatre angles droits, et ne peuvent former d'angle solide.

3°. Enfin, si les faces sont des pentagones réguliers, on pourra encore assembler leurs angles trois à trois, et il en résultera le dodécaedre régulier.

On ne peut aller plus loin; car trois angles d'hexagones réguliers valent quatre angles droits, et trois d'heptagones encore plus.

Donc il ne peut y avoir que cinq polyedres réguliers, trois formés avec des triangles équilatéraux, un avec des quarrés, et un avec des pentagones.

Scholie. On va prouver dans la proposition suivante que ces cinq polyedres existent réellement, et qu'on peut en déterminer toutes les dimensions lorsqu'on connoît une de leurs faces.

P R O P O S I T I O N I I.

P R O B L È M E.

Etant donnée une face de l'un des polyedres régu- F. 245. *liers, ou seulement son côté, décrire le polyedre.*

Ce problême en présente cinq qui vont être résolus successivement.

1°. *Le tétraedre.* Soit ABC le triangle équilatéral qui doit être une des faces du tétraedre ; au point O, centre de ce triangle, élevez OS perpendiculaire au plan ABC ; terminez cette perpendiculaire au point S, de sorte que AS=AB ; joignez SB, SC, et la pyramide SABC sera le tétraedre requis.

Car, à cause des distances égales OA, OB, OC, les obliques SA, SB, SC, s'écartent également de la perpendiculaire SO et sont égales. L'une d'elles SA=AB ; donc les quatre faces de la pyramide SABC sont des triangles égaux au triangle donné ABC. D'ailleurs les angles solides de cette pyramide sont égaux entre eux, puisqu'ils sont formés chacun avec trois angles plans égaux. Donc cette pyramide est un tétraedre régulier.

2°. *L'hexaedre.* Soit ABCD un quarré donné : sur F. 244. la base ABCD construisez un prisme droit dont la hauteur AE soit égale au côté AB. Il est clair que les faces de ce prisme seront des quarrés égaux., et que ses angles solides sont égaux entre eux comme étant formés avec trois angles droits ; donc ce prisme est un hexaedre régulier ou cube.

245. 3°. *L'octaedre.* Soit A M B un triangle équilatéral donné : sur le côté A B décrivez le quarré ABCD ; au point O , centre de ce quarré , élevez sur son plan la perpendiculaire TS, terminée de part et d'autre en T et S, de maniere que OT=OS=AO ; joignez ensuite SA, SB, TA, etc. ; vous aurez un solide SABCDT, composé de deux pyramides quadrangulaires SABCD, TABCD, adossées par leur base commune ABDC : ce solide sera l'octaedre régulier demandé.

En effet le triangle AOS est rectangle en O, ainsi que le triangle AOD ; les côtés AO , OS, OD, sont égaux ; donc ces triangles sont égaux, et on a AS=AD. On démontrera de même que tous les autres triangles rectangles AOT, BOS, COT, etc. sont égaux au triangle AOD ; donc tous les côtés AB, AS, AD, etc. sont égaux entre eux , et par conséquent le solide SABCDT est compris sous huit triangles égaux au triangle équilatéral donné ABM. Je dis de plus que les angles solides du polyedre sont égaux entre eux ; par exemple l'angle S est égal à l'angle B.

Car il est visible que le triangle SAC est égal au triangle DAC, et qu'ainsi l'angle ASC est droit ; donc la figure SATC est un quarré égal au quarré ABCD. Mais si on compare la pyramide BASCT à la pyramide SABCD, la base ASCT de la première peut se placer sur la base ABCD de la seconde ; alors le point O étant un centre commun, la hauteur OB de la première se confondra avec la hauteur OS de la seconde, et les deux pyramides se confondront en une

seule ; donc l'angle solide S est égal à l'angle solide B ;
donc le solide SABCDT est un octaedre régulier.

Scholie. Si trois droites égales AC, BD, ST, sont
perpendiculaires entre elles et se coupent dans leur
milieu, les extrémités de ces droites seront les angles
d'un octaedre régulier.

4°. *Le dodécaedre.* Soit ABCDE un pentagone fi. 245.
régulier donné ; soient ABP, CBP, deux angles plans
égaux à l'angle ABC : avec ces angles plans formez
l'angle solide B, et déterminez par la proposition XXIII,
livre V, l'inclinaison mutuelle de deux de ces plans,
inclinaison que j'appelle K. Formez semblablement
aux points C, D, E, A, des angles solides égaux à l'angle
solide B et situés de la même maniere : le plan CBP
sera le même avec le plan BCG, puisqu'ils sont inclinés
l'un et l'autre de la même quantité K sur le plan ABCD.
On peut donc dans le plan PBCG décrire le pentagone
BCGFP égal au pentagone ABCDE. Si on fait de
même dans chacun des autres plans CDI, DEL, etc.,
on aura une surface convexe PFGH, etc. composée de six
pentagones réguliers égaux et inclinés chacun sur son
adjacent de la même quantité K. Soit *pfgh*, etc. une seconde
surface égale à PFGH, et é, je dis que ces deux surfaces peuvent être réunies de maniere à ne former qu'une seule surface
face convexe continue. En effet l'angle *opf*, par exemple,
peut se joindre aux deux angles OPB, BPF, pour faire un
angle solide P égal à l'angle B ; et dans cette jonction il
ne sera rien changé à l'inclinaison des plans BPF, BPO,
puisque cette inclinaison est telle qu'il la faut pour la
formation de l'angle solide. Mais en même temps que
l'angle solide P se forme, le côté *pf* s'appliquera sur
son égal PF, et au point F se trouveront réunis trois
angles plans PFG, *pfe*, *efg*, qui formeront un angle

solide égal à chacun des angles déja formés ; cette jonction se fera sans rien changer ni à l'état de l'angle P ni à celui de la surface *efgh*, etc.; car les plans PFG, *efp*, déja réunis en P., ont entre eux l'inclinaison convenable K, ainsi que les plans *efg*, *efp*. Continuant ainsi de proche en proche, on voit que les deux surfaces s'ajusteront mutuellement l'une avec l'autre pour ne former qu'une seule surface continue et rentrante sur elle-même. Cette surface sera celle d'un dodécaedre régulier, puisqu'elle est composée de douze pentagones réguliers égaux et que tous ses angles solides sont égaux entre eux.

F. 247.   5°. *L'icosaedre.* Soit ABC une de ses faces ; il faut d'abord former un angle solide avec cinq plans égaux au plan ABC et également inclinés chacun sur son adjacent. Pour cela sur le côté B'C' égal à BC faites le pentagone régulier B'C'H'I'D'; au centre de ce pentagone élevez sur son plan une perpendiculaire, que vous terminerez en A' de manière que B'A'=B'C'; joignez A'C', A'H', A'I', A'D', et l'angle solide A' formé par les cinq plans B'A'C', C'A'H', etc. sera l'angle solide requis. Car les obliques A'B', A'C', etc. sont égales, l'une d'elles A'B' est égale au côté B'C'; donc tous les triangles B'A'C', C'A'H', etc. sont égaux entre eux et au triangle donné ABC.

Il est visible d'ailleurs que les plans B'A'C', C'A'H', etc. sont également inclinés chacun sur son adjacent; car les angles solides B', C', etc. sont égaux entre eux, puisqu'ils sont formés chacun avec deux angles de triangles équilatéraux et un de pentagone régulier. Appelons K l'inclinaison des deux plans où sont les angles égaux, inclinaison qu'on peut déterminer par la proposition XXIII, livre V; l'angle K sera en même temps l'inclinaison de chacun des plans qui composent l'angle solide A$'$ sur son adjacent.

Cela posé, si on fait aux points A, B, C, des angles solides égaux chacun à l'angle A$'$, on aura une surface convexe D E F G, etc. composée de dix triangles équilatéraux dont chacun sera incliné sur son adjacent de la quantité K, et les angles D, E, F, etc. de son contour réuniront alternativement trois et deux angles de triangles équilatéraux. Imaginez une seconde surface égale à la surface D E F G, etc. ; ces deux surfaces pourront s'adapter mutuellement en joignant chaque angle triple de l'une à un angle double de l'autre ; et comme les plans de ces angles ont déjà entre eux l'inclinaison K nécessaire pour former un angle solide quintuple égal à l'angle A, il ne sera rien changé dans cette jonction à l'état de chaque surface en particulier, et les deux ensemble formeront une seule surface continue composée de vingt triangles équilatéraux. Cette surface sera celle de l'icosaedre régulier, puisque d'ailleurs tous les angles solides sont égaux entre eux.

PROPOSITION III.

PROBLÊME.

Trouver l'inclinaison de chaque face d'un polyedre régulier sur la face adjacente.

Cette inclinaison se déduit immédiatement de la construction qui vient d'être donnée des cinq polyedres réguliers ; à quoi il faut ajouter la proposition XXIII, livre V, par laquelle, étant donnés les trois angles plars qui forment un angle solide, on détermine l'angle que deux de ces plans font entre eux.

Dans le tétraedre. Chaque angle solide est formé de trois angles de triangles équilatéraux : il faut donc chercher par le problème cité l'angle que deux de ces plans font entre eux; cet angle sera l'inclinaison de deux faces adjacentes du tétraèdre.

Dans l'hexaedre. L'angle de deux faces adjacentes est un angle droit.

Dans l'octaedre. Formez un angle solide avec deux angles de triangles équilatéraux et un angle droit, l'inclinaison des deux plans où sont les angles des triangles sera celle de deux faces adjacentes de l'octaedre.

Dans le dodécaedre. Chaque angle solide est formé avec trois angles de pentagones réguliers; ainsi l'inclinaison des plans de deux de ces angles sera celle de deux faces adjacentes du dodécaedre.

Dans l'icosaedre. Formez un angle solide avec deux angles de triangles équilatéraux et un angle de pentagone régulier, l'inclinaison des deux plans où sont les angles des triangles sera celle de deux faces adjacentes de l'icosaedre.

PROPOSITION IV.

PROBLÈME.

F. 248. *Etant donné le côté d'un polyedre régulier, trouver le rayon de la sphere inscrite et celui de la sphere circonscrite au polyedre.*

Il faut d'abord démontrer que tout polyedre régulier peut être inscrit et circonscrit à une sphere.

Soit AB le côté commun à deux faces adjacentes, soient C et E les centres de ces deux faces, et CD, ED les perpendiculaires abaissées de ces centres sur le côté commun AB, lesquelles tomberont au point D, milieu de ce côté. Les deux perpendiculaires CD, DE, font entre elles un angle connu qui est égal à l'inclinaison de deux faces adjacentes déterminée par le problème précédent.

précédent. Or si dans le plan CDE, perpendiculaire à AB, on mene sur CD et ED les perpendiculaires indéfinies CO et EO, qui se rencontrent en O, je dis que le point O sera le centre de la sphere inscrite et celui de la sphere circonscrite, le rayon de la premiere étant OC, et celui de la seconde OA.

En effet, puisque les apothêmes CD, DE, sont égales, et l'hypoténuse DO commune, le triangle rectangle CDO est égal au triangle rectangle ODE, et la perpendiculaire OC est égale à la perpendiculaire OE. Mais AB étant perpendiculaire au plan CDE, le plan ABC est perpendiculaire à CDE*, ou CDE à ABC: d'ailleurs CO, dans le plan CDE, est perpendiculaire à CD, intersection commune des plans CDE, ABC; donc * CO est perpendiculaire au plan ABC. Par la même raison EO est perpendiculaire au plan ABE; donc les deux perpendiculaires CO, EO, menées aux plans de deux faces adjacentes par les centres de ces faces, se rencontrent en un même point O et sont égales. Supposons maintenant que ABC et ABE représentent deux autres faces adjacentes quelconques, l'apothême CD restera toujours de la même grandeur, ainsi que l'angle CDO, moitié de CDE; donc le triangle rectangle CDO et son côté CO sera égal par rapport à toutes les faces du polyedre. Donc, si du point O comme centre et du rayon OC on décrit une sphere, cette sphere touchera toutes les faces du polyedre dans leurs centres (car les plans ABC, ABE, seront perpendiculaires à l'extrémité d'un rayon), et la sphere sera inscrite dans le polyedre, ou le polyedre circonscrit à la sphere.

Joignez OA, OB; à cause de CA=CB, les deux obliques OA, OB, s'écartant également de la perpen-

* 17. 5.

* 18. 5.

diculaire, seront égales ; il en sera de même de deux autres lignes quelconques menées du centre O aux extrémités d'un même côté ; donc toutes ces lignes sont égales entre elles. Donc si du point O comme centre et du rayon OA on'décrit une surface sphérique, cette surface passera par les sommets de tous les angles solides du polyedre, et la sphere sera circonscrite au polyedre ou le polyedre inscrit dans la sphere.

Cela posé, la solution du problême proposé n'a plus aucune difficulté, et peut s'effectuer ainsi :

F. 249. Etant donné le côté d'une face du polyedre, décrivez cette face, et soit CD son apothême. Cherchez par le problême précédent l'inclinaison de deux faces adjacentes du polyedre, et faites l'angle CDE égal à cette inclinaison. Prenez DE égale à CD, menez CO et EO perpendiculaires à CD et ED ; ces deux perpendiculaires se rencontreront en un point O, et CO sera le rayon de la sphere inscrite dans le polyedre.

Sur le prolongement de DC prenez CA égale au rayon du cercle circonscrit à une face du polyedre, et OA sera le rayon de la sphere circonscrite à ce même polyedre.

Car les triangles rectangles CDO, CAO, de la figure 249 sont égaux aux triangles de même nom dans la figure 248. Ainsi, tandis que CD et CA sont les rayons des cercles inscrit et circonscrit à une face du polyedre, OD et OA sont les rayons des spheres inscrite et circonscrite au même polyedre.

Scholie. On peut tirer des propositions précédentes plusieurs conséquences.

1°. Tout polyedre régulier peut être partagé en autant de pyramides régulieres que le polyedre a de faces ; le sommet commun de ces pyramides sera le centre du polyedre qui est en même temps celui des spheres inscrite et circonscrite.

2°. La solidité d'un polyedre régulier est égale à sa surface multipliée par le tiers du rayon de la sphere inscrite.

3°. Deux polyedres réguliers de même nom sont deux solides semblables, et leurs dimensions homologues sont proportionnelles ; donc les rayons des spheres inscrites ou circonscrites sont entre eux comme les côtés de ces polyedres.

4°. Si on inscrit un polyedre régulier dans une sphere, les plans menés du centre le long des différents côtés partageront la surface de la sphere en autant de polygones égaux et semblables que le polyedre a de faces.

LIVRE VIII.

LES CORPS RONDS.

DÉFINITIONS.

F. 250.   I. Oɴ appelle *cylindre* le solide produit par la révolution d'un rectangle ABCD, qu'on imagine tourner autour du côté immobile AB.

Dans ce mouvement les côtés BC, AD, restant toujours perpendiculaires à AB, décrivent des plans circulaires égaux DHE, CGF, qu'on appelle les *bases du cylindre*, et le côté CD en décrit *la surface convexe*.

La ligne immobile AB s'appelle *l'axe du cylindre*.

Toute section KLM, faite dans le cylindre perpendiculairement à l'axe, est un cercle égal à chacune des bases. Car pendant que le rectangle ABCD tourne autour de AB, la ligne IK, perpendiculaire à AB, décrit un plan circulaire égal à la base, et ce plan n'est autre chose que la section faite perpendiculairement à l'axe au point I.

Toute section PQGH faite suivant l'axe, est un rectangle double du rectangle générateur ABCD.

F. 251.   II. On appelle *cône* le solide produit par la révolution du triangle rectangle SAB, qu'on imagine tourner autour du côté immobile SA.

Dans ce mouvement le côté AB décrit un plan circulaire BDCE, qu'on appelle la *base du cône*, et l'hypoténuse SB en décrit la *surface convexe*.

Le point S s'appelle le *sommet du cône*, SA *l'axe* ou *la hauteur*, et SB *le côté* ou *l'apothême*.

Toute section HKFI, faite perpendiculairement à l'axe, est un cercle; toute section SDE, faite suivant l'axe, est un triangle isoscele double du triangle générateur SAB.

III. Si du cône SCDB on retranche, par une section parallele à la base, le cône SFKH, le solide restant CBHF s'appelle *cône tronqué* ou *tronc de cône.* On peut supposer qu'il est décrit par la révolution du trapeze ABHG, dont les angles A et G sont droits, autour du côté AG. *La ligne immobile* AG s'appelle *l'axe* ou la *hauteur* du tronc, les cercles BDC, HKF, en sont les *bases*, et BH en est le *côté*.

IV. Deux cylindres ou deux cônes sont *semblables* lorsque leurs axes sont entre eux comme les diametres de leurs bases.

V. Si dans le cercle ACD qui sert de base à un cylindre on inscrit un polygone ABCDE, et que sur la base ABCDE on éleve un prisme droit égal en hauteur au cylindre, le prisme est dit *inscrit dans le cylindre*, ou le cylindre *circonscrit au prisme.* F. 252.

Il est clair que les arêtes AF, BG, CH, etc. du prisme, étant perpendiculaires au plan de la base, sont comprises dans la surface du cylindre. Donc le prisme et le cylindre se touchent suivant ces arêtes.

VI. Pareillement si ABCD est un polygone circonscrit à la base d'un cylindre, et que sur la base ABCD on construise un prisme droit égal en hauteur au cylindre, le prisme est dit *circonscrit au cylindre*, ou le cylindre *inscrit dans le prisme.* F. 253.

Soient M, N, etc. les points de contact des côtés AB, BC, etc., et soient élevées par les points M, N, etc.

Q 3

les perpendiculaires M X , N Y , etc. au plan de la base,
il est clair que ces perpendiculaires seront à la fois
dans la surface du cylindre et dans celle du prisme
circonscrit ; donc elles seront leurs lignes de contact.

Nota. Le cylindre, le cône et la sphere sont les *trois*
corps ronds dont on s'occupe dans les éléments.

Lemmes préliminaires sur les surfaces.

I.

F. 254.

Une surface plane O A B C D *est plus petite que*
toute autre surface I A B C D, *terminée au même con-*
tour A B C D.

Cette proposition est assez évidente pour être ran-
gée au nombre des axiomes, car on pourroit supposer
que le plan est parmi les surfaces ce que la ligne droite
est parmi les lignes. La ligne droite est la plus courte
entre deux points donnés, de même le plan est la surface la plus petite entre toutes celles qui ont un même
contour. Cependant comme il convient de réduire les
axiomes au plus petit nombre possible, voici un raisonnement qui ne laissera aucun doute sur cette proposition.

Une surface étant une étendue en longueur et largeur, on ne peut concevoir qu'une surface soit plus
grande qu'une autre, à moins que les dimensions de
la première n'excedent dans quelques sens celles de la
seconde ; et s'il arrive que les dimensions d'une surface
soient en tous sens plus petites que les dimensions d'une
autre surface, il est évident que la première surface sera
la plus petite des deux. Or dans quelque sens qu'en
fasse passer le plan B I D , qui coupera la surface plane
suivant B D , et l'autre surface suivant C I D , la ligne

droite BD sera toujours plus petite que BID. Donc la surface plane OABCD est plus petite que la surface environnante IABCD.

I I.

Toute surface convexe OABCD *est moindre qu'une* autre surface quelconque qui envelopperoit la premiere en s'appuyant sur le même contour ABCD.

Nous répéterons ici que nous entendons par *surface convexe* une surface qui ne peut être rencontrée par une ligne droite en plus de deux points. Et cependant il est possible qu'une ligne droite s'applique exactement, dans un certain sens, sur une surface convexe; on en voit des exemples dans les surfaces du cône et du cylindre. Nous observerons aussi que la dénomination de *surface convexe* n'est pas bornée aux seules surfaces courbes; elle comprend les surfaces *polyédrales* ou composées de plusieurs plans, et aussi les surfaces en partie courbes, en partie polyédrales.

Cela posé, si la surface OABCD n'est pas plus petite que toutes celles qui l'enveloppent, soit parmi celles-ci PABCD la surface la plus petite qui sera au plus égale à OABCD. Par un point quelconque O, faites passer un plan qui touche la surface OABCD sans la couper : ce plan rencontrera la surface PABCD, et la partie qu'il en retranchera est plus grande que le plan lui-même terminé à la même surface. Donc, en conservant le reste de la surface PABCD, on pourroit substituer le plan à la partie retranchée, et on auroit une nouvelle surface qui envelopperoit toujours la surface OABCD, et qui seroit plus petite que PABCD.

Mais celle-ci est la plus petite de toutes par hypothese; donc cette hypothese ne sauroit subsister. Donc la surface convexe OABCD est plus petite que toute autre surface qui envelopperoit O A B C D et qui seroit terminée au même contour A B C D.

Scholie. Par un raisonnement entièrement semblable on prouvera,

F. 256.   1°. Que si une surface convexe terminée par deux contours A B C, D E F, est enveloppée par une autre surface quelconque terminée aux mêmes contours, la surface enveloppée sera la plus petite des deux.

F. 257.   2°. Que si une surface convexe A B est enveloppée de toutes parts par une autre surface M N, soit qu'elles aient des points, des lignes ou des plans communs, soit qu'elles n'aient aucun point de commun, la surface enveloppée sera toujours plus petite que la surface enveloppante.

Car parmi celles-ci il ne peut y en avoir aucune qui soit un *minimum*, puisque dans toutes les hypotheses on pourroit toujours mener le plan C D tangent à la surface convexe, lequel plan seroit plus petit que la surface C M D ; et ainsi la surface C N D seroit plus petite que M N, ce qui est contraire à l'hypothese que M N est un *minimum*. Donc il n'y a point de *minimum* hors de la surface convexe ; donc cette surface elle-même est un *minimum* par rapport à toutes celles qui l'enveloppent.

PROPOSITION I.

THÉORÈME.

F. 258.   *La solidité d'un cylindre est égale au produit de sa base par sa hauteur.*

Soit C A le rayon de la base du cylindre donné, H sa hauteur ; représentons par *surf.* C A la surface du cercle dont le rayon est C A ; je dis que la solidité du cylindre sera *surf.* C A $\times$ H. Car si *surf.* C A $\times$ H n'est pas la mesure du cylindre donné, ce produit sera la mesure d'un cylindre plus grand ou plus petit. Et d'abord supposons qu'il soit la mesure d'un cylindre plus petit, par exemple du cylindre dont CD est le rayon de la base et H la hauteur.

Circonscrivez au cercle dont le rayon est CD, un polygone régulier GHIP, dont les côtés ne rencontrent pas la circonférence dont CA est le rayon *; imaginez ensuite un prisme droit qui ait pour base le polygone GHIP, et pour hauteur H, lequel prisme sera circonscrit au cylindre dont CD est le rayon de la base. Cela posé, la solidité du prisme* est égale à sa base GHIP multipliée par la hauteur H : la base GHIP est plus petite que le cercle dont CA est le rayon; donc la solidité du prisme est plus petite que *surf.* CA $\times$ H. Mais *surf.* CA $\times$ H est par hypothese la solidité du cylindre inscrit dans le prisme; donc le prisme seroit plus petit que le cylindre contenu dans le prisme, ce qui est absurde. Donc il est impossible que *surf.* CA $\times$ H soit la mesure du cylindre dont CD est le rayon de la base et H la hauteur, ou, en termes plus généraux, *le produit de la base d'un cylindre par sa hauteur ne peut mesurer un cylindre plus petit.*

Je dis en second lieu que ce même produit ne peut mesurer un cylindre plus grand. Car, pour ne pas multiplier les figures, soit CD le rayon de la base du cylindre donné, et soit, s'il est possible, *surf.* CD $\times$ H la mesure d'un cylindre plus grand, par exemple, du cylindre dont CA est le rayon de la base et qui a toujours H pour hauteur.

Si on fait la même construction que dans le premier cas, le prisme circonscrit au cylindre donné aura pour mesure GHIP$\times$H : l'aire GHIP est plus

* 10. 4.

* 14. 6.

grande que *surf.* CD ; donc la solidité du prisme dont il s'agit est plus grande que *surf.* CD $\times$ H : le prisme seroit donc plus grand que le cylindre de même hauteur qui a pour base *surf.* CA. Or au contraire le prisme est plus petit que le cylindre, puisqu'il y est contenu. Donc *il est impossible que la base d'un cylindre multipliée par sa hauteur soit la mesure d'un cylindre plus grand.*

Donc enfin la solidité d'un cylindre est égale au produit de sa base par sa hauteur.

Corollaire I. Les cylindres de même hauteur sont entre eux comme leurs bases ; et les cylindres de même base sont entre eux comme leurs hauteurs.

Corollaire II. Les cylindres semblables sont comme les cubes des hauteurs, ou comme les cubes des diametres des bases. Car les bases sont comme les quarrés de leurs diametres ; et puisque les cylindres sont semblables, les diametres des bases sont comme les hauteurs * : donc les bases sont comme les quarrés des hauteurs ; donc les bases multipliées par les hauteurs, ou les cylindres eux-mêmes, sont comme les cubes des hauteurs.

Scholie. Soit R le rayon de la base d'un cylindre, H sa hauteur, la surface de la base sera πR^2 *, et la solidité du cylindre sera $\pi R^2 \times H$, ou $\pi R^2 H$.

*Déf. 4.

*12. 4.

PROPOSITION II.

LEMME.

P. 252.

La surface convexe d'un prisme droit est égale au périmetre de sa base multiplié par sa hauteur.

Car cette surface est égale à la somme des rectangles AFGB, BGHC, CHID, etc. dont elle est composée : or les hauteurs AF, BG, CH, etc. de ces rectangles sont égales à la hauteur du prisme ; leurs bases AB,

BC, CD, etc., prises ensemble, font le périmetre de la base du prisme. Donc la somme de ces rectangles ou la surface convexe du prisme est égale au périmetre de sa base multiplié par sa hauteur.

Corollaire. Si deux prismes droits ont la même hauteur, les surfaces convexes de ces prismes seront entre elles comme les périmetres de leurs bases.

PROPOSITION III.

LEMME.

La surface convexe du cylindre est plus grande que la surface convexe de tout prisme inscrit, et plus petite que la surface convexe de tout prisme circonscrit.

Cette proposition pourroit paroître assez évidente par elle-même; cependant nous la démontrerons à-peu-près de la même maniere que les lemmes préliminaires.

1°. Si la surface convexe du cylindre n'est pas plus grande que celle de tout prisme inscrit, il faudra que parmi les prismes inscrits il y en ait un dont la surface soit la plus grande de toutes. Soit ABCDE la base de ce prisme, et AF la hauteur commune au prisme et au cylindre; la surface qu'on suppose un *maximum* sera égale à AF multipliée par le contour ABCDE. Mais si on prend à volonté le point M sur l'arc AME, il est clair que $AM + ME > AE$, et qu'ainsi le contour ABCDEM est plus grand que le contour ABCDE. Donc le prisme inscrit qui auroit pour base ABCDEM a une plus grande surface que celui qui a pour base ABCDE; donc la surface de celui-ci ne peut être la plus grande de toutes, contre l'hypothèse. Donc 1°. la surface convexe du cylindre est plus grande que celle de tout prisme inscrit.

F. 253. 2°. Cette même surface est plus petite que celle de tout prisme circonscrit. Car si cela n'étoit pas, parmi les prismes circonscrits il y en auroit un dont la surface seroit la plus petite de toutes. Soit ABCD la base de ce prisme, et soit toujours AF la hauteur commune au prisme et au cylindre; la surface qu'on suppose un *minimum* sera égale à AF multipliée par le contour ABCD. Mais en menant à volonté dans l'angle A la tangente KL, il est clair que KL < AL+AK, et qu'ainsi le contour BCDKL est plus petit que ABCD. Donc, à hauteurs égales, la surface du prisme qui auroit pour base BCDKL seroit plus petite que celle du prisme dont la base est ABCD; donc cette dernière n'est pas la plus petite de toutes. Donc 2°. la surface convexe du cylindre est plus petite que celle de tout prisme circonscrit.

PROPOSITION IV.

THÉORÈME.

F. 253. *La surface convexe d'un cylindre est égale à la circonférence de sa base multipliée par sa hauteur.*

Soit CA le rayon de la base du cylindre donné, H sa hauteur, si on représente par *circ.* CA la circonférence qui a pour rayon CA, je dis que *circ.* CA$\times$H sera la surface convexe de ce cylindre. Car si on nie cette proposition, il faudra que *circ.* CA$\times$H soit la surface d'un cylindre plus grand ou plus petit; et d'abord supposons qu'elle soit la surface d'un cylindre plus petit. par exemple du cylindre dont CD est le rayon de la base et H la hauteur.

Circonscrivez au cercle dont le rayon est CD un polygone régulier GHIP, dont les côtés ne rencontrent pas la circonférence dont CA est le rayon; imaginez ensuite un prisme droit qui ait pour hauteur H, et pour base le polygone GHIP. La surface convexe de ce prisme sera égale au contour du polygone GHIP multiplié par la hauteur H*: ce contour est plus petit que la circonférence dont le rayon est CA; donc la surface convexe du prisme est plus petite que *circ.* CA × H. Mais *circ.* CA × H est par hypothese la surface convexe du cylindre dont CD est le rayon de la base, lequel cylindre est inscrit dans le prisme; donc la surface convexe du prisme seroit plus petite que celle du cylindre inscrit. Or au contraire elle doit être plus grande; donc l'hypothese d'où l'on est parti est absurde. Donc 1°. *la circonférence de la base d'un cylindre multipliée par sa hauteur ne peut mesurer la surface convexe d'un cylindre plus petit.*

Je dis en second lieu que ce même produit ne peut mesurer la surface d'un cylindre plus grand. Car pour ne pas changer de figure, soit CD le rayon de la base du cylindre donné, et soit, s'il est possible, *circ.* CD × H la surface convexe d'un cylindre qui avec la même hauteur auroit une base plus grande, par exemple le cercle dont le rayon est CA. On fera la même construction que dans la premiere hypothese, et la surface convexe du prisme sera toujours égale au contour du polygone GHIP multiplié par la hauteur H. Mais ce contour est plus grand que *circ.* CD; donc la surface du prisme seroit plus grande que *circ.* CD × H, qui, par hypothese, est la surface du cylindre de même hauteur dont CA est le rayon de la base. Donc la surface du prisme seroit plus grande que celle de ce cylindre. Mais quand même le prisme seroit inscrit dans le cylindre, sa surface seroit plus petite que celle du cylindre; à plus forte raison est-elle plus petite lorsque le prisme n'at-

* 2.

teint pas jusqu'au cylindre. Donc la seconde hypothese est aussi absurde que la première. Donc 2°. *la circonférence de la base d'un cylindre multipliée par sa hauteur ne peut mesurer la surface d'un cylindre plus grand.*

Donc enfin la surface convexe d'un cylindre est égale à la circonférence de sa base multipliée par sa hauteur.

PROPOSITION V.

THÉORÈME.

La solidité d'un cône est égale au produit de sa base par le tiers de sa hauteur.

Soit SOA le triangle rectangle qui par sa révolution autour de SO décrit le cône donné ; je dis que la solidité de ce cône sera égale à *surf.* AO $\times \frac{1}{3}$ SO.

En effet supposons 1°. que *surf.* AO $\times \frac{1}{3}$ SO soit la solidité d'un cône plus grand, par exemple du cône dont SO est toujours la hauteur, mais dont OB, plus grand que AO, est le rayon de la base.

Au cercle dont le rayon est AO circonscrivez un polygone régulier MNPT qui ne rencontre pas la circonférence dont le rayon est OB*; imaginez ensuite une pyramide qui ait pour base le polygone et pour sommet le point S. La solidité de cette pyramide* est égale à l'aire du polygone MNPT multipliée par le tiers de la hauteur SO. Mais le polygone est plus grand que le cercle inscrit représenté par *surf.* AO; donc la pyramide est plus grande que *surf.* AO $\times \frac{1}{3}$ SO, qui, par hypothese, est la mesure du cône dont S est le sommet et OB le rayon de la base. Or au contraire la pyramide est plus petite que le cône, puisqu'elle y est contenue. Donc 1°, il est impossible que la base d'un cône

(marges)
F. 269.

*10. 4.

*19. 6.

multipliée par le tiers de sa hauteur soit la mesure d'un cône plus grand.

Je dis 2°. que ce même produit ne peut être la mesure d'un cône plus petit. Car, pour ne pas changer de figure, soit OB le rayon de la base du cône donné, et soit, s'il est possible, *surf*. OB $\times \frac{1}{3}$ SO la solidité du cône qui a pour hauteur SO et pour base *surf*. AO. On fera la même construction que ci-dessus, et la pyramide SMNP, etc. aura pour mesure le polygone MNP, etc. multiplié par $\frac{1}{3}$ SO. Mais le polygone est plus petit que *surf*. OB; donc la pyramide est plus petite que *surf*. OB $\times \frac{1}{3}$ SO, et par conséquent plus petite que le cône dont AO est le rayon de la base et SO la hauteur. Or au contraire la pyramide est plus grande que le cône, puisque le cône y est contenu. Donc 2°. il est impossible que la base d'un cône multipliée par le tiers de sa hauteur soit la mesure d'un cône plus petit.

Donc enfin la solidité d'un cône est égale au produit de sa base par le tiers de sa hauteur.

Corollaire. Donc un cône est le tiers d'un cylindre de même base et de même hauteur; et de là il suit,

1°. Que les cônes d'égale hauteur sont entre eux comme leurs bases;

2°. Que les cônes de bases égales sont entre eux comme leurs hauteurs;

3°. Que les cônes semblables sont comme les cubes des diametres de leurs bases, ou comme les cubes de leurs hauteurs.

Scholie. Soit R le rayon de la base d'un cône, H sa hauteur; la solidité du cône sera $\pi R^2 \times \frac{1}{3} H$ ou $\frac{1}{3} \pi R^2 H$.

PROPOSITION VI.

THÉORÈME.

F. 260.

Le cône tronqué ADEB, dont OA et PD sont les rayons des bases et PO la hauteur, a pour mesure $\frac{\pi}{3}$. OP·$(\overline{AO}^2 + \overline{DP}^2 + AO \times DP)$.

Soit TFGH une pyramide triangulaire de même hauteur que le cône SAB, et dont la base FGH soit équivalente à la base du cône. On peut supposer que ces deux bases sont placées sur un même plan; alors les sommets S et T seront à égales distances du plan, et le plan EPD prolongé fera dans la pyramide la section IKL. Or je dis que cette section IKL est équivalente à la base DE. Car les bases AB, DE, sont entre elles comme les

* 11. 4. quarrés des rayons AO, DP*, ou comme les quarrés des hauteurs SO, SP; les triangles FGH, IKL, sont
* 15. 6. entre eux comme les quarrés de ces mêmes hauteurs*; donc les cercles AB, DE, sont entre eux comme les triangles FGH, IKL. Mais par hypothese le triangle FGH est équivalent au cercle AB; donc le triangle IKL est équivalent au cercle DE.

Maintenant la base AB multipliée par $\frac{1}{3}$ SO est la mesure du cône SAB, et la base FGH multipliée par $\frac{1}{3}$ SO est celle de la pyramide TFGH; donc, à cause des bases équivalentes, la pyramide est équivalente au cône. Par une raison semblable la pyramide TIKL est équivalente au cône SDE; donc le tronc de cône ADEB est équivalent au tronc de pyramide FGHIKL. Mais la base FGH, équivalente au cercle dont le rayon est AO, a pour mesure $\pi \times \overline{AO}^2$; de même la base IKL $= \pi \times \overline{DP}^2$, et la moyenne proportionnelle entre $\pi \times \overline{AO}^2$ et $\pi \times \overline{DP}^2$ est $\pi \times AO \times DP$. Donc la solidité

solidité du tronc de pyramide ou celle du tronc de cône, a pour mesure $\frac{1}{3}OP \times (\pi \times \overline{AO} + \pi \times \overline{DP} + \pi \times AO \times DP)$ *, qui est la même chose que $\frac{\pi}{3} \times OP \times (\overline{AO} + \overline{DP} + AO \times DP)$.

*20. 6.

PROPOSITION VII.

THÉORÈME.

La surface convexe d'un cône est égale à la circonférence de sa base multipliée par la moitié de son côté.

Soit AO le rayon de la base du cône donné, S son sommet, et SA son côté; je dis que sa surface sera *circ.* $AO \times \frac{1}{2}SA$. Car soit, s'il est possible, *circ.* $AO \times \frac{1}{2}SA$, la surface d'un cône qui auroit pour sommet le point S et pour base le cercle décrit du rayon OB plus grand que AO.

Circonscrivez au petit cercle un polygone régulier qui n'atteigne pas le grand, et imaginez la pyramide régulière SMNPQ, etc., qui auroit pour base le polygone et pour sommet le point S. Le triangle SMN, l'un de ceux qui composent la surface convexe de la pyramide, a pour mesure sa base MN multipliée par la moitié de la hauteur SA, qui est en même temps le côté du cône donné; cette hauteur étant égale dans tous les autres triangles SNP, SPQ, etc., il s'ensuit que la surface convexe de la pyramide est égale au contour MNPQR, etc., multiplié par $\frac{1}{2}$ SA. Mais le contour MNPQR, etc., est plus grand que *circ.* AO; donc la surface convexe de la pyramide est plus grande que *circ.* $AO \times \frac{1}{2}SA$, et par conséquent plus grande que la surface convexe du cône qui avec le même sommet S auroit pour base le cercle décrit du rayon

R

OB. Or au contraire la surface convexe du cône est plus grande que celle de la pyramide; car si on adosse base à base la pyramide à une pyramide égale, le cône à un cône égal, la surface des deux cônes enveloppera de toutes parts la surface des deux pyramides; donc la premiere surface sera plus grande que la seconde; donc la surface du cône est plus grande que celle de la pyramide qui y est comprise. Le contraire étoit une suite de notre hypothese; donc cette hypothese ne peut avoir lieu : donc 1°. la circonférence de la base d'un cône donné multipliée par la moitié de son côté ne peut mesurer la surface d'un cône plus grand.

Je dis 2°. que le même produit ne peut mesurer la surface d'un cône plus petit. Car soit BO le rayon de la base du cône donné, et soit, s'il est possible, *circ.* BO × ½SB la surface du cône dont S est le sommet, et AO plus petit que OB le rayon de la base.

Ayant fait la même construction que ci-dessus, la surface de la pyramide SMNP, etc. sera toujours égale au contour MNP, etc. multiplié par ½SA. Or le contour MNP, etc. est moindre que *circ.* BO, SA est moindre que SB; donc par cette double raison la surface convexe de la pyramide est moindre que *circ.* BO × ½SB, qui par hypothese est la surface du cône dont AO est le rayon de la base; donc la surface de la pyramide seroit plus petite que celle du cône inscrit. Or au contraire elle est plus grande; car en adossant base à base la pyramide à une pyramide égale, le cône à un cône égal, la surface des deux pyramides enveloppera celle des deux cônes, et par conséquent sera la plus grande. Donc 2°. il est impossible que la circonférence de la base d'un cône donné multipliée par la moitié de son côté, mesure la surface d'un cône plus petit.

Donc enfin la surface convexe d'un cône est égale à la circonférence de sa base multipliée par la moitié de son côté.

PROPOSITION VIII.

THÉORÈME.

La surface convexe du tronc de cône ADEB est égale à son côté AD multiplié par la demi-somme des circonférences de ses deux bases AB, DE.

Dans le plan SAB qui passe par l'axe SO, menez perpendiculairement à SA la ligne AF, égale à la circonférence qui a pour rayon AO; joignez SF, et menez DH parallele à AF.

A cause des triangles semblables SAO, SDC, on aura AO : DC :: SA : SD ; et à cause des triangles semblables SAF, SDH, on aura AF : DH :: SA : SD; donc AF : DH :: AO : DC, ou :: *circ.* AO : *circ.* DC. Mais par construction AF = *circ.* AO; donc DH = *circ.* DC. Cela posé, le triangle SAF, qui a pour mesure AF $\times \frac{1}{2}$ SA, est égal à la surface du cône SAB qui a pour mesure *circ.* AO $\times \frac{1}{2}$ SA. Par une raison semblable le triangle SDH est égal à la surface du cône SDE. Donc la surface du tronc ADEB est égale à celle du trapeze ADHF. Celle-ci a pour mesure * AD $\times$ $\left(\frac{AF + DH}{2}\right)$; donc la surface du tronc de cône ADEB est égale à son côté AD multiplié par la demi-somme des circonférences de ses deux bases.

Corollaire. Par le point I, milieu de AD, menez IKL parallele à AB, et IM parallele à AF: on démontrera comme ci-dessus que IM = *circ.* IK. Mais le trapeze ADHF = AD $\times$ IM = AD $\times$ *circ.* IK. Donc *la surface d'un tronc de cône est égale à son côté mult.*

R 2

tiplié par la circonférence d'une section faite à égale distance des deux bases.

Scholie. Si une ligne AD, située tout entière d'un même côté de la ligne OC et dans le même plan, fait une révolution autour de OC, la surface décrite par AD aura pour mesure $AD \times \left(\dfrac{circ.\ AO + circ.\ DC}{2} \right)$, ou $AD \times circ.\ IK$, les lignes AO, DC, IK, étant des perpendiculaires abaissées des extrémités et du milieu de la ligne AD sur l'axe OC.

Car si on prolonge AD et OC jusqu'à leur rencontre mutuelle en S, il est clair que la surface décrite par AD est celle d'un cône tronqué dont AO et DC sont les rayons des bases, le cône entier ayant pour sommet le point S. Donc cette surface aura la mesure mentionnée.

Cette mesure auroit toujours lieu, quand même le point D tomberoit en S, ce qui donneroit un cône entier, et aussi quand la ligne AD seroit parallele à l'axe, ce qui donneroit un cylindre. Dans le premier cas DC seroit nulle, dans le second DC seroit égale à AO et à IK.

PROPOSITION IX.

THÉORÈME.

Soient AB, BC, CD, plusieurs côtés successifs d'un f. 263.
*polygone régulier, O son centre, et OI le rayon du
cercle inscrit ; si on suppose que la portion de polygone ABCD, située tout entiere d'un même côté du
diametre FG, fasse une révolution autour de ce diametre, la surface décrite par ABCD aura pour mesure* MQ×circ. OI, MQ *étant la hauteur de cette surface ou la partie de l'axe comprise entre les perpendiculaires extrêmes* AM, DQ.

Le point I étant milieu de AB, et IK étant une perpendiculaire à l'axe abaissée du point I, la surface décrite
par AB aura pour mesure AB × circ. IK. Menez AX
parallele à l'axe, les triangles ABX, OIK, auront les
côtés perpendiculaires chacun à chacun, savoir OI à
AB, IK à AX, et OK à BX ; donc ces triangles sont
semblables et donnent la proportion AB : AX ou MN
:: OI : IK ou :: circ. OI : circ. IK ; donc AB × circ.
IK = MN × circ. OI. D'où il suit que la surface décrite par AB est égale à sa hauteur MN multipliée par
la circonférence du cercle inscrit. De même la surface
décrite par BC, = NP × circ. OI, la surface décrite par
CD, = PQ × circ. OI. Donc la surface décrite par la portion de polygone ABCD a pour mesure (MN + NP + PQ)
× circ. OI, ou MQ × circ. OI ; donc elle est égale à sa
hauteur multipliée par la circonférence du cercle inscrit.

Corollaire. Si le polygone entier est d'un nombre de côtés pair et que l'axe FG passe par deux angles opposés F et
G, la surface entiere décrite par la révolution du demi-
polygone FACG sera égale à son axe FG multiplié

par la circonférence du cercle inscrit. Cet axe FG sera en même temps le diametre du cercle circonscrit.

PROPOSITION X.

THÉORÈME.

T. 264. *La surface de la sphere est égale à son diametre multiplié par la circonférence d'un grand cercle.*

Je dis 1°. que le diametre d'une sphere multiplié par la circonférence de son grand cercle ne peut mesurer la surface d'une sphere plus grande. Car soit, s'il est possible, AB $\times$ *circ.* AC la surface de la sphere qui a pour rayon CD.

Au cercle dont le rayon est CA, circonscrivez un polygone régulier d'un nombre pair de côtés qui n'atteigne pas la circonférence dont CD est le rayon ; soient M et S deux angles opposés de ce polygone ; et autour du diametre MS faites tourner le demi-polygone MPS. La surface décrite par ce polygone aura pour mesure MS $\times$ *circ.* AC : mais MS est plus grand que AB ; donc la surface décrite par le polygone est plus grande que AB $\times$ *circ.* AC, et par conséquent plus grande que la surface de la sphere dont le rayon est CD. Or au contraire la surface de la sphere est plus grande que la surface décrite par le polygone, puisque la première enveloppe la seconde de toutes parts. Donc 1°. le diametre d'une sphere multiplié par la circonférence de son grand cercle ne peut mesurer la surface d'une sphere plus grande.

Je dis 2°. que ce même produit ne peut mesurer la surface d'une sphere plus petite. Car soit, s'il est possible, DE $\times$ *circ.* CD la surface de la sphere qui a pour rayon CA. On fera la même construction que dans le premier cas, et la surface du solide engendré par le

polygone sera toujours égale à MS × circ. AC. Mais
MS est plus petit que DE et circ. AC plus petite que
circ. CD ; donc, par double raison, la surface du solide provenant du polygone est plus petite que DE
× circ. CD, et par conséquent plus petite que la surface
de la sphère dont le rayon est AC. Or au contraire la
surface décrite par le polygone est plus grande que la
sphère décrite du rayon AC, puisque la première surface enveloppe la seconde ; donc 2°. le diametre d'une
sphère multiplié par la circonférence de son grand cercle
ne peut être la mesure de la surface d'une sphere plus
petite.

Donc la surface de la sphere est égale à son diametre multiplié par la circonférence de son grand
cercle.

Corollaire. La surface du grand cercle se mesure en
multipliant sa circonférence par la moitié du rayon ou
le quart de diametre ; donc *la surface de la sphere est
quadruple de celle d'un grand cercle.*

Scholie. La surface de la sphere étant ainsi mesurée
et comparée à des surfaces planes, il sera facile d'avoir
la valeur absolue des fuseaux et triangles sphériques
dont on a déterminé ci-dessus le rapport avec la surface
entiere de la sphere.

D'abord le fuseau dont l'angle est A est à la surface de la sphere comme l'angle A est à quatre angles
droits *, ou comme l'arc de grand cercle qui mesure *20.
l'angle A est à la circonférence de ce même grand
cercle. Mais la surface de la sphere est égale à cette circonférence multipliée par le diametre ; donc la surface
du fuseau est égale à l'arc qui mesure l'angle de ce fuseau multiplié par le diametre.

En second lieu tout triangle sphérique est équivalent

R 4

à un fuseau dont l'angle est égal à la moitié de l'excès
de la somme de ses trois angles sur deux angles droits *.
Soient donc P, Q, R, les arcs de grand cercle qui me
surent les trois angles du triangle ; soit C la circonfé
rence d'un grand cercle, et D son diametre ; le trian
gle sphérique sera équivalent au fuseau dont l'angle a
pour mesure $\frac{P+Q+R-\frac{1}{2}C}{2}$, et par conséquent sa sur
face sera $D \times \left(\frac{P+Q+R-\frac{1}{2}C}{2}\right)$.

Ainsi, dans le cas du triangle tri-rectangle, chacun
des arcs P, Q, R, est égal à $\frac{1}{4}$C, leur somme est $\frac{3}{4}$C,
l'excès de cette somme sur $\frac{1}{2}$C est $\frac{1}{4}$C, et la moitié de
cet excès $=\frac{1}{8}$C ; donc la surface du triangle tri-rectan
gle $=\frac{1}{8}$C$\times$D, ce qui est la huitieme partie de la sur
face totale de la sphere.

La mesure des polygones sphériques suit immédiate
ment de celle des triangles, et d'ailleurs elle est entiè
rement déterminée par la prop. 23, liv. VII, puisque
l'unité de mesure, qui est le triangle tri-rectangle, vient
d'être évaluée en surface plane.

PROPOSITION XI.
THÉORÈME.

*La surface d'une zone sphérique quelconque est
égale à la hauteur de cette zone multipliée par la
circonférence d'un grand cercle.*

Soit d'abord AB un arc moindre ou non plus grand
que le quart de circonférence, soit abaissée la perpen
diculaire BD de l'extrémité de cet arc sur le rayon A
qui passe par l'autre extrémité ; je dis que si l'arc A
fait une révolution autour de AC, la zone décrite aura
pour mesure AD $\times$ *circ.* AC.

Car 1°. soit, s'il est possible, AD × *circ*. AC la mesure de la surface décrite par l'arc plus grand EI tournant autour du même axe et terminé à la même perpendiculaire DB. Inscrivez dans l'arc EI une portion de polygone régulier dont les côtés n'atteignent pas l'arc concentrique AB★. Pendant que l'arc EI tournant autour de ED, décrit une zone sphérique, le polygone EFGHI décrira une surface courbe qui a pour mesure ED × *circ*. CK★, CK étant la perpendiculaire abaissée du centre sur un côté EF. Mais ED est plus grand que AD; CK est plus grand que AC; par cette double raison ED × *circ*. CK est plus grand que AD × *circ*. AC, qui par hypothèse est la surface de la zone décrite par l'arc EI. Donc la surface décrite par le polygone EFGHI seroit plus grande que la zone décrite par l'arc circonscrit EI. Or au contraire la zone est plus grande que la surface courbe polygonale, puisqu'elle l'enveloppe de toutes parts; donc 1°. il est impossible que la hauteur de la zone donnée multipliée par la circonférence du grand cercle soit la mesure d'une zone plus grande.

Je dis 2°. que ce même produit ne peut mesurer une zone plus petite. Car soit, s'il est possible, ED × *circ*. EC la mesure de la zone décrite par l'arc AB. La construction précédente demeurant la même, la surface décrite par le polygone EFGHI sera toujours ED × *circ*. CK. Mais CK est plus petit que EC; donc la surface courbe polygonale est plus petite que ED × *circ*. EC, et par conséquent plus petite par hypothèse que la zone décrite par l'arc AB. Or au contraire la surface polygonale est plus grande que la zone; car si on applique base à base la surface polygonale à une surface égale, la zone à une zone égale, la double surface polygonale enveloppera de toutes parts

★ 16. 4.

★ 9.

la doublé zone, et sera par conséquent la plus grande
des deux; puisque d'ailleurs, l'arc AB n'excédant pas
le quart de circonférence, la double zone ne-cesseroit
pas d'être une surface convexe; donc 2°. il est impossible que la hauteur de la zone donnée, multipliée par
la circonférence du grand cercle, soit la mesure d'une
zone plus petite.

Il suit de là que la zone décrite par l'arc AB a pour
mesure AD $\times$ circ. AC, au moins tant que l'arc AB
n'excede pas le quart de la circonférence. Mais la sphere
entiere composée des deux zones décrites par les arcs
AB, BM, a pour mesure AM $\times$ circ. AC, ou AD $\times$
circ. AC + DM $\times$ circ. AC; donc puisque AD $\times$
circ. AC est la zone décrite par l'arc AB, DM $\times$ circ.
AC sera la zone décrite par l'arc BM plus grand que le
quart de circonférence; donc *toute zone à une base a*
pour mesure sa hauteur multipliée par la circonférence
d'un grand cercle.

Considérons enfin une zone quelconque décrite par
la révolution de l'arc PB autour de l'axe AM, et soient
abaissées sur l'axe les deux perpendiculaires BD, PQ.
La zone décrite par l'arc BM a pour mesure DM $\times$
circ. AC : la zone décrite par l'arc PM a pour mesure
MQ $\times$ circ. AC : donc la différence de ces deux zones
ou la zone décrite par l'arc BP a pour mesure (DM —
MQ) $\times$ circ. AC ou DQ $\times$ circ. AC. Donc toute zone
sphérique à une ou à deux bases a pour mesure la hauteur de cette zone multipliée par la circonférence d'un
grand cercle.

Corollaire. Deux zones sont entre elles comme leurs
hauteurs, et une zone quelconque est à la surface de
la sphère comme la hauteur de la zone est au diametre.

PROPOSITION XII.

THÉORÊME.

Si le triangle BAC *et le rectangle* BCEF *de même* F. 266.
base et de même hauteur tournent simultanément
autour de la base commune BC, *le solide décrit par*
la révolution du triangle sera le tiers du cylindre dé-
crit par la révolution du rectangle.

Abaissez sur l'axe la perpendiculaire AD; le cône
décrit par le triangle ABD est le tiers du cylindre
décrit par le rectangle AFBD*; de même le cône dé-   * 5.
crit par le triangle ADC est le tiers du cylindre décrit par le rectangle ADCE; donc la somme des deux
cônes ou le solide décrit par ABC est le tiers de la
somme des deux cylindres ou du cylindre décrit par
le rectangle BCEF.

Si la perpendiculaire AD tomboit au dehors du trian- F. 267.
gle, alors le solide décrit par ABC seroit la différence
des cônes décrits par ABD, ACD; mais en même
temps le cylindre décrit par BCEF seroit la différence
des cylindres décrits par AFBD, AECD. Donc le solide décrit par la révolution du triangle sera toujours
le tiers du cylindre décrit par la révolution du rectangle de même base et de même hauteur.

Scholie. Le cercle dont AD est le rayon a pour
surface $\pi \times \overline{AD}^2$; donc $\pi \times \overline{AD}^2 \times BC$ est la mesure du
cylindre décrit par BCEF, et $\frac{\pi}{3} \times \overline{AD}^2 \times BC$ est celle
du solide décrit par le triangle ABC.

PROPOSITION XIII.

PROBLÈME.

268. *Le triangle* CAB *étant supposé faire une révolution autour de la ligne* CD, *menée comme on voudra hors du triangle par un de ses angles* C, *trouver la mesure du solide ainsi engendré.*

Prolongez le côté AB jusqu'à ce qu'il rencontre l'axe CD en D, des points A et B abaissez sur l'axe les perpendiculaires AM, BN.

Le solide décrit par le triangle ADC a pour mesure, suivant la proposition précédente, $\frac{\pi}{3}\overline{AM} \times CD$; le solide décrit par le triangle CBD a pour mesure $\frac{\pi}{3}\overline{BN} \times CD$; donc la différence de ces solides ou le solide décrit par ABC aura pour mesure $\frac{\pi}{3}.(\overline{AM} - \overline{BN}) \times CD$.

On peut donner à cette expression une autre forme. Du point I, milieu de AB, menez IK perpendiculaire à CD, et par le point B menez BO parallèle à CD on aura AM + BN = 2 IK* et AM — BN = AO; donc (AM + BN) × (AM — BN), ou $\overline{AM} - \overline{BN}$ = 2 IK × AO*. La mesure du solide dont il s'agit est donc exprimée aussi par $\frac{2\pi}{3}$ IK × AO × CD. Mais si on abaisse CP perpendiculaire sur AB, les triangles ABO, DCP, seront semblables, et donneront la proportion AO : CP :: AB : CD; d'où résulte AO × CD = CP × AB; d'ailleurs CP × AB est le double de l'aire du triangle ABC; ainsi on a AO × CD = 2 ABC; donc le solide décrit par le triangle ABC aussi pour mesure $\frac{4}{3}$ π × ABC × KI, ou, ce qui est la même chose, ABC × $\frac{4}{3}$ circ. KI; (car circ. IK = 2 π. IK). *Donc le solide décrit par la révolution du triangle* ABC *a pour mesure l'aire de ce triangle mul-*

tipliée par les deux tiers de la circonférence que décrit
en tournant le point I milieu de sa base.

Corollaire. Si le côté AC=CB, la ligne CI sera perpendiculaire à AB, l'aire ABC sera égale à AB × ½ CI,
et la solidité ⅔ π × ABC × IK deviendra ⅔ π × AB ×
IK × CI. Mais les triangles ABO, CIK, sont semblables et donnent la proportion AB : BO ou MN :: CI :
IK; donc AB × IK = MN × CI; donc le solide décrit par le triangle isoscele ABC aura pour mesure
⅔ π × MN × CI.

Scholie. La démonstration précédente paroît supposer que la ligne AB prolongée rencontre l'axe; mais les
résultats n'en seroient pas moins vrais, quand la ligne
AB seroit parallele à l'axe.

En effet le cylindre décrit par AMBN a pour me-
sure $\pi.\overline{AM}.MN$, le cône décrit par ACM=$\frac{\pi}{3}\overline{AM}^2$.
CM, et le cône décrit par BCN=$\frac{\pi}{3}.\overline{AM}^2.CN$. Ajoutant les deux premiers solides et retranchant le troisieme, on aura pour le solide décrit par ABC, $\pi.\overline{AM}^2$.
(MN + ⅓ CM − ⅓ CN) : or, à cause de CN − CM =
MN, cette expression se réduit à $\pi.\overline{AM}^2.$ ⅔ MN, ou
$\frac{2\pi}{3}\overline{CP}^2.$ MN, ce qui s'accorde avec les résultats déjà
trouvés.

F. 269.

F. 270.

PROPOSITION XIV.

THÉORÈME.

F. 263.　　*Soient* AB, BC, CD, *plusieurs côtés successifs d'un polygone régulier*, O *son centre, et* OI *le rayon du cercle inscrit; si on imagine que le secteur polygonal* AOD, *situé d'un même côté du diametre* FG, *fasse une révolution autour de ce diametre, le solide décrit aura pour mesure* $\frac{2\pi}{3}.\overline{OI}.$ MQ, MQ *étant la portion de l'axe terminée par les perpendiculaires extrêmes* AM, DQ.

En effet puisque le polygone est régulier, tous les triangles AOB, BOC, etc. sont égaux et isosceles. Or le solide produit par le triangle isoscele AOB a pour mesure, suivant le corollaire de la prop. précédente, $\frac{2\pi}{3}.$ $\overline{OI}.$ MN, le solide décrit par le triangle BOC a pour mesure $\frac{2\pi}{3}\overline{OI}.$ NP, et le solide décrit par le triangle COD, a pour mesure $\frac{2\pi}{3}.$ $\overline{OI}.$ PQ. Donc la somme de ces solides, ou le solide entier décrit par le secteur polygonal AOD, aura pour mesure $\frac{2\pi}{3}.$ $\overline{OI}.$ (MN + NP + PQ) ou $\frac{2\pi}{3}.$ $\overline{OI}.$ MQ.

PROPOSITION XV.

THÉORÈME.

F. 271　　*Tout secteur sphérique a pour mesure la zone qui lui sert de base multipliée par le tiers du rayon, et la sphere entiere a pour mesure sa surface multipliée par le tiers du rayon.*

Soit ABC le secteur circulaire qui par sa révolution autour de AC décrit le secteur sphérique, la zone décrite par AB étant AD × circ. AC ou 2 π. AC. AD je dis que le secteur sphérique aura pour mesure cette zone multipliée par $\frac{1}{3}$ AC, ou $\frac{2\pi}{3}$. $\overline{\text{AC}}$. AD.

En effet, 1°. supposons, s'il est possible, que cette quantité $\frac{2\pi}{3}$. $\overline{\text{AC}}$. AD soit la mesure d'un secteur sphérique plus grand, par exemple, du secteur sphérique décrit par le secteur circulaire ECF.

Inscrivez dans l'arc EF la portion de polygone régulier EMNPOF dont les côtés ne rencontrent pas l'arc AB, imaginez ensuite que le secteur polygonal ENFG tourne autour de EC en même temps que le secteur circulaire ECF. Soit CI le rayon du cercle inscrit dans le polygone, et soit abaissée FG perpendiculaire sur EC. Le solide décrit par le secteur polygonal aura pour mesure $\frac{2\pi}{3}$ $\overline{\text{CI}}^2 \times$ EG* : or CI est plus grand que AC par construction, et EG est plus grand que AD : car CG : CD :: CF : CB ou CG : CD :: CE : CA ; donc *dividendo*, CE — CG : CA — CD :: CE : CA, ou EG : AD :: CE : CA ; donc EG > AD.

Par cette double raison $\frac{2\pi}{3} \times \overline{\text{CI}}^2 \times$ EG est plus grand que $\frac{2\pi}{3} \overline{\text{CA}}^2 \times$ AD : la première expression est la mesure du solide décrit par le secteur polygonal, la seconde est par hypothese celle du secteur sphérique décrit par le secteur circulaire ECF ; donc le solide décrit par le secteur polygonal seroit plus grand que le secteur sphérique décrit par le secteur circulaire ECF. Or il est évident au contraire que le solide dont il s'agit est moindre que le secteur sphérique, puisqu'il y est contenu. Donc l'hypothese d'où on est parti ne sauroit subsister. Donc 1°. la zone, ou base d'un secteur sphérique multipliée par le tiers du rayon ne peut mesurer un secteur sphérique plus grand.

Je dis 2°. que le même produit ne peut mesurer un secteur sphérique plus petit. Car soit CEF le secteur circulaire qui par sa révolution produit le secteur sphérique donné, et supposons, s'il est possible, que $\frac{2\pi}{3}$. $\overline{CE}^2 \times EG$ soit la mesure d'un secteur sphérique plus petit, par exemple de celui qui provient du secteur circulaire ACB.

La construction précédente restant la même, le solide décrit par le secteur polygonal aura toujours pour mesure $\frac{2\pi}{3}$. $\overline{CI}$. EG. Mais CI est moindre que CE; donc le solide est moindre que $\frac{2\pi}{3}$. $\overline{CE}$. EG, qui par hypothese est la mesure du secteur sphérique décrit par le secteur circulaire ACB. Donc le solide décrit par le secteur polygonal seroit moindre que le secteur sphérique décrit par ACB; or au contraire il est évident que le solide est plus grand que le secteur sphérique puisque celui-ci est contenu dans l'autre. Donc 2°. il est impossible que la zone d'un secteur sphérique multipliée par le tiers du rayon soit la mesure d'un secteur sphérique plus petit.

Donc tout secteur sphérique a pour mesure la zone qui lui sert de base multipliée par le tiers du rayon.

Un secteur circulaire ACB peut augmenter jusqu'à devenir égal au demi-cercle; alors le secteur sphérique décrit par sa révolution est la sphere entiere. Donc *la solidité de la sphere est égale à sa surface multipliée par le tiers du rayon.*

Corollaire. Les surfaces des spheres étant comme les quarrés de leurs rayons, ces surfaces multipliées par les rayons seront comme les cubes des rayons. Donc *les solidités de deux spheres sont comme les cubes de leurs rayons, ou comme les cubes de leurs diametres.*

Scholie

Scholie. Soit R le rayon d'une sphere, sa surface sera $4\pi R^2$, et sa solidité $4\pi R^2 \times \frac{1}{3}R$, ou $\frac{4}{3}\pi R^3$. Si on appelle D le diametre, à cause de $R = \frac{1}{2}D$, on a $R^3 = \frac{1}{8}D^3$, et la solidité s'exprime aussi par $\frac{4}{3}\pi \times \frac{1}{8}D^3$, ou $\frac{1}{6}\pi D^3$.

PROPOSITION XVI.

THÉORÈME.

La surface de la sphere est à la surface totale du cylindre circonscrit (en y comprenant ses bases) comme *2 est à 3. Les solidités de ces deux corps sont entre elles dans le même rapport.*

F. 272.

Soit MPNQ le grand cercle de la sphere, ABCD le quarré circonscrit ; si on fait tourner à la fois le demi-cercle PMQ et le demi-quarré PADQ autour du diametre PQ, le demi-cercle décrira la sphere, et le demi-quarré décrira le cylindre circonscrit à la sphere.

La hauteur AD de ce cylindre est égale au diametre PQ, la base du cylindre est égale au grand cercle puisqu'elle a pour diametre AB égale à MN ; donc la surface convexe du cylindre * est égale à la circonférence du grand cercle multipliée par son diametre. Cette mesure est la même que celle de la surface de la sphere* : d'où il suit que *la surface de la sphere est égale à la surface convexe du cylindre circonscrit.*

* 4.

* 10.

Mais la surface de la sphere est égale à quatre grands cercles ; donc la surface convexe du cylindre circonscrit est égale aussi à quatre grands cercles : si on y joint les deux bases qui valent deux grands cercles, la surface totale du cylindre circonscrit sera égale à six grands cercles ; donc la surface de la sphere est à la surface totale du cylindre circonscrit comme 4 est à 6 ou comme

S

2 est à 3. C'est le premier point qu'il s'agissoit de dé montrer.

En second lieu, puisque la base du cylindre circon scrit est égale à un grand cercle et sa hauteur au dia metre, la solidité du cylindre sera égale au grand cercle multiplié par le diametre*. Mais la solidité de la sphere est égale à quatre grands cercles multipliés par le tiers du rayon*, ce qui revient à un grand cercle multiplié par $\frac{4}{3}$ du rayon ou $\frac{2}{3}$ du diametre : donc la sphere est au cylindre circonscrit comme 2 est à 3, et par conséquent les solidités de ces deux corps sont entre elles comme leurs surfaces.

Scholie. Si on imagine un polyedre dont toutes les faces touchent la sphere, ce polyedre pourra être con sidéré comme composé de pyramides qui ont toutes pour sommet le centre de la sphere et dont les bases sont les différentes faces du polyedre. Or il est clair que toutes ces pyramides auront pour hauteur commune le rayon de la sphere, de sorte que chaque pyramide sera égale à la face du polyedre qui lui sert de base, multipliée par le tiers du rayon : donc le polyedre entier sera égal à sa surface multipliée par le tiers du rayon de la sphere inscrite.

On voit par-là que les solidités des polyedres cir conscrits à la sphere sont entre elles comme les sur faces de ces mêmes polyedres. Ainsi la propriété que nous avons démontrée pour le cylindre circonscrit est commune à une infinité d'autres corps.

On auroit pu remarquer également que les surfaces des polygones circonscrits au cercle sont entre elles comme leurs contours.

PROPOSITION XVII.

PROBLÈME.

Le segment circulaire BMD *étant supposé faire* F. 273. *une révolution autour du diametre* AG *extérieur à ce segment, trouver la valeur du solide engendré.*

Abaissez sur l'axe les perpendiculaires BE, DF; menez CI perpendiculaire sur la corde BD; et tirez les rayons CB, CD.

Le solide décrit par le secteur BCA $= \frac{2}{3}\pi . \overline{CA}^2 . AE \star$; $\star$ 15.

le solide décrit par le secteur DCA $= \frac{2}{3}\pi . \overline{CA}^2 . AF$; donc la différence de ces deux solides, ou le solide décrit par le secteur DCB $= \frac{2}{3}\pi . \overline{CA}^2 . (AF - AE) = \frac{2}{3}\pi . \overline{CA}^2 . EF$. Mais le solide décrit par le triangle isoscele DCB a pour mesure $\frac{2}{3}\pi . \overline{CI}^2 . EF \star$; donc le solide décrit par le segment BMD $= \frac{2}{3}\pi . EF . (\overline{CA}^2 - \overline{CI}^2)$. Or $\star$ 13. dans le triangle rectangle CBI on a $\overline{CB}^2 - \overline{CI}^2 = \overline{BI}^2 = \frac{1}{4}\overline{BD}^2$; donc, à cause de CA $=$ CB, le solide décrit par le segment BMD aura pour mesure $\frac{2}{3}\pi . EF . \frac{1}{4}\overline{BD}^2$, ou $\frac{1}{6}\pi \overline{BD}^2 . EF$.

PROPOSITION XVIII.

THÉORÊME.

Tout segment de sphere compris entre deux plans F. 273. *paralleles a pour mesure la demi-somme de ses bases multipliée par sa hauteur, plus la solidité de la sphere dont cette même hauteur est le diametre.*

Soient BE, DF, les rayons des bases du segment, EF sa hauteur; de sorte que le segment soit produit par la révolution de l'espace circulaire BMDFE autour de l'axe FE. Le solide décrit par le segment BMD $\star$ = $\star$ 17.

$\frac{\pi}{6}\overline{BD}^2$. EF, le tronc de cône décrit par le trapeze BDFE

$= \frac{\pi}{3}\overline{EF}$. $(\overline{BE}^2 + \overline{DF}^2 + BE.DF)$; donc le segment de

sphere qui est la somme de ces deux solides $= \frac{\pi}{6}$. EF.

$(2\overline{BE}^2 + 2\overline{DF}^2 + 2BE.DF + \overline{BD}^2)$. Mais en menant

BO parallele à EF, on aura $DO = DF - BE$, $\overline{DO}^2 =$

$\overline{DF}^2 - 2DF.BE + \overline{BE}^2$ *, et par conséquent $\overline{BD}^2 = \overline{BO}^2$

$+ \overline{DO}^2 = \overline{EF}^2 + \overline{DF}^2 - 2DF \times BE + \overline{BE}^2$. Mettant

cette valeur à la place de $\overline{BD}^2$ dans l'expression du seg-

ment et effaçant ce qui se détruit, on aura pour la so-

lidité du segment,

$$\frac{\pi}{6}EF. (3\overline{BE}^2 + 3\overline{DF}^2 + \overline{EF}^2),$$

ce qui se décompose en deux parties : l'une $\frac{\pi}{6}$. EF.

$(3\overline{BE}^2 + 3\overline{DF}^2)$ ou EF. $\left(\dfrac{\pi.\overline{BE}^2 + \pi.\overline{DF}^2}{2}\right)$ la demi-

somme des bases multipliée par la hauteur, l'autre $\frac{\pi}{6}$. $\overline{EF}^3$

représente la sphere dont EF est le diametre*. Donc

tout segment de sphere, etc.

Corollaire. Si l'une des bases est nulle, le segment

dont il s'agit devient un segment sphérique à une seule

base ; donc *tout segment sphérique à une base a pour*

valeur la moitié du cylindre de même base et de même

hauteur, plus la sphere dont cette hauteur est le dia-

metre.

Scholie général.

Soit R le rayon de la base d'un cylindre, H sa hau-

teur; la solidité du cylindre sera $\pi R^2 \times H$ ou $\pi R^2 H$.

Soit R le rayon de la base d'un cône, H sa hauteur;

la solidité du cône sera $\pi R^2 \times \frac{1}{3}H$, ou $\frac{1}{3}\pi R^2 H$.

Soient A et B les rayons des bases d'un cône tron-

{, H sa hauteur; la solidité du tronc de cône sera $\frac{\pi}{3}$ H

'$+ B^2 + AB$).

Soit R le rayon d'une sphere; sa solidité sera $\frac{4}{3}\pi R^3$.

Soit R le rayon d'un secteur sphérique, H la hauteur

la zone qui lui sert de base; la solidité du secteur

a $\frac{2}{3}\pi R^2 H$.

Soient P et Q les deux bases d'un segment sphérique, H

hauteur; la solidité de ce segment sera $\left(\frac{P+Q}{2}\right)$. H

.$\frac{1}{6}\pi H^3$.

Si le segment sphérique n'a qu'une base P, l'autre

ant nulle, sa solidité sera $\frac{1}{2}PH + \frac{1}{6}\pi H^3$.

Fin des Éléments de Géométrie.

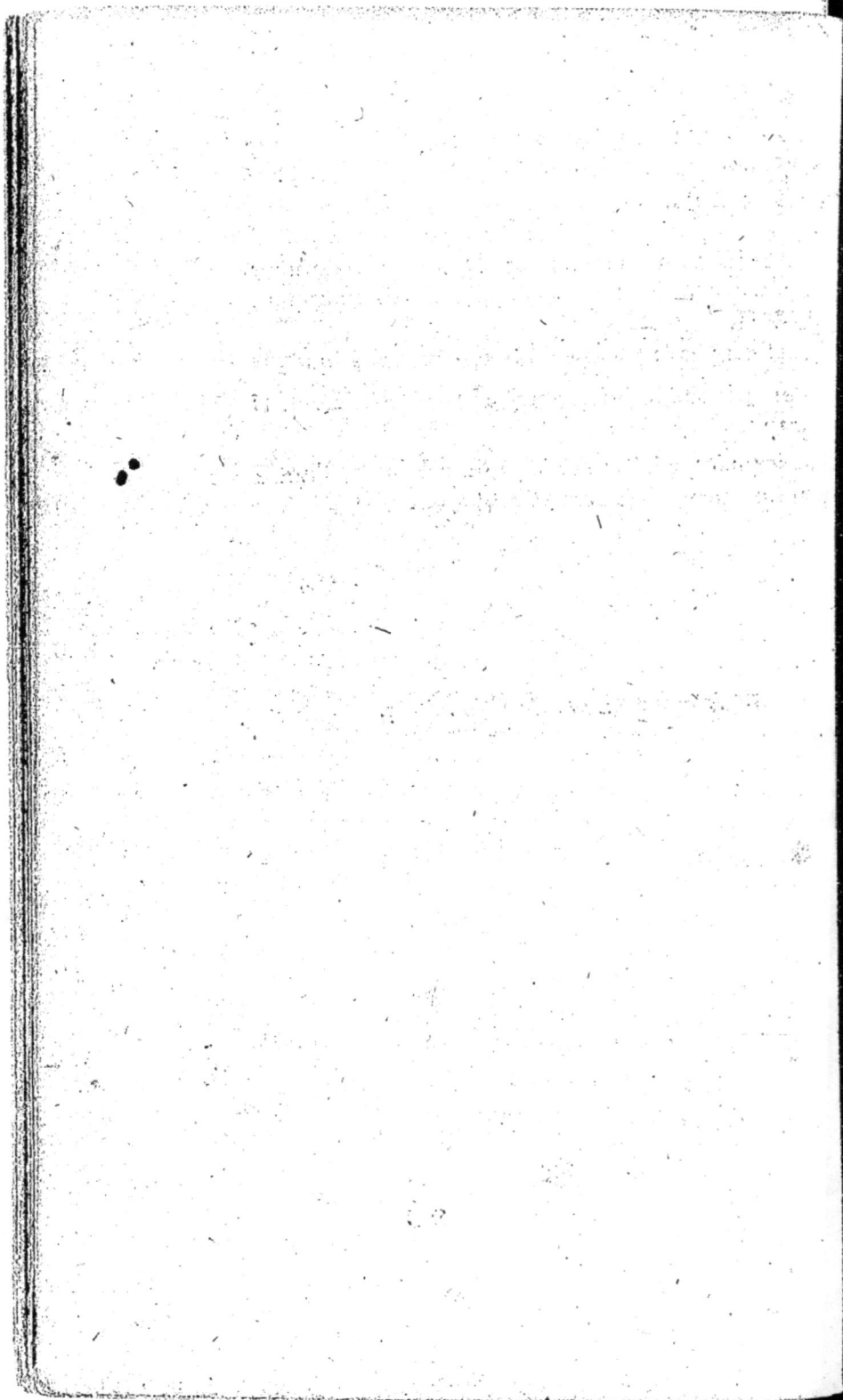

NOTES
SUR LES ÉLÉMENTS DE GÉOMÉTRIE.

NOTE I. *Sur quelques noms et définitions.*

ON a introduit dans cet ouvrage quelques expressions et définitions nouvelles qui, tendent à donner au langage géométrique plus d'exactitude et de précision. Nous allons rendre compte de ces changements, et en proposer quelques autres qui pourroient remplir plus complètement les mêmes vues.

Dans la définition ordinaire du *parallélogramme rectangle* et du *quarré* on dit que les angles de ces figures sont droits; il seroit plus exact de dire que leurs angles sont égaux. Car supposer que les quatre angles d'un quadrilatere peuvent être droits, et même que les angles droits sont égaux entre eux, c'est supposer des propositions qui ont besoin d'être démontrées. On éviteroit cet inconvénient et plusieurs autres du même genre, si, au lieu de placer les définitions, suivant l'usage, à la tête d'un livre, on les distribuoit dans le courant du livre, chacune à la place où ce qu'elle suppose est déja démontré.

Le mot *parallélogramme*, suivant son étymologie, signifie *lignes parallèles;* il ne convient pas plus à la figure de quatre côtés qu'à celles de six, de huit, etc., dont les opposés seroient parallèles. Le mot *parallélépipede* signifie de même *plans parallèles;* il ne désigne pas plus le solide à six faces que ceux qui en auroient huit, dix, etc., dont les opposées seroient parallèles. Il paroît donc que les dénominations de parallélogramme et parallélépipede, qui d'ailleurs ont l'inconvénient

S 4

d'être fort longues, devroient être bannies de la géométrie. On pourroit leur substituer celles de *rhombe* et
rhomboïde, qui sont beaucoup plus commodes, et con-
server, si on vouloit, le nom de *lozange* au quadrilatere dont les côtés sont égaux.

Euclide et d'autres auteurs appellent assez souvent
triangles égaux des triangles qui ne sont égaux qu'en
surface, et *solides égaux* des solides qui ne sont égaux
qu'en solidité. Il nous a paru plus convenable d'appeler ces triangles ou ces solides *triangles* ou *solides
équivalents*, et de réserver la dénomination de *triangles égaux*, *solides égaux*, à ceux qui peuvent coïncider par la superposition.

Il est de plus nécessaire de distinguer dans les solides
et les surfaces courbes deux sortes d'égalité qui sont
différentes. En effet deux solides, deux angles solides,
deux triangles ou polygones sphériques, peuvent être
égaux dans toutes leurs parties constituantes, sans néanmoins coïncider par la superposition. Il ne paroît pas
que cette observation ait été faite dans les autres ouvrages d'éléments; et cependant, faute de la faire, certaines démonstrations fondées sur la coïncidence des figures
ne sont pas exactes. Telles sont les démonstrations par
lesquelles plusieurs auteurs prétendent prouver l'égalité des triangles sphériques dans les mêmes cas et de la
même maniere que celle des triangles rectilignes : et pour
citer un exemple plus frappant, Robert Simson (*), qui
attaque la démonstration de la prop. 28, liv. XI. d'Euclide, tombe lui-même dans l'inconvénient de fonder sa
démonstration sur une coïncidence qui n'existe pas. Nous

_____

(*) Voyez l'édition latine d'Euclide donnée par cet
auteur. *Glasguæ*, 1756.

avons donc cru devoir donner un nom particulier à cette
égalité qui n'entraîne pas la coïncidence ; nous l'avons
appelée *égalité par symmétrie ;* et les figures qui sont
dans ce cas nous les appelons figures *symmétriques.*

Ainsi les dénominations de figures *égales*, figures
symmétriques, figures *équivalentes*, se rapportent à des
choses différentes, et ne doivent pas être confondues
en une seule dénomination.

Dans les propositions qui concernent les polygones,
les angles solides et les polyedres, nous avons exclus
formellement ceux qui auroient des angles rentrants.
Car, outre qu'il convient de se borner dans les éléments
aux figures les plus simples, si cette exclusion n'avoit
pas lieu, certaines propositions ou ne seroient pas vraies,
ou auroient besoin de modification. Nous nous sommes
donc réduits à la considération des lignes et des surfaces
que nous appelons *convexes*, et qui sont telles qu'une
ligne droite ne peut les couper en plus de deux points.

Nous avons employé assez fréquemment l'expression
produit de deux ou d'un plus grand nombre de lignes ;
par où nous entendons le produit des nombres auxquels ces lignes sont égales, en les évaluant d'après une
unité linéaire prise à volonté. Le sens de ce mot étant
ainsi fixé, il n'y a aucune difficulté à en faire usage.
On entendroit de même ce que signifie le produit d'une
surface par une ligne, d'une surface par un solide, etc.
il suffit d'avoir établi une fois pour toutes que ces
produits sont des produits de nombres, chacun de l'espèce qui lui convient. Ainsi le produit d'une surface par
un solide n'est autre chose que le produit d'un nombre
d'unités superficielles par un nombre d'unités solides.

Souvent dans le discours on se sert du mot *angle*
pour désigner le point situé à son sommet : cette maniere de parler est vicieuse. Il seroit plus clair et plus

exact d'appeler *pointes* d'un polygone les points situés aux sommets de ses angles, *pointes* d'un polyèdre les points situés aux sommets de ses angles solides.

La définition ordinaire des *figures rectilignes semblables* contient trois conditions superflues. Car, pour construire un polygone dont le nombre des côtés est n, il faut d'abord connoître un côté et ensuite avoir la position des angles situés hors de ce côté. Or le nombre de ces angles est $n-2$, et la position de chacun (ou plutôt celle du point situé à son sommet) exige deux données; d'où il suit que le nombre total des données nécessaires pour construire un polygone de n côtés est $1+2n-4$, ou $2n-3$. Mais dans le polygone semblable il y a un côté à volonté; ainsi le nombre de conditions pour qu'un polygone soit semblable à un polygone donné est $2n-4$. Or la définition ordinaire exige 1°. que les angles soient égaux chacun à chacun, ce qui fait n conditions; 2°. que les côtés homologues soient proportionnels, ce qui fait $n-1$ conditions. Il y a donc en tout $2n-1$ conditions, ce qui fait trois de trop. Pour obvier à cet inconvénient on pourroit décomposer ainsi la définition :

Deux triangles sont semblables lorsqu'ils ont deux angles égaux chacun à chacun.

Deux polygones sont semblables lorsqu'on peut former dans l'un et dans l'autre un même nombre de triangles semblables chacun à chacun et semblablement disposés.

Mais pour que cette dernière définition ne contienne pas elle-même des conditions superflues, il convient de limiter le nombre des triangles au nombre des côtés du polygone moins deux; ce qui peut avoir lieu de deux manieres. On peut mener de deux angles homologues des diagonales aux angles opposés; alors tous

les triangles formés dans chaque polygone auront un
sommet commun, et leur somme sera égale au polygone; ou bien on peut supposer que tous les triangles
formés dans un polygone ont pour base commune un
côté du polygone et pour sommets les différents angles
opposés à cette base. Dans l'un ou l'autre cas le nombre des triangles formés de part et d'autre étant $n-2$,
les conditions de leur similitude seront au nombre de
$2n-4$, et la définition ne contiendra rien de superflu.
Cette nouvelle définition étant posée, l'ancienne deviendra un théorème qu'on pourra démontrer immédiatement.

Si la définition des figures rectilignes semblables est
imparfaite dans les livres d'éléments, celle des *solides
polyedres semblables* l'est encore bien davantage. Dans
Euclide cette définition dépend d'un théorème non
démontré; dans d'autres auteurs elle a l'inconvénient
d'être fort rédondante. Nous avons donc rejeté ces définitions des solides semblables, et nous leur en avons
substitué une fondée sur les principes que nous venons
d'exposer. Mais comme il y a beaucoup d'autres observations à faire à ce sujet, nous y reviendrons dans
une note particuliere.

La définition de la *perpendiculaire à un plan* peut
être regardée comme un théorème; celle de *l'inclinaison de deux plans* a besoin aussi d'être justifiée par
un raisonnement; plusieurs autres sont dans le même
cas. C'est pourquoi, en conservant ces définitions suivant l'ancien usage, nous avons eu soin de renvoyer
aux propositions où elles sont démontrées; quelquefois
nous nous sommes contentés d'ajouter un éclaircisse-
ment succinct qui nous a paru suffisant.

L'angle formé par la rencontre *de deux plans*, et
l'angle solide formé par la rencontre de plusieurs plans

en un même point, sont des grandeurs, chacune de son
espece, auxquélles il conviendroit de donner des noms
particuliers. Sans cela il est difficile d'éviter l'obscurité
et les circonlocutions lorsqu'on parle de l'arrangement
des plans qui composent la surface d'un polyedre.

On pourroit regarder à la rigueur l'angle de deux
plans comme formé de deux angles solides; car si on
coupe l'angle de deux plans par un troisieme plan,
il en résulte deux angles solides triples : mais lorsqu'il
est question de dénominations, la grandeur la plus
simple ne doit pas tirer son nom de la plus composée;
il faut donc des noms particuliers à l'une et à l'autre.

Je proposerois d'appeler *coin* l'angle formé par deux
plans, *l'arête* ou *faîte* du coin seroit l'intersection commune des deux plans. Le coin se désigneroit par quatre
lettres dont les deux moyennes répondroient à l'arête.
On appelleroit *coin droit* l'angle formé par deux plans
perpendiculaires entre eux. Quatre coins droits rempliroient tout l'espace angulaire solide autour d'une ligne donnée. Cette nouvelle dénomination n'empêche-
roit pas que le coin n'eût toujours pour mesure l'angle
formé par les deux perpendiculaires menées dans chacun des plans à un même point de l'arête, ou intersec-
tion-commune.

Enfin on pourroit appeler *angloïde* l'angle formé par
plusieurs plans qui concourent en un même point. L'angloïde se désigneroit par la lettre du sommet suivie d'autant de lettres qu'il y a d'arêtes réunies au sommet; *l'angloïde* droit seroit formé par trois plans perpendiculaires
entre eux; huit angloïdes droits rempliroient tout l'espace angulaire sphérique autour d'un point; et deux
angloïdes droits adossés par une face commune feroient
un coin droit.

Une seule donnée est nécessaire pour déterminer le

coin; plusieurs le sont pour déterminer l'angloïde. En général tout angloïde intercepte, sur la surface de la sphere décrite de son sommet comme centre, un polygone sphérique; et si on appelle n le nombre des côtés de ce polygone, le nombre de données nécessaires pour déterminer le polygone et l'angloïde sera $2n-3$. Quant à l'espace angulaire qui est la grandeur effective de chaque angloïde, il est proportionnel à l'aire du polygone sphérique intercepté.

NOTE II. *Sur les propositions I et III du livre I.*

On sera peut-être surpris que nous cherchions à démontrer ces propositions qui sont regardées comme axiomes dans Euclide. Mais nous observerons que la définition de la ligne droite donnée par cet auteur nous ayant paru insignifiante, nous lui en avons substitué une autre. Nous appelons *ligne droite* celle qui est la plus courte entre deux points donnés, et nous supposons qu'il n'en existe qu'une. D'après cette définition il nous a paru qu'on pouvoit démontrer rigoureusement que tous les angles droits sont égaux entre eux, et aussi qu'une ligne droite déja tracée entre deux points ne peut se prolonger que d'une maniere au-delà de ces mêmes points. Nous n'avons donc pas hésité à démontrer l'une et l'autre propositions, quelque évidentes qu'elles puissent paroître par elles-mêmes; et en cela nous avons suivi le principe qu'il ne faut pas multiplier les axiomes sans nécessité. En général notre but sera rempli si on trouve que tout est démontré rigoureusement dans cet ouvrage, d'après notre seule définition de la ligne droite, sans autre supposition ni demande quelconque.

N O T E   I I I.　*Sur la théorie des parallèles.*

Les propositions XX et XXII du livre I ne sont autre chose que le cinquieme *postulatum* d'Euclide sur lequel la théorie des parallèles est fondée. On sait que ce *postulatum*, qui dans certaines versions est l'axiome XI, a donné beaucoup d'embarras aux commentateurs; et que personne jusqu'à présent ne l'a démontré d'une maniere rigoureuse. Robert Simson, dans son édition d'Euclide, page 345, paroît croire que ce *postulatum* ou cet axiome n'est pas susceptible de démonstration, et en conséquence il se borne à en donner une sorte d'explication. D'Alembert avoit déja fait sentir, dans ses Mélanges de philosophie, que la théorie des parallèles étoit traitée d'une maniere imparfaite dans les livres d'éléments : or cette théorie repose sur le *postulatum* dont il s'agit; et d'après la démonstration que nous en donnons, nous croyons qu'il n'y a plus rien à desirer à cet égard.

La théorie des parallèles une fois établie, il s'ensuit comme conséquence très immédiate que *la somme des trois angles d'un triangle est égale à deux angles droits.* Ce théorême est cité par-tout comme une vérité constante et pour ainsi dire triviale : cependant il n'étoit pas à l'abri de toute atteinte tant que la théorie des parallèles n'étoit pas pleinement démontrée. La liaison est telle entre le théorême et le *postulatum*, que, si on eût pu démontrer le théorême sans le secours du *postulatum*, celui-ci eût été une suite nécessaire de l'autre, et la théorie des parallèles auroit été complètement démontrée : mais jusqu'à présent on n'a pu y parvenir. La difficulté vient peut-être de ce que l'idée de l'infini se mêle nécessairement à celle des paralleles; et nous ne pouvons pas nous flatter de l'avoir écartée totalement de notre démonstration. Quoi qu'il en soit, il existe une autre route pour parvenir directement au théorême concernant la somme des trois angles d'un triangle et aux autres théorêmes principaux de la géométrie. C'est ce qu'on développera dans la note suivante.

NOTE IV. *Sur une maniere de parvenir directement aux théorêmes fondamentaux de la géométrie.*

On démontre immédiatement par la superposition, et sans aucune proposition préliminaire, que *deux triangles sont égaux lorsqu'ils ont un côté égal adjacent à deux angles égaux chacun à chacun.* Appelons p le côté dont il s'agit, A et B les deux angles adjacents, C le troisieme angle. Il faut donc que l'angle C soit entièrement déterminé lorsqu'on connoît les angles A et B avec le côté p; car si plusieurs angles C pouvoient correspondre aux trois données A, B, p, il y auroit autant de triangles différents qui auroient un côté égal adjacent à deux angles égaux, ce qui est impossible : donc l'angle C doit être une fonction déterminée des trois quantités A, B, p; ce que j'exprime ainsi, $C = \varphi : (A, B, p)$.

Soit l'angle droit égal à l'unité; alors les angles A, B, C, seront des nombres compris entre 0 et 2 : et puisque $C = \varphi : (A, B, p)$, je dis que la ligne p ne doit point entrer dans la fonction φ; car on vient de voir que C doit être uniquement déterminé par les seules données A, B, p, sans autre angle ni ligne quelconque. Mais la ligne p est hétérogene avec les nombres

A, B, C; et si on avoit une équation quelconque entre A, B, C, p, on en pourroit tirer la valeur de p en A, B, C; d'où il résulteroit que p est égale à un nombre, ce qui est absurde : donc p ne peut entrer dans la fonction φ, et on a simplement $C = \varphi : (A, B)$.

Cette formule prouve déja que si deux angles d'un triangle sont égaux à deux angles d'un autre triangle, le troisieme doit être égal au troisieme; et cela posé il est facile de parvenir au théorême que nous avons en vue.

Fig. 1.   Soit d'abord A B C un triangle rectangle en A; du point A abaissez A D perpendiculaire sur l'hypoténuse. Les angles B et D du triangle A B D sont égaux aux angles B et A du triangle B A C; donc, suivant ce qu'on vient de démontrer, le troisieme B A D est égal au troisieme C. Par la même raison l'angle $DAC = B$; donc $BAD + DAC$, ou BAC, $= B + C$: or l'angle BAC est droit; donc *les deux angles aigus d'un triangle rectangle pris ensemble valent un angle droit.*

Fig. 2.   Soit ensuite E A C un triangle quelconque et BC un côté qui ne soit pas moindre que chacun des deux autres : si de l'angle opposé A on abaisse la perpendiculaire A D sur BC, cette perpendiculaire tombera au dedans du triangle A B C et le partagera en deux triangles rectangles BAD, DAC : or, dans le triangle rectangle BAD, les deux angles BAD, ABD, valent ensemble un angle droit; dans le triangle rectangle DAC, les deux angles DAC, ACD, valent aussi un angle droit. Donc les quatre réunis, ou seulement les trois BAC, ABC, ACB, valent ensemble deux angles droits; donc *dans tout triangle la somme des trois angles est égale à deux angles droits.*

On voit par-là que ce théorême considéré *a priori* ne

ne dépend point d'un enchaînement de propositions et qu'il se déduit immédiatement du principe de l'homogénéité, principe qui doit avoir lieu dans toute relation entre des quantités quelconques. Mais poursuivons, et faisons voir qu'on peut tirer de la même source les autres théorêmes fondamentaux de la géométrie.

Conservons les mêmes dénominations que ci-dessus, et appelons de plus m le côté opposé à l'angle A, et n le côté opposé à l'angle B. La quantité m doit être entièrement déterminée par les seules quantités A, B, p; donc m est une fonction de A, B, p, et $\frac{m}{p}$ en est une aussi, de sorte qu'on peut faire $\frac{m}{p} = \psi$: (A, B, p). Mais $\frac{m}{p}$ est un nombre, ainsi que A et B; donc la fonction ψ ne doit point contenir la ligne p, et on a simplement $\frac{m}{p} = \psi$: (A, B), où $m = p \, \psi$: (A : B). On a donc semblablement $n = p \, \psi :$ (B, A).

Soit maintenant un autre triangle formé avec les mêmes angles A, B, C, auxquels soient opposés les côtés m', n', p' respectivement. Puisque A et B ne changent pas, on aura dans ce nouveau triangle $m' = n' \psi$: (A, B), et $n' = p' \psi$: (B, A). Donc $m : m' :: n : n' :: p : p'$. Donc, *dans les triangles équiangles, les côtés opposés aux angles égaux sont proportionnels.*

La proposition du quarré de l'hypoténuse est, comme on sait, une suite de celle des triangles équiangles. Voilà donc trois propositions fondamentales de la géométrie, celle des trois angles d'un triangle, celle des triangles équiangles, et celle du quarré de l'hypoténuse, qui se déduisent très simplement et très immédiatement de la considération des fonctions. On peut par la même voie démontrer très succinctement les propositions concernant les figures semblables et les solides semblables.

T

Fig 3.   Soit ABCDEF un polygone quelconque; ayant choisi un côté AB comme base, formez autant de triangles ABC, ABD, etc. sur cette base qu'il y a d'angles C, D, E, etc. au dehors. Soit la base $AB = p$; soient A et B les deux angles du triangle ABC adjacents au côté AB, soient A' et B' les deux angles des triangles ABD adjacents au même côté AB, et ainsi de suite. La figure ABCDE sera entièrement déterminée si on connoît le côté p avec les angles A, B, A', B', A'', B'', etc., et le nombre des données sera en tout $2n - 3$, n étant le nombre des côtés du polygone. Cela posé, un côté ou une ligne quelconque x, menée comme on voudra dans le polygone, sera une fonction de ces données; et comme $\frac{x}{p}$ doit être un nombre, on pourra supposer $\frac{x}{p} = \psi.$ (A, B, A', B', etc.), ou $x = p \psi :$ (A, B, A', B', etc.), et la fonction ψ ne contiendra point p. Si avec les mêmes angles A, B, A', B', etc. et un autre côté p' on forme un second polygone, on aura pour la ligne x', correspondante ou homologue à x, la valeur $x' = p' \psi :$ (A, B, A', B', etc.); donc $x : x' :: p : p'$. On peut définir les figures ainsi construites, *figures semblables*; donc *dans les figures semblables les lignes homologues sont proportionnelles*. Ainsi non seulement les côtés homologues, les diagonales homologues, mais les lignes terminées de la même maniere dans les deux figures, sont entre elles comme deux autres lignes homologues quelconques.

Appelons S la surface du premier polygone, cette surface est homogene au quarré p^2; il faut donc que $\frac{S}{p}$ soit un nombre qui ne contienne que les angles A, B, A', B', etc., de sorte qu'on aura $S = p^2 \varphi :$ (A, B, A', B', etc.). Par la même raison si S' est la surface du second polygone, on aura $S' = p'^2 \varphi :$ (A, B, A', B', etc.).

Donc $S : S' :: p^2 : p'^2$; donc *les surfaces des figures sem-* *blables sont entre elles comme les quarrés des côtés* *homologues.*

Venons maintenant aux polyedres. On peut supposer qu'une face est déterminée au moyen d'un côté connu p et de plusieurs angles A, B, C, etc. Ensuite les an- gles solides, hors de cette base, seront déterminés cha- cun par le moyen de trois données, qu'on peut regar- der comme autant d'angles, de sorte que la détermina- tion entiere du polyedre dépend d'un côté p, et de plu- sieurs angles A, B, C, etc., dont le nombre varie suivant la nature du polyedre. Cela posé, une ligne qui joint deux angles, ou, plus généralement, toute ligne x menée d'une maniere déterminée dans le polyedre sera une fonction des données p, A, B, C, etc.; et comme $\frac{x}{p}$ doit être un nombre, la fonction égale à $\frac{x}{p}$ ne contien- dra que les angles A, B, C, etc., et on pourra sup- poser $x = p \, \varphi : (A, B, C, \text{etc.})$. La surface du solide est homogene à p^2, ainsi cette surface peut se représenter par $p^2 \, \psi : (A, B, C, \text{etc.})$; sa solidité est homogene à p^3, et peut se représenter par $p^3 \, \pi : (A, B, C, \text{etc.})$, les fonctions désignées par ψ et π étant indépendantes de p.

Construisez un second solide avec les mêmes an- gles A, B, C, etc., et un côté p' différent de p : nous appellerons les solides ainsi construits *solides sem-* *blables;* et cela posé, la ligne qui étoit $p \, \varphi : (A, B, C, \text{etc.})$ ou simplement $p \, \varphi$ dans un solide sera $p' \, \varphi$ dans l'au- tre; la surface qui étoit $p^2 \, \psi$ dans l'un sera $p'^2 \, \psi$ dans l'autre, et enfin la solidité qui étoit $p^3 \, \pi$ dans l'un sera $p'^3 \, \pi$ dans l'autre. Donc 1°. *les solides semblables* *ont les côtés ou lignes homologues proportionnelles;* 2°. *leurs surfaces sont comme les quarrés des côtés*

T 2

homologues; 3°. leurs solidités sont comme les cubes de ces mêmes côtés.

Les mêmes principes s'appliquent aisément au cercle. Soit c la circonférence et s la surface du cercle dont le rayon est r; les quantités $\frac{c}{r}$ et $\frac{s}{r^2}$ doivent être des fonctions déterminées de r : mais comme ces quantités sont des nombres, ils ne doivent point contenir dans leur expression la ligne r; et ainsi on aura $\frac{c}{r} = \alpha$, et $\frac{s}{r^2} = \mathfrak{C}$, α et $\mathfrak{C}$ étant des nombres constants. Soit c' la circonférence et s' la surface d'un autre cercle dont le rayon est r'; on aura donc aussi $\frac{c'}{r'} = \alpha$, et $\frac{s'}{r'^2} = \mathfrak{C}$. Donc c' : c' : : r : r', et s : s' : : r^2 : r'^2; donc *les circonférences des cercles sont comme les rayons, et leurs surfaces comme les quarrés des rayons.*

Considérons un secteur dont r soit le rayon et A l'angle au centre; soit x l'arc qui termine le secteur, et y la surface de ce même secteur. Puisque le secteur est entièrement déterminé lorsqu'on connoît r et A, il faut que x et y soient des fonctions déterminées de r et de A; donc $\frac{x}{r}$ et $\frac{y}{r^2}$ sont aussi de pareilles fonctions. Mais $\frac{x}{r}$ est un nombre, ainsi que $\frac{y}{r^2}$; donc ces quantités ne doivent point contenir r et elles sont simplement fonctions de A, de sorte qu'on aura $\frac{x}{r} = \varphi$: A, et $\frac{y}{r^2} = \psi$: A. Soient x' et y' l'arc et la surface d'un autre secteur dont l'angle est A et le rayon r'; nous appellerons ces deux secteurs *secteurs semblables*; et puisque l'angle A est égal de part et d'autre, on aura $\frac{x'}{r'} = \varphi$: A, et $\frac{y'}{r'^2} = \psi$: A; donc x : x' : : r : r', et y : y' : : r^2 : r'^2; donc *les arcs semblables ou les arcs des secteurs semblables sont proportionnels aux rayons, et les secteurs eux-mêmes sont proportionnels aux quarrés des rayons.*

Il est clair qu'on trouveroit de la même maniere que les spheres sont comme les cubes de leurs rayons.

On suppose dans tout ce qui précede que les surfaces se mesurent par le produit de deux lignes et les solidités par le produit de trois; c'est ce qu'il est facile de démontrer aussi par voie d'analyse. Considérons un rectangle dont les dimensions sont p et q, et sa surface qui est une fonction de p et q, représentons-la par $\varphi:(p, q)$. Si on considere un autre rectangle dont les dimensions sont $p + p'$ et q, il est clair que ce rectangle est composé de deux autres, l'un qui a pour dimensions p et q, l'autre qui a pour dimensions p' et q, de sorte qu'on aura

$$\varphi:(p + p', q) = \varphi:(p, q) + \varphi:(p', q).$$

Soit $p' = p$, on aura $\varphi(2p, q) = 2\varphi(p, q)$. Soit $p' = 2p$, on aura $\varphi(3p, q) = \varphi(p, q) + \varphi(2p, q) = 3\varphi(p, q)$. Soit $p' = 3p$, on aura $\varphi(4p, q) = \varphi(p, q) + \varphi(3p, q) = 4\varphi(p, q)$. Donc en général, si k est un nombre entier quelconque, on aura $\varphi(kp, q) = k\varphi(p, q)$, ou $\dfrac{\varphi(p, q)}{p} = \dfrac{\varphi(kp, q)}{kp}$. Il résulte de là que $\dfrac{\varphi(p, q)}{p}$ est une telle fonction de p, qu'elle ne change pas en mettant à la place de p un multiple quelconque kp. Donc cette fonction est indépendante de p, et ne doit renfermer que q. Mais par une raison semblable $\dfrac{\varphi(p, q)}{q}$ doit être indépendante de q; donc $\dfrac{\varphi(p, q)}{pq}$ ne renferme ni p ni q, et ainsi cette quantité doit se réduire à une constante α. Donc on aura $\varphi:(p, q) = \alpha pq$; et comme rien n'empêche de prendre $\alpha = 1$, on aura $\varphi\,(p,\,q) = pq$; et ainsi la surface d'un rectangle est égale au produit de ses deux dimensions.

On démontreroit d'une manière absolument semblable que la solidité d'un parallélépipede rectangle dont les dimensions sont p, q, r, est égale au produit pqr de ces trois dimensions.

Nous observerons en finissant que la considération des fonctions, qui fournit ainsi une démonstration très simple des propositions fondamentales de la géométrie, a été déja employée avec succès pour la démonstration des principes fondamentaux de la méchanique. Voyez les Mémoires de Turin, tome II.

NOTE V. *Sur l'approximation de la proposition 16, liv. IV.*

Dès qu'on a trouvé un rayon excédent et un déficient qui s'accordent dans les premiers chiffres, on peut achever le calcul d'une manière très prompte par le moyen d'une formule algébrique.

Soit a, le rayon déficient et b l'excédent, dont la différence est petite; soient a' et b' les rayons suivants qui s'en déduisent par les formules $b' = \surd\,ab$, $a' = \surd\,a\left(\dfrac{a+b}{2}\right)$. Ce que l'on cherche c'est le dernier terme de la suite a, a', a'', etc., qui est en même temps celui de la suite b, b', b'', etc. Appelons ce dernier terme x, et soit $b = a\,(1 + \omega)$; on pourra supposer $x = a\,(1 + P\,\omega + Q\,\omega^2 +$, etc.$)$, P et Q étant des coéfficients indéterminés. Or les valeurs de b' et a' donnent

$$b' = a\left(1 + \tfrac{1}{2}\omega - \tfrac{3}{8}\omega^2 +, \text{ etc.}\right);$$

$$a' = a\left(1 + \tfrac{1}{4}\omega - \tfrac{3}{32}\omega^2 +, \text{ etc.}\right).$$

Et si on fait pareillement $b' = a'\,(1 + \omega')$, on aura

$$\omega' = \tfrac{1}{4}\omega - \tfrac{5}{32}\omega^2, \text{ etc.}$$

Mais la valeur de x doit être la même, soit que la suite a, a^l, a^{ll}, etc. commence par a ou par a^l; donc on aura

$$a (1 + P\omega + Q \omega^2 + \text{etc.}) = a^l (1 + P a^l + Q \omega^{l2} +, \text{etc.}).$$

Substituant dans cette équation les valeurs de a^l et de ω^l en a et ω, et comparant les termes semblables, on en déduira $P = \frac{1}{3}$, et $Q = -\frac{1}{15}$; donc

$$x = a (1 + \tfrac{1}{3}\omega - \tfrac{1}{15}\omega^2).$$

Si les rayons a et b s'accordent dans la première moitié de leurs chiffres, on pourra rejeter le terme ω^2, et la valeur précédente se réduira à $x = a (1 + \tfrac{1}{3}\omega) = a + \frac{b-a}{3}$. Ainsi en faisant $a = 1,1282657$, et $b = 1,1286063$, on en déduira immédiatement $x = 1,1283792$.

Si les rayons a et b ne s'accordent que dans le premier tiers de leurs chiffres, il faudra prendre les trois termes de la formule précédente; ainsi en faisant $a = 1,1265639$ et $b = 1,1320149$, on trouvera $x = 1,1283791$.

On pourroit supposer que a et b sont encore moins près l'un de l'autre; mais alors il faudroit calculer la valeur de x avec un plus grand nombre de termes.

L'approximation de la prop. XIV, qui est de Jacques Gregory, est susceptible de semblables abrégés. Nous renvoyons à l'ouvrage de cet auteur, intitulé *Vera circuli et hyperbolæ quadratura*, ouvrage d'un grand mérite pour le temps où il a paru.

T 4

N O T E   V I. *Où l'on démontre que le rapport de la circonférence au diametre ne peut être exprimé en nombres entiers.*

On connoît déja une démonstration de cette proposition qui a été donnée par Lambert dans les Mémoires de Berlin année 1761; mais comme cette démonstration est longue et difficile à suivre, nous avons tâché de l'abréger et de la simplifier. Voici le résultat de nos recherches.

Considérons la suite infinie

$$1 + \frac{a}{z} + \frac{1}{2} \cdot \frac{a^2}{z \cdot z + 1} + \frac{1}{2 \cdot 3} \cdot \frac{a^3}{z \cdot z + 1 \cdot z + 2} + , \text{etc.}$$

et supposons que $\varphi : z$ en représente la somme. Si on met $z + 1$ à la place de z, $\varphi : (z + 1)$ sera pareillement la somme de la suite

$$1 + \frac{a}{z+1} + \frac{1}{2} \cdot \frac{a^2}{z+1 \cdot z+2} + \frac{1}{2 \cdot 3} \cdot \frac{a^3}{z+1 \cdot z+2 \cdot z+3} + , \text{etc.}$$

Retranchons ces deux suites terme à terme l'une de l'autre, et nous aurons $\varphi : z - : (z + 1)$ pour la somme du reste, qui sera

$$\frac{a}{z \cdot z + 1} + \frac{a^2}{2 \cdot z + 1 \cdot z + 2} + \frac{1}{2} \cdot \frac{a^3}{z \cdot 3 \cdot z + 1 \cdot z + 2 \cdot z + 3} + , \text{etc.}$$

Mais ce reste peut être mis sous la forme

$$\frac{a}{z . z + 1} \cdot \left(1 + \frac{a}{z + 2} + \frac{1}{2} \cdot \frac{a^2}{z + 2 . z + 3} + , \text{etc.} \right);$$

et alors il se réduit à $\frac{a}{z . z + 1} \varphi : (z + 2)$. Donc on aura généralement

$$\varphi : z - \varphi : (z + 1) = \frac{a}{z . z + 1} \varphi : (z + 2).$$

Divisons cette équation par $\varphi : (z + 1)$; et, pour simplifier le résultat, soit ψ une nouvelle fonction de z telle que $\psi : z = \frac{a}{z} \cdot \frac{\varphi : (z + 1)}{\varphi : (z)}$; alors au lieu de $\frac{\varphi : z}{\varphi : (z + 1)}$,

on pourra mettre $\dfrac{a}{z \,\dot\psi\, :z}$, et $\dfrac{(z+1)\,\dot\psi:(z+1)}{a}$ au lieu de
$\dfrac{\varphi:(z+2)}{\varphi:(z+1)}$. La substitution faite, on aura $\dot\psi:z = \dfrac{a}{z+\dot\psi:(z+1)}$.
Mais en mettant successivement dans cette équation
$z+1$, $z+2$, etc., à la place de z, il en résultera
$\dot\psi:(z+1) = \dfrac{a}{z+1+\dot\psi:(z+2)}$, $\dot\psi:(z+2) =$
$\dfrac{a}{z+2+\dot\psi:(z+3)}$, etc. Donc la valeur de $\dot\psi:z$ peut s'exprimer ainsi en fraction continue :

$$\dot\psi:z = \cfrac{a}{z + \cfrac{a}{z+1 + \cfrac{a}{z+2+}}}, \text{ etc.}$$

Réciproquement cette fraction continue, prolongée à
l'infini, a pour somme $\dot\psi:z$, ou son égale $\dfrac{a}{z}\cdot\dfrac{\varphi:(z+1)}{\varphi:z}$;
et cette somme, développée en suites ordinaires, est

$$\frac{a}{z}\cdot\frac{1+\dfrac{a}{z+1}+\dfrac{1}{2}\cdot\dfrac{a^2}{z+1.z+2}+,\text{etc.}}{1+\dfrac{a}{z}+\dfrac{1}{2}\cdot\dfrac{a^2}{z.z+1}+,\text{etc.}}$$

Soit maintenant $z = \frac{1}{2}$, la fraction continue deviendra
$$\cfrac{2a}{1 + \cfrac{4a}{5+}}, \text{ etc.};$$

de sorte que ses numérateurs, excepté le premier, seront égaux à $4\,a$, et ses dénominateurs formeront la
suite des nombres impairs 1, 3, 5, 7, etc. La valeur
de cette fraction continue peut donc aussi s'exprimer
par

$$2a\cdot\frac{1+\dfrac{4a}{2.3}+\dfrac{16\,a^2}{2.3.4.5}+\dfrac{64\,a^3}{2.3\ldots7}+,\text{etc.}}{1+\dfrac{4a}{2}+\dfrac{16\,a^2}{2.3.4}+\dfrac{64\,a^3}{2.3\ldots6}+,\text{etc.}}$$

Mais ces suites sont connues, et on sait qu'en repré-
sentant par e le nombre dont le logarithme hyper-
bolique est 1, l'expression précédente se réduit à
$$\frac{e^{2\sqrt{a}} - e^{-2\sqrt{a}}}{e^{2\sqrt{a}} + e^{-2\sqrt{a}}} \cdot \sqrt{a};$$ de sorte qu'on aura en général

$$\frac{e^{2\sqrt{a}} - e^{-2\sqrt{a}}}{e^{2\sqrt{a}} + e^{-2\sqrt{a}}} \cdot 2\sqrt{a} = \cfrac{4a}{1 + \cfrac{4a}{3 + \cfrac{4a}{5 +}}}, \text{ etc.}$$

De là résultent deux formules principales selon que a
est positif ou négatif. Soit d'abord $4a = x^2$, on aura

$$\frac{e^x - e^{-x}}{e^x + e^{-x}} = \cfrac{x}{1 + \cfrac{x^2}{3 + \cfrac{x^2}{5 +}}}, \text{ etc.}$$

Soit ensuite $4a = -x^2$, et à cause de
$$\frac{e^{x\sqrt{-1}} - e^{-x\sqrt{-1}}}{e^{x\sqrt{-1}} + e^{-x\sqrt{-1}}} = \sqrt{-1} \cdot \text{tang. } x, \text{ on aura}$$

$$\text{tang. } x = \cfrac{x}{1 - \cfrac{x^2}{3 - \cfrac{x^2}{5 - \cfrac{x^2}{7 -}}}}, \text{ etc.}$$

Celle-ci est la formule qui va servir de base à notre démonstration. Mais il faut avant tout démontrer les deux
lemmes suivants.

LEMME I. *Soit une fraction continue prolongée
à l'infini,*

$$\cfrac{m}{n + \cfrac{m'}{n' + \cfrac{m''}{n'' +}}}, \text{ etc.,}$$

*dans laquelle tous les nombres m, n, m', n', etc. sont
des entiers positifs, ou négatifs; si on suppose que les*

fractions composantes $\frac{m}{n}$, $\frac{m'}{n'}$, $\frac{m''}{n''}$, *etc. soient toutes plus petites que l'unité, je dis que la valeur totale de la fraction continue sera nécessairement un nombre irrationel.*

D'abord je dis que cette valeur sera plus petite que l'unité. En effet, sans diminuer la généralité de la fraction continue, on peut supposer tous les dénominateurs n, n', n'', etc. positifs : or si on prend un seul terme de la suite proposée, on aura par hypothese $\frac{m}{n} < 1$. Si on prend les deux premiers, à cause de $\frac{m'}{n'} < 1$, il est clair que $n + \frac{m'}{n'}$ est plus grand que $n - 1$: mais m est plus petit que n; et puisqu'ils sont l'un et l'autre des entiers, m sera aussi plus petit que $n + \frac{m'}{n'}$. Donc la valeur qui résulte des deux termes

$$\frac{m}{n + \frac{m}{n'}}$$

est plus petite que l'unité. Calculons trois termes de la fraction continue proposée; et d'abord, suivant ce qu'on vient de voir, la valeur de la partie

$$\frac{m'}{n' + \frac{m''}{n''}}$$

sera plus petite que l'unité. Appelons cette valeur ω, et il est clair que $\frac{m}{n + \omega}$ sera encore plus petite que l'unité : donc ce qui résulte des trois termes

$$\frac{m}{n + \frac{m'}{n' + \frac{m''}{n''}}}$$

est plus petit que l'unité. Continuant le même raisonnement, on verra que, quel que soit le nombre de termes

qu'on calcule de la fraction continue proposée, la valeur qui en résulte est plus petite que l'unité ; donc la
valeur totale de cette fraction prolongée à l'infini est
aussi plus petite que l'unité. Elle ne pourroit être égale
à l'unité que dans le seul cas où la fraction proposée
seroit de la forme

$$\cfrac{m}{m+1 - \cfrac{m'}{m+1 - \cfrac{m''}{m''+1 -}}}, \text{etc.}$$

Dans tout autre cas elle sera plus petite.

Cela posé, si on nie que la valeur de la fraction continue proposée soit égale à un nombre irrationel,
supposons qu'elle est égale à un nombre rationel, et
soit ce nombre $\frac{B}{A}$, B et A étant des entiers quelconques ; on aura donc

$$\frac{B}{A} = \cfrac{m}{n + \cfrac{m'}{n' + \cfrac{m''}{n'' +}}}, \text{etc.}$$

Soient C, D, E, etc. des indéterminées telles qu'on ait

$$\frac{C}{B} = \cfrac{m'}{n' + \cfrac{m''}{n'' + \cfrac{m'''}{n''' +}}}, \text{etc.}$$

$$\frac{D}{C} = \cfrac{m''}{n'' + \cfrac{m'''}{n''' + \cfrac{m^{iv}}{n^{iv} +}}} \text{etc.}$$

et ainsi à l'infini. Ces différentes fractions continues
ayant tous leurs termes plus petits que l'unité, leurs
valeurs ou sommes $\frac{B}{A}, \frac{C}{B}, \frac{D}{C}, \frac{E}{D}$, etc. seront plus petites
que l'unité, suivant ce qui vient d'être démontré, et
ainsi on aura B < A, C < B, D < C, etc. ; de sorte
que la suite A, B, C, D, E, etc. est décroissante à

l'infini. Mais l'enchaînement des fractions continues dont il s'agit donne

$$\frac{B}{A} = \frac{m}{n + \dfrac{C}{B}} \; ; \quad \text{d'où résulte} \quad C = mA - nB,$$

$$\frac{C}{B} = \frac{m'}{n' + \dfrac{D}{C}} \; ; \quad \text{d'où résulte} \quad D = m'B - n'C;$$

$$\frac{D}{C} = \frac{m''}{n'' + \dfrac{E}{D}} \; ; \quad \text{d'où résulte} \quad E = m''C - n''D,$$

etc.   etc.

Et, puisque les deux premiers nombres A et B sont entiers par hypothese, il s'ensuit que tous les autres C, D, E, etc., qui jusqu'à ce moment étoient indéterminés, sont aussi des nombres entiers. Or il implique contradiction qu'une suite infinie A, B, C, D, E, etc. soit à la fois décroissante et composée de nombres entiers; car d'ailleurs aucun des nombres A, B, C, D, E, etc. ne peut être zéro, puisque la fraction continue proposée s'étend à l'infini, et qu'ainsi les sommes représentées par $\frac{B}{A}, \frac{C}{B}, \frac{D}{C}$, etc. doivent toujours être quelque chose. Donc l'hypothese que la somme de la fraction continue proposée est égale à une quantité rationelle $\frac{B}{A}$ ne sauroit subsister; donc cette somme est nécessairement un nombre irrationel.

L E M M E   I I. *Les mêmes choses étant posées,* *si les fractions composantes* $\frac{m}{n}, \frac{m'}{n'}, \frac{m''}{n''}$, *etc. sont d'une* *grandeur quelconque au commencement de la suite,* *mais qu'après un certain intervalle elles soient* *constamment plus petites que l'unité, je dis que* *la fraction continue proposée, en supposant tou-* *jours qu'elle s'étend à l'infini, aura une valeur* *irrationelle.*

Car si à compter de $\frac{m'''}{n'''}$, par exemple, toutes les frac-

tions $\frac{m'''}{n'''}, \frac{m^{iv}}{n^{iv}}, \frac{m^v}{n^v}$, etc. à l'infini, sont plus petites que

l'unité; alors, suivant le lemme I, la fraction continue

$$\frac{m'''}{n''' \,+\, \dfrac{m^{iv}}{n^{iv} \,+\, \dfrac{m^v}{n^v \,+} ;\, etc.}}$$

aura une valeur irrationelle. Appelons cette valeur ω;
et la fraction continue proposée deviendra

$$\frac{m}{n \,+\, \dfrac{m'}{n' \,+\, \dfrac{m''}{n'' \,+\, \omega.}}}$$

Mais si on fait successivement

$$\frac{m''}{n'' + \omega} = \omega', \quad \frac{m'}{n' + \omega'} = \omega'', \quad \frac{m}{n + \omega''} = \omega''',$$

il est clair que, parceque ω est irrationelle, toutes les
quantités $\omega', \omega'', \omega'''$, le seront pareillement. Or la derniere ω''' est égale à la fraction continue proposée;
donc la valeur de celle-ci est irrationelle.

Nous pouvons maintenant, pour revenir à notre sujet, démontrer cette proposition générale.

THÉORÈME.

Si un arc est commensurable avec le rayon, sa tan-
gente sera incommensurable avec le même rayon.

En effet, soit le rayon $= 1$, et l'arc $x = \dfrac{m}{n}$, m et n
étant des nombres entiers, la formule trouvée ci-dessus
donnera, en faisant la substitution,

$$\text{tang.} \frac{m}{n} = \cfrac{m}{n} - \cfrac{m^2}{3n - \cfrac{m^2}{5n - \cfrac{m^2}{7n - \text{, etc.}}}}$$

Or cette fraction continue est dans le cas du lemme II;
car il est clair que les dénominateurs $3n$, $5n$, $7n$, etc.
augmentant continuellement tandis que le numéra-
teur m^2 reste de la même grandeur, les fractions
composantes seront ou deviendront bientôt plus pe-
tites que l'unité ; donc la valeur de tang. $\dfrac{m}{n}$ est irrationelle ; donc, *si l'arc est commensurable avec le*
rayon, sa tangente sera incommensurable.

De là résulte comme conséquence très immédiate la
proposition qui fait l'objet de cette note. Soit π la demi-
circonférence dont le rayon est 1 ; si π étoit rationel,
l'arc $\dfrac{\pi}{4}$ le seroit aussi, et par conséquent sa tangente
devroit être irrationelle : mais on sait au contraire
que la tangente de l'arc $\dfrac{\pi}{4}$ est égale au rayon 1 ; donc
π ne peut être rationel. Donc *le rapport de la circon-*
férence au diametre est un nombre irrationel.

Il est probable que le nombre π n'est pas même compris dans les irrationelles algébriques, c'est-à-dire

qu'il ne peut être la racine d'une équation algébrique
d'un nombre fini de termes dont les coëfficiens sont
rationels : mais il paroît très difficile de démontrer
rigoureusement cette proposition ; nous pouvons seulement faire voir que le quarré de π est encore un
nombre irrationel.

En effet si dans la fraction continue qui exprime
tang. x, on fait $x = \pi$, à cause de tang. $\pi = o$, on
doit avoir

$$o = 3 - \cfrac{\pi^2}{5 - \cfrac{\pi^2}{7 - \cfrac{\pi^2}{9 -}}}, \text{etc.}$$

Mais si π^2 étoit rationel, et qu'on eût $\pi^2 = \frac{m}{n}$, m et n
étant des entiers, il en résulteroit

$$3 = \cfrac{\frac{m}{5\,n}}{7 - \cfrac{\frac{m}{9\,n}}{11 -}} - m \text{ etc.}$$

Or il est visible que cette fraction continue est encore
dans le cas du lemme II; sa valeur est donc irrationelle et ne sauroit être égale au nombre 3. Donc *le*
quarré du rapport de la circonférence au diametre
est un nombre irrationel.

NOTE VII. *Sur les figures symmétriques.*

C'est pour plus de simplicité que nous avons supposé dans la déf. 16, liv. VI, que le plan auquel les polyedres symmétriques sont rapportés est le plan d'une face : on pourroit supposer que ce plan est un plan quelconque ; et alors la définition deviendroit plus générale sans qu'il y eût rien à changer à la démonstration de la prop. II, par laquelle nous avons établi les relations mutuelles des deux polyedres. On peut aussi donner une idée très juste de la manière d'être de ces deux solides l'un à l'égard de l'autre, en disant que l'un des deux est l'image de l'autre dans un miroir plan, lequel miroir tiendra lieu du plan dont nous parlions tout-à-l'heure.

Le principe de la superposition manque pour prouver que deux polyedres symmétriques sont égaux en solidité ; car la superposition n'est possible que dans des cas particuliers, et on ne peut non plus démontrer leur égalité par la simple transposition des parties, comme cela se fait pour deux parallélepipedes de bases égales et de hauteurs égales. On en est donc réduit à dire, comme dans le corollaire de la prop. II, que les deux solides sont égaux parcequ'ils sont également étendus dans tous les sens, et qu'il n'y a pas de raison pourquoi l'un seroit plus grand que l'autre.

On démontreroit facilement l'égalité de deux polyedres symmétriques en supposant celle des deux pyramides SABC, SABD, dont la base commune est ABS, et dont les sommets C et D sont situés à distances égales du plan ABS sur une même droite CD perpendiculaire à ce plan ; mais, quelque évidente que soit l'égalité de ces deux pyramides, il ne paroît pas qu'on

Fig. 4.

V

puisse la prouver par la superposition, et ainsi il faut toujours avoir recours au raisonnement dont nous avons parlé.

Cette difficulté n'a pas lieu quand il s'agit des surfaces des triangles sphériques symmétriques. En effet on a démontré par une simple transposition de parties (prop. XXII, liv. VII,) qu'un triangle sphérique dont les angles sont A, B, C, est équivalent au fuseau dont l'angle est $\frac{A+B+C}{2}$ moins un angle droit; le triangle sphérique symmétrique a les mêmes angles; il est donc équivalent au même fuseau; donc les deux triangles sphériques sont équivalents entre eux.

L'égalité des triangles sphériques symmétriques entraîne comme conséquence fort simple l'égalité des polygones sphériques symmétriques, et aussi celle des angles solides dont ces triangles ou ces polygones sont la mesure : ainsi on voit que le principe de la superposition suffit pour démontrer l'égalité des polygones sphériques symmétriques, et celle des angles solides symmétriques.

Je ne doute pas qu'avec ce même principe on ne démontrât aussi l'égalité de deux polyedres symmétriques, en employant quelque décomposition à l'infini, comme dans la comparaison de la pyramide avec le prisme; mais une telle démonstration seroit trop compliquée pour un sujet si simple, et il paroît plus convenable de s'en tenir à notre raisonnement.

NOTE VIII. *Sur la solidité de la pyramide triangulaire.*

On peut sommer les prismes excédents et les déficients, dont il est question dans la prop. XVI, liv. VI,
à l'aide d'une simple progression géométrique; et on
parviendra ainsi directement à la solidité de la pyramide triangulaire, qu'on ne trouve ordinairement que
par la somme des quarrés des nombres naturels.

Soit b la base de la pyramide proposée, h sa hauteur,
ω la hauteur du premier prisme excédent ABCFPG,
(voyez la fig. 215 du texte,) la solidité de ce prisme sera
$b\omega$. Les côtés SA, SP, sont entre eux comme les hauteurs h, $h — \omega$; les parties PA, PQ, sont entre elles
dans le même rapport; d'où il suit que la base PDE
du second prisme excédent sera $\frac{b\,h^2}{(h—\omega)^2}$, et sa hauteur
$\frac{\omega h}{h—\omega}$; donc sa solidité sera $b\,\omega . \frac{h^3}{(h—\omega)^3}$. Celle du troisieme seroit $b\,\omega . \frac{h^6}{(h—\omega)^6}$; et ainsi de suite. Donc tous
les prismes excédents formeront la progression géomé-
trique

$$b\,\omega \left(1 + \frac{h^3}{(h—\omega)^3} + \frac{h^6}{(h—\omega)^6} +, \text{etc.} \right),$$

et par conséquent la somme de tous les prismes excé-
dents sera $\frac{b\,h^3\,\omega}{h^3 — (h—\omega)^3}$, ou $\frac{b\,h^3}{3\,h^2 — 3\,h\,\omega + \omega^2}$. Si on prend ω
de plus en plus petit, cette somme diminuera de plus
en plus et se rapprochera de $\frac{b\,h^3}{3\,h^2}$ ou $\frac{b\,h}{3}$. Enfin, lorsque
$\omega = 0$, elle se confondra avec sa limite $\frac{b\,h}{3}$. Donc la
solidité de la pyramide triangulaire est égale au tiers du
produit de sa base par sa hauteur.

V 2

La mesure de la pyramide, dont l'invention est attribuée à Eudoxe, a dû être le sujet d'une assez grande difficulté parmi les anciens géometres; car le moyen le plus naturel de mesurer la pyramide est de la comparer au prisme : or d'un côté la pyramide n'est point décomposable en prismes, et de l'autre le prisme ne peut se partager qu'en pyramides, ou inégales, ou dont l'égalité a besoin d'être démontrée. Il n'y a plus de difficulté lorsqu'on suppose que les pyramides de même hauteur sont entre elles comme leurs bases; mais cette proposition elle-même exige des décompositions à l'infini, et ne peut se démontrer par le principe ordinaire de la superposition.

La démonstration qu'Euclide en a donnée dans la prop. V du liv. XII est une des plus ingénieuses des éléments; cependant le nombre toujours croissant des petites pyramides, qu'on semble négliger, peut laisser quelque nuage dans l'esprit des commençants; et c'est pour éviter cet inconvénient que nous avons choisi dans le texte un autre genre de démonstration. On pourroit aussi, en partant des mêmes bases qu'Euclide, parvenir directement à la solidité de la pyramide triangulaire, sans supposer de prolongement à l'infini. Voici la marche qu'il faudroit suivre.

Fig. 5. Soit SABC la pyramide triangulaire proposée; par le point b milieu de SB faites passer la section abc parallele à ABC, et la section bfe parallele à SAC; menez ad parallele à be et joignez de.

Par cette construction la pyramide SABC est partagée en deux pyramides triangulaires Sabc, Bfbe, et deux prismes triangulaires abcdeC, Aadfbe. Les deux pyramides partielles sont semblables à la pyramide totale, et de plus elles sont égales entre elles, puisque

les côtés homologues Sb, bB, sont égaux. Les deux prismes sont aussi équivalents entre eux : car si on achève le
parallélépipède A$fedpqba$, le prisme A$adfbe$ sera la moitié de ce parallélépipède ; le prisme $abcde$C est aussi la
moitié du même parallélépipède Ab, puisqu'ils ont même
hauteur, et que la base deC est la moitié de la base Afed.
Donc les deux prismes $abcde$C, A$adfbe$, sont équivalents.

Appelons b la base de la pyramide SABC, h sa
hauteur ; puisque Sb est la moitié de SB, la base
abc sera $\frac{1}{4}b$, et $\frac{1}{2}h$ sera la hauteur de la pyramide
Sabc ainsi que celle du prisme $abcde$C ; donc la soli-
dité de ce prisme $= \frac{1}{4}b \times \frac{1}{2}h$, et celle des deux prismes
réunis $= \frac{1}{4}b \times h$. Soit p la solidité de la pyramide
SABC, p' celle de la pyramide Sabc ; on aura, suivant
ce qui vient d'être démontré,

$$p = \tfrac{1}{4}bh + 2p'.$$

Si on supposoit, comme on l'a démontré (note IV),
que les solides semblables sont comme les cubes des
côtés homologues, on auroit en vertu de ce principe
$p' = \frac{1}{8}p$; et substituant cette valeur dans l'équation
précédente, il en résulteroit $p = \frac{1}{4}bh + \frac{1}{4}p$, ou $p = \frac{1}{3}bh$. On auroit ainsi une démonstration très simple et
très satisfaisante du théorème que nous avons en vue :
mais il s'agit de parvenir au même résultat sans faire
aucune supposition.

Si on nie que $p = \frac{1}{3}bh$, il faudra que p soit plus
grand ou plus petit que $\frac{1}{3}bh$. Et d'abord supposons
qu'il soit plus grand, et qu'on ait $p = h(\frac{1}{3}b + \zeta)$, ζ
étant une portion quelconque de la base b.

Puisque $p = \frac{1}{4}bh + 2p'$, on en déduira $p' = \frac{1}{2}h$
$(\frac{1}{12}b + \zeta)$. Appelons b' la base de la pyramide p' et h'
sa hauteur, on aura $h' = \frac{1}{2}h$, $b' = \frac{1}{4}b$; de sorte que la
valeur de p' pourra s'exprimer ainsi, $p' = h'(\frac{1}{3}b' + \zeta)$.

V 3

Donc de ce que $p = h(\frac{1}{3} b + \mathcal{C})$, il s'ensuit que p' $= h' (\frac{1}{3} b' + \mathcal{C})$, la quantité $\mathcal{C}$ étant la même dans les deux pyramides.

Mais par une raison semblable, si p'' est une nouvelle pyramide dont les dimensions sont moitiés de celles de la pyramide p', appelant b'' sa base et h'' sa hauteur, on aura $p'' = h'' (\frac{1}{3} b'' + \mathcal{C})$. Et prolongeant aussi loin qu'on voudra la suite des pyramides p, p', p'', p''', etc., dont les dimensions décroissent en raison double, on aura toujours $p''' = h''' (\frac{1}{3} b''' + \mathcal{C})$, $p^{\text{iv}} = h^{\text{iv}} (\frac{1}{3} b^{\text{iv}} + \mathcal{C})$, etc., $\mathcal{C}$ étant la même quantité dans toutes ces pyramides.

Or toute pyramide est nécessairement plus petite que le prisme de même base et de même hauteur, puisqu'elle y est contenue. On doit donc avoir $p < hb$, $p' < h' b'$, $p'' < h'' b''$, etc., ce qui ne peut avoir lieu, à moins qu'on n'ait $\mathcal{C} < \frac{2}{3} b$, $\mathcal{C} < \frac{2}{3} b'$, $\mathcal{C} < \frac{2}{3} b''$; etc. Mais les quantités $\frac{2}{3} b$, $\frac{2}{3} b'$, $\frac{2}{3} b''$, etc., forment une progression géométrique décroissante dont la raison est 4, et il est impossible que $\mathcal{C}$ soit plus petit qu'un terme quelconque de cette progression, à moins qu'on n'ait $\mathcal{C} = o$; donc 1°. on ne peut avoir $p > \frac{1}{3} bh$.

2°. Supposons p plus petit que ce même produit, et soit, s'il est possible, $p = h(\frac{1}{3} b - \mathcal{C})$; on en conclura, comme dans le premier cas, $p' = h' (\frac{1}{3} b' - \mathcal{C})$, $p'' = h''$ $(\frac{1}{3} b'' - \mathcal{C})$, etc., la quantité $\mathcal{C}$ étant la même dans toutes ces pyramides. Mais puisque $p = \frac{1}{4} b h + 2 p'$, on a visiblement $p > \frac{1}{4} b h$, et par une raison semblable $p' > \frac{1}{4} b' h'$, $p'' > \frac{1}{4} b'' h''$, etc.; donc il faut qu'on ait $\mathcal{C} < \frac{1}{12} b$, $\mathcal{C} < \frac{1}{12} b'$, $\mathcal{C} < \frac{1}{12} b''$, etc., ce qui est impossible à moins qu'on n'ait $\mathcal{C} = o$.

Donc enfin on a exactement $p = \frac{1}{3} b h$; et ainsi *toute*

pyramide triangulaire est le tiers du prisme triangu-
laire de même base et de même hauteur.

Il ne seroit pas difficile de présenter cette démonstration sous une forme purement synthétique, et alors
elle mériteroit peut-être la préférence sur les démonstrations connues.

NOTE IX. *Sur la proposition XXIV, liv. VII.*

Ce théorême qu'Euler a démontré le premier dans
les Mémoires de Pétersbourg, année 1758, offre plusieurs
conséquences qui méritent d'être développées.

1°. Soit a le nombre des triangles, b le nombre des
quadrilateres, c le nombre des pentagones, etc. qui
composent la surface d'un polyedre; le nombre total
des faces sera $a + b + c + d +$, etc., et le nombre total
de leurs côtés sera $3a + 4b + 5c + 6d +$, etc. Ce dernier nombre est double de celui des arêtes, puisque la
même arête appartient à deux faces; ainsi on aura

$$H = a + b + c + d + \text{etc.}$$
$$2A = 3a + 4b + 5c + 6d + \text{etc.}$$

Et puisque, suivant le théorême dont il s'agit, $S + H =$
$A + 2$, on en tire

$$2S = 4 + a + 2b + 3c + 4d + \text{etc.}$$

Une première remarque que fournissent ces valeurs,
c'est que le nombre des faces impaires $a + c + e +$ etc.
est toujours pair.

On peut faire pour abréger $\omega = b + 2c + 3d +$, etc.,
et alors on aura

$$A = \tfrac{3}{2}H + \tfrac{1}{2}\omega,$$
$$S = 2 + \tfrac{1}{2}H + \tfrac{1}{2}\omega.$$

Ainsi dans tout polyedre on a toujours $A > \tfrac{3}{2}H$, et

$S > 2 + \frac{1}{2}H$, où il faut observer que le signe $>$ n'exclut pas l'égalité, attendu qu'on pourroit avoir $\omega = 0$.

Le nombre de tous les angles plans du polyèdre est $2A$, celui des angles solides est S, de sorte que le nombre moyen des angles plans qui forment chaque angle solide est $\frac{2A}{S}$. Ce nombre ne peut être moindre que 3, puisqu'il faut au moins trois angles plans pour former un angle solide; ainsi on doit avoir $2A > 3S$, le signe $>$ n'excluant pas l'égalité. Si on met au lieu de A et S leurs valeurs en H et ω, on aura $3H + \omega > 6 + \frac{3}{2}H + \frac{3}{2}\omega$, ou $3H > 12 + \omega$. Remettant les valeurs de H et ω en a, b, c, etc., il en résultera

$$3a + 2b + c > 12 + e + 2f + 3g +, \text{ etc.};$$

d'où l'on voit que a, b, c, ne peuvent pas être zéro à la fois, et qu'ainsi il n'existe aucun polyèdre dont toutes les faces aient plus de cinq côtés.

Puisqu'on a $H > 4 + \frac{1}{3}\omega$, la substitution dans les valeurs de S et de A donnera $S > 4 + \frac{2}{3}\omega$ et $A > 6 + \omega$. Mais en même temps $\omega < 3H - 12$; et de là résulte $S < 2H - 4$, et $A < 3H - 6$; où l'on se souviendra que les signes $>$ et $<$ n'excluent pas l'égalité. Ces limites ont lieu généralement dans tous les polyèdres.

2°. Supposons $2A > 4S$, ce qui convient à une infinité de polyèdres, et nommément à ceux dont tous les angles solides sont formés de quatre plans ou plus, on aura dans ce cas $H > 8 + \omega$, ou, en faisant la substitution,

$$a > 8 + c + 2d + 3e +, \text{etc.}$$

Donc il faut que le solide ait au moins huit faces triangulaires; la limite $H > 8 + \omega$ donne $S > 6 + \omega$, et $A > 12 + 2\omega$. Mais on a en même temps $\omega < H - 8$; et de là résulte $S < H - 2$, $A < 2H - 4$.

3°. Supposons $2A > 5S$, ce qui renferme entre autres polyedres ceux dont tous les angles solides sont au moins quintuples; il en résultera $H > 20 + 3\omega$, ou
$$a > 20 + 2b + 5c + 8d +, \text{etc.}$$
Et on aura en même temps $S > 12 + 2\omega$, et $A > 30 + 5\omega$; enfin de ce que $\omega < (H - 20)$, on tire les limites $S < \frac{2}{3}(H - 2)$, $A < \frac{5}{3}(H - 2)$.

On ne peut supposer $2A = 6S$; car on a en général $2A + 2\omega + 12 = 6S$; donc il n'y a aucun polyedre dont tous les angles solides soient formés de six angles plans ou plus; et en effet la moindre valeur qu'auroit chaque angle plan, l'un portant l'autre, seroit l'angle d'un triangle équilatéral, et six de ces angles feroient quatre angles droits, ce qui est trop grand pour un angle solide.

4°. Considérons un polyedre dont toutes les faces soient triangulaires, on aura $\omega = 0$, ce qui donnera $A = \frac{3}{2}H$, et $S = 2 + \frac{1}{2}H$. Supposons en outre que tous les angles solides du polyedre soient en partie quintuples, en partie sextuples; soit p le nombre des angles solides quintuples, q celui des sextuples, on aura $S = p + q$ et $2A = 5p + 6q$, ce qui donne $6S - 2A = p$: mais on a d'ailleurs $A = \frac{3}{2}H$, et $S = 2 + \frac{1}{2}H$; donc $p = 6S - 2A = 12$. Donc *si un polyedre a toutes ses faces triangulaires, et que ses angles solides soient en partie quintuples, en partie sextuples, les angles solides quintuples seront toujours au nombre de* 12. Les sextuples peuvent être en nombre quelconque: ainsi, laissant q indéterminé, on aura dans tous ces solides $S = 12 + q$, $H = 20 + 2q$, $A = 30 + 3q$.

5°. Nous terminerons ces applications par la recherche du nombre de conditions ou données nécessaires pour déterminer un polyedre; question intéressante et qu'il ne paroît pas qu'on ait encore résolue.

Supposons d'abord que le polyedre soit *d'une espece déterminée*, c'est-à-dire qu'on connoisse le nombre de ses faces, le nombre de leurs côtés individuellement, et leur disposition les unes à l'égard des autres. On connoît donc les nombres H, S, A, ainsi que a, b, c, d, etc.; il ne s'agit plus que d'avoir le nombre de données effectives, lignes ou angles, par le moyen desquelles le polyedre peut être construit et déterminé.

Considérons une des faces du polyedre que nous prendrons pour sa base. Soit n le nombre de ses côtés, il faudra $2n - 3$ données pour déterminer cette base. Les angles solides hors de la base sont au nombre de $S - n$; le sommet de chaque angle exige trois données pour sa détermination; ainsi la position des $S - n$ angles exigeroit $3S - 3n$ données, auxquelles ajoutant les $2n - 3$ de la base, on auroit en tout $3S - n - 3$. Mais ce nombre est en général trop grand, il doit être diminué du nombre de conditions nécessaires pour que les angles solides qui répondent à une même face soient dans un même plan. Nous avons appelé n le nombre des côtés de la base, appelons de même n', n'', etc. les nombres de côtés des autres faces. Trois points déterminent un plan; ainsi ce qui se trouvera de plus que 3 dans chacun des nombres n', n'', etc. donnera autant de conditions pour que les angles solides soient situés dans les plans des faces, et le nombre total de ces conditions sera égal à la suite $(n' - 3) + (n'' - 3) + (n''' - 3)$ + etc. Mais le nombre des termes de cette suite est $H - 1$, et d'ailleurs $n + n' + n'' +$, etc. $= 2A$: donc la somme de la suite sera $2A - n - 3(H - 1)$. Retranchant cette somme de $3S - n - 3$, il restera $3S - 2A + 3H - 6$, quantité qui, à cause de $S + H = A + 2$, se réduit à A. Donc *le nombre de données nécessaires pour déter-*

miner un polyedre, parmi tous ceux de la même es-
pece, est égal au nombre de ses arêtes.

Remarquez cependant que les données dont il s'agit
ne doivent pas être prises au hasard parmi les lignes
et les angles qui constituent les éléments du polyedre;
car, quoiqu'on eût autant d'équations que d'inconnues,
il pourroit se faire que certaines relations entre les quantités connues rendissent le problême indéterminé. Ainsi
il sembleroit, d'après le théorème qu'on vient de trouver,
que la connoissance des arêtes seules suffit en général
pour déterminer un polyedre; mais il y a des cas où
cette connoissance n'est pas suffisante. Par exemple,
étant donné un prisme non triangulaire quelconque,
on pourra former une infinité d'autres prismes qui auront des arêtes égales et placées de la même maniere.
Car, dès que la base a plus de trois côtés, on peut en
conservant les côtés, changer les angles, et donner ainsi
à cette base une infinité de formes différentes; on peut
aussi changer la position de l'arête longitudinale du
prisme par rapport au plan de la base, enfin on peut
combiner ces deux changements l'un avec l'autre; et
il en résultera toujours un prisme dont les arêtes ou
côtés n'auront pas changé. D'où l'on voit que les arêtes
seules ne suffisent pas dans ce cas pour déterminer le
solide.

Les données qu'il convient de prendre pour déterminer un solide sont celles qui ne laissent aucune
indétermination, et qui ne donnent absolument qu'une
solution. Et d'abord la base A B C D E sera déterminée Fig. 6.
entre autres manieres, si on connoît le côté A B, avec
les angles adjacents B A C, A B C, pour le point C, les
angles B A D, A B D, pour le point D, et ainsi des autres. Soit ensuite M un point dont il faut déterminer la

position hors du plan de la base; ce point sera déterminé, si, en imaginant la pyramide MABC, ou seulement le plan MAB, on connoît les angles MAB, ABM, et l'inclinaison du plan MAB sur la base ABC. Si on détermine par le moyen de trois données pareilles la position de chacun des angles solides du polyedre hors du plan de la base, il est clair que le polyedre sera déterminé absolument et d'une maniere unique, de sorte que deux polyedres construits avec les mêmes données seront nécessairement égaux; ils seroient cependant symmétriques l'un de l'autre s'ils étoient construits de différens côtés du plan de la base.

Il n'est pas toujours nécessaire d'avoir trois données pour déterminer chaque angle solide d'un polyedre; car si le point M doit se trouver sur un plan déja déterminé dont l'intersection avec la base soit FG, il suffira, après avoir pris FG à volonté, de connoître les angles MGF, MFG; ainsi il faudra une donnée de moins. Si le point M doit se trouver sur deux plans déja déterminés, ou sur leur intersection commune MK qui rencontre le plan ABC en K, on connoîtra déja le côté AK, l'angle AKM, et l'inclinaison du plan AKM sur la base; il suffira donc d'avoir pour nouvelle donnée l'angle MAK. C'est ainsi que le nombre de données nécessaires pour déterminer un polyedre absolument et d'une maniere unique se réduira toujours au nombre de ses arêtes A.

Le côté AB et un nombre A — 1 d'angles donnés déterminent un polyedre; un autre côté à volonté et les mêmes angles détermineront un polyedre semblable. D'où il suit que *le nombre de conditions néces-*

saires pour que deux polyedres de la même espece soient semblables, est égal au nombre des arêtes moins un.

La question qu'on vient de résoudre seroit beaucoup plus simple si on ne connoissoit pas l'espèce du polyedre, mais seulement le nombre de ses angles solides S. Déterminez alors trois angles à volonté par le moyen d'un triangle où il y aura trois données; ce triangle sera regardé comme la base du solide, ensuite les angles hors de cette base seront au nombre de S—3; et la détermination de chacun exigeant trois données, il est clair que le nombre total de données nécessaires pour déterminer le polyedre sera $3+3(S-3)$, ou $3S-6$.

Il faudra donc $3S-7$ conditions pour que deux polyedres qui ont un égal nombre S d'angles solides soient semblables entre eux.

NOTE X. *Sur les polyedres réguliers.*
(*Voyez l'appendice au livre VII.*)

Nous nous sommes attachés dans la proposition II de cet appendice à démontrer l'existence des cinq polyedres réguliers, c'est-a-dire la possibilité d'arranger un certain nombre de plans égaux de maniere qu'il en résulte un solide uniforme dans toute son étendue. Il nous a paru que dans d'autres ouvrages on suppose cet arrangement existant, sans trop en rendre raison; ou bien on ne le démontre, comme a fait Euclide, que par des figures compliquées et difficiles à entendre.

Le problême de déterminer l'inclinaison de deux faces adjacentes d'un polyedre est réduit, dans la proposition III, à la recherche de l'angle d'un triangle sphérique dont les trois côtés sont connus, ce qu'on trouve par la proposition XXIII, livre V. Mais comme les trois côtés du triangle sphérique sont égaux, ou au moins les deux qui comprennent l'angle cherché, cette circonstance facilite la construction indiquée, et on en peut déduire un résultat trigonométrique très simple.

Soit K l'inclinaison de deux faces adjacentes du solide, et soit le rayon $= 1$: on trouvera, dans le tétraèdre cos. $K = \frac{1}{3}$, dans l'hexaèdre cos. $K = 0$, dans l'octaèdre cos. $K = -\frac{1}{3}$, (en sorte que l'angle de l'octaèdre et celui du tétraèdre valent ensemble deux angles droits), dans le dodécaèdre cos. $K = -\frac{1}{\sqrt{5}}$, ou plus simplement tang. $K = -2$, et dans l'icosaèdre cos. $K = -\frac{\sqrt{5}}{3}$, ou sin. $K = \frac{2}{3}$. Ces valeurs serviront à simplifier beaucoup les constructions par lesquelles étant donné le côté d'un polyèdre, on détermine les rayons des sphères inscrite et circonscrite.

Remarquons que les polyèdres réguliers ne sont pas les seuls solides qui soient compris sous des polygones réguliers égaux ; car si on adosse par une face commune deux tétraèdres réguliers égaux, il en résultera un solide compris sous six triangles égaux et équilatéraux. On pourroit encore former un autre solide avec dix triangles égaux et équilatéraux. Mais les polyèdres réguliers sont les seuls qui aient en même temps les angles solides égaux.

NOTE XI. *Sur l'aire du triangle sphérique.* (*Voyez la prop. XXII, liv. VII, et la prop. X, liv. VIII.*)

Soit 1 le rayon de la sphere, 2π la circonférence d'un grand cercle; soient a, b, c, les trois côtés d'un triangle sphérique; A, B, C, les arcs de grand cercle qui mesurent les angles opposés. Soit $A+B+C-\pi=S$; et, suivant ce qui a été démontré dans le texte, l'aire du triangle sphérique sera égale à l'arc S multiplié par le rayon, et ainsi sera représentée par S. Or parmi les analogies connues sous le nom de *Néper* on trouve celle-ci :

$$\text{tang.}\ \frac{A+B}{2} : \text{cot.}\ \frac{C}{2} :: \cos.\ \frac{a-b}{2} : \cos.\ \frac{a+b}{2};$$

delà il est facile de tirer la valeur de tang. $\frac{A+B+C}{2}$, ou $-\text{cot.}\ \frac{S}{2}$, exprimée en C, a, b, et on aura

$$\text{cot.}\ \frac{S}{2} = \frac{\text{cot.}\ \frac{a}{2}\ \text{cot.}\ \frac{b}{2} + \cos.\ C}{\sin.\ C},$$

formule très simple qui peut servir à calculer l'aire d'un triangle sphérique lorsqu'on connoît deux côtés a, b, et l'angle compris C. On peut aussi en déduire plusieurs conséquences remarquables.

1°. Si l'angle C est constant, ainsi que le produit cot. $\frac{a}{2}$ cot. $\frac{b}{2}$, l'aire du triangle sphérique représentée par S demeurera constante. Donc deux triangles CAB, CDE, qui ont un angle égal C, seront équivalents, si on a tang. $\frac{1}{2}$CA : tang. $\frac{1}{2}$CD :: tang. $\frac{1}{2}$CE : tang. $\frac{1}{2}$CB, c'est-à-dire si les tangentes des moitiés des côtés qui comprennent l'angle égal sont réciproquement proportionnelles.

2°. Pour faire sur le côté donné CD un triangle

Fg. 8.

CDE équivalent au triangle donné CAB, il faut déterminer CE par la proportion tang. ½ CD : tang. ½ CA :: tang. ½ CB : tang. ½ CE.

Fig. 9. 3°. Pour faire un triangle isoscèle DCE équivalent au triangle donné CAB, il faut prendre tang. ½ CD, ou tang. ½ CE, moyenne proportionelle entre tang. ½ CA et tang. ½ CB.

Fig. 8. 4°. Pour faire sur le côté donné CD avec l'angle donné CDK un triangle CDL équivalent au triangle donné CAB, faites d'abord le triangle CDE = CAB, il restera à faire le triangle GLK = DEK, et pour cela déterminez LK par la proportion : tang. ½ CK : tang. ½ EK :: tang. ½ DK : tang. ½ LK.

Fig. 9. 5°. Pour diviser le triangle donné CAB en deux parties égales par un arc mené de l'angle C, faites d'abord le triangle isoscèle DCE = ACB, divisez la base DE en deux parties égales au point I, et le triangle CDI sera la moitié de CAB. Faites ensuite sur le côté donné CA avec l'angle donné CAB le triangle ACO = CDI, et l'arc CO partagera le triangle ACB en deux parties égales.

NOTE

NOTE XII. *Sur l'égalité et la similitude des polyedres.*

Les définitions 9 et 10 du XIme livre d'Euclide sont ainsi conçues :

9. Deux solides sont semblables lorsqu'ils sont compris sous un même nombre de plans semblables chacun à chacun.

10. Deux solides sont égaux et semblables, lorsqu'ils sont compris sous un même nombre de plans égaux et semblables chacun à chacun.

L'objet de ces définitions est le point le plus difficile des élémens de géométrie. Nous allons le discuter avec soin ainsi que les remarques faites à ce sujet par Robert Simson dans son édition des éléments, page 388 et suiv.

D'abord nous observerons avec Robert Simson que la définition 10 n'est pas proprement une définition, mais bien un théorême qu'il faudroit démontrer ; car il n'est pas évident que deux solides soient égaux par cela seul qu'ils ont les faces égales ; et si cette proposition est vraie, il faut la démontrer soit par la superposition, soit de toute autre maniere. On voit ensuite que le vice de la définition 10 est commun à la définition 9. Car si la définition 10 n'est pas démontrée, on pourra croire qu'il existe deux solides inégaux et dissemblables dont les faces sont égales ; mais alors, suivant la déf. 9, un troisieme solide qui auroit les faces semblables à celles des deux premiers seroit semblable à chacun d'eux, et ainsi seroit semblable à deux corps de différente forme ; conclusion qui implique contradiction, ou du moins qui ne s'accorde pas avec l'idée qu'on attache naturellement au mot *semblable.*

X

Plusieurs propositions des XI et XIIme livres d'Euclide sont fondées sur les définitions 9 et 10, entre autres la prop. XXVIII, liv. XI, de laquelle dépend la mesure des prismes et des pyramides. Robert Simson en conclut qu'il existe dans les éléments d'Euclide un assez grand nombre de propositions qu'on avoit crues jusqu'à présent rigoureusement démontrées, et qui ne le sont pas. Mais il y a une circonstance qui sert à affoiblir cette inculpation et qu'il ne faut pas omettre.

Les figures dont Euclide démontre l'égalité ou la similitude en se fondant sur les définitions 9 et 10, sont telles que leurs angles solides n'assemblent pas plus de trois angles plans : or si deux angles solides sont composés de trois angles plans égaux chacun à chacun, il est démontré assez clairement dans plusieurs endroits d'Euclide que ces angles solides sont égaux. D'un autre côté si deux polyedres ont les faces égales ou semblables chacune à chacune, les angles solides homologues seront composés d'un même nombre d'angles plans égaux, chacun à chacun. Donc tant que les angles plans ne sont pas en plus grand nombre que trois dans chaque angle solide, il est clair que les angles solides homologues sont égaux. Mais si les faces homologues sont égales et les angles solides homologues égaux, il n'y a plus de doute que les solides ne soient égaux; car ils pourront être superposés, ou au moins ils seront symmétriques l'un de l'autre. On voit donc que l'énoncé des définitions 9 et 10 est vrai et admissible, au moins dans le cas des angles solides triples, qui est le seul dont Euclide ait fait usage. Ainsi le reproche d'inexactitude fait à cet auteur si exact, ou à ses commentateurs, cesse d'être aussi grave et ne tombe plus que sur des restrictions et des explications qu'il n'a pas données.

Il reste à examiner si l'énoncé de la définition 10, qui est vrai dans le cas des angles solides triples, est vrai en général. Robert Simson assure qu'il ne l'est pas, et qu'on peut construire deux solides inégaux qui seront compris sous un même nombre de faces égales chacune à chacune ; en effet imaginez qu'à un polyedre quelconque on ajoute une pyramide en lui donnant pour base une des faces du polyedre ; imaginez aussi qu'au lieu d'ajouter la pyramide on la retranche en formant dans le polyedre une cavité égale à la pyramide ; vous aurez ainsi deux nouveaux solides qui auront les faces égales chacune à chacune, et cependant ces deux solides seront inégaux ; tel est l'exemple allégué par Robert Simson pour prouver son assertion. Mais nous observerons que l'un des solides dont il s'agit présente une cavité ou angle solide rentrant : or il est plus que probable qu'Euclide a entendu exclure les corps irréguliers qui ont des cavités ou des angles solides rentrants, et qu'il s'est borné aux polyedres convexes. En admettant cette restriction, sans laquelle d'ailleurs d'autres propositions ne seroient pas vraies, l'exemple de Robert Simson ne conclut point contre la définition ou le théorème d'Euclide ; nous croyons au contraire, d'après un examen approfondi, que ce théorème est très vrai ; mais il ne paroît pas facile d'en donner la démonstration.

Quoi qu'il en soit, il résulte de ces observations que les définitions 9 et 10 d'Euclide ne peuvent être conservées telles qu'elles sont. Robert Simson supprime la définition des solides égaux, qui en effet ne doit trouver place que parmi les théorèmes, et il définit *solides semblables* ceux qui sont compris sous un même nombre de plans semblables, et qui ont les angles solides égaux chacun à chacun. Cette définition est vraie, mais elle a l'inconvénient de contenir bien des conditions superflues. Si on supprimoit la condition des angles solides égaux, on retomberoit dans l'énoncé d'Euclide, qui est défectueux en ce qu'il suppose la démonstration du théorême sur les polyedres égaux. Pour éviter tout embarras, nous avons cru à propos de diviser la définition des solides semblables en deux parties : d'abord nous avons défini les pyramides triangulaires semblables, ensuite nous avons défini *solides semblables* ceux qui ont des bases semblables et dont les angles solides homologues hors de ces bases sont déterminés par des pyramides triangulaires semblables chacune à chacune.

Cette définition exige pour les bases, en les supposant triangulaires, deux conditions, et pour chacun des points ou angles solides hors des bases, trois conditions; de sorte que si S est le nombre des angles solides de chacun des polyedres, la similitude de ces deux polyedres exigera $2+3(S-3)$ angles égaux de part et d'autre, ou $3S-7$ conditions; et aucune de ces conditions n'est superflue ou comprise dans les autres. Car nous considérons ici deux polyedres comme ayant simplement le même nombre d'angles solides; alors il faut rigoureusement, et sans en omettre une, les $3S-7$ conditions pour que les deux solides soient semblables; mais si on supposoit avant tout qu'ils sont *de la même espece* l'un et l'autre, c'est-à-dire qu'ils ont un égal nombre de faces, et que ces faces comparées chacune à chacune ont un égal nombre de côtés, cette supposition renfermeroit des conditions dans le cas où il y auroit des faces de plus de trois côtés, et ces conditions diminueroient d'autant le nombre $3S-7$, de sorte qu'au lieu de $3S-7$ conditions il n'en faudroit plus

que A—1; sur quoi voyez la note IX. On voit par là ce
qui donne lieu à la difficulté de poser une bonne définition des solides semblables ; c'est qu'on peut les
considérer comme étant de la même espece , ou seulement comme ayant un égal nombre d'angles solides.
Dans ce dernier cas toute difficulté est écartée , et il
faut que les $3S—7$ conditions renfermées dans la définition soient remplies toutes pour que les solides
soient semblables , et on en conclura à plus forte raison qu'ils sont de la même espece. Au reste , notre
définition étant complete , nous en avons déduit comme
théorème la définition de Robert Simson.

On voit donc qu'il est possible de se passer dans les
éléments du théorème concernant l'égalité des polyedres ;
mais comme ce théorème est intéressant par lui-même ,
nous avons cru devoir ajouter ici quelques recherches
qui tendent à sa démonstration.

Et d'abord il y a une grande probabilité en faveur
de ce théorème ; car si deux solides ont un même nombre de faces égales chacune à chacune , à plus forte
raison sont-ils de la même espece : or nous avons vu
dans la note IX que pour déterminer un polyedre parmi tous ceux de la même espece, il suffit d'avoir autant
de données effectives, lignes ou angles que le polyedre
a d'arêtes; et ainsi les arêtes elles-mêmes seroient des
données suffisantes, sauf quelques cas particuliers, dont
on peut faire abstraction. Mais les faces du polyedre
étant connues, on connoît les arêtes et de plus les angles qui ne dépendent pas tous des arêtes, à moins que
toutes les faces ne soient triangulaires : si donc deux
polyedres ont les faces égales chacune à chacune , et
qu'elles ne soient pas toutes triangulaires , la connoissance des faces offrira des données plus qu'il ne faut

pour déterminer chaque polyedre en particulier. En vertu des données nécessaires il semble déja que les polyedres doivent être égaux, car la multiplicité des solutions ne peut guere avoir lieu dans les polyedres convexes; en vertu des données superflues il faut encore qu'un certain nombre d'éléments soient égaux dans les deux polyedres; on peut donc regarder leur égalité absolue comme extrêmement probable. Mais voici quelques lemmes qui serviront à démontrer rigoureusement cette égalité, au moins dans des cas particuliers.

LEMME I. *Deux polyedres qui ont les faces égales chacune à chacune, et dont chaque angle solide n'assemble que trois angles plans, sont égaux.*

Car alors les angles solides sont égaux chacun à chacun; et si on place l'un des polyedres sur l'autre ou sur son symmétrique, ces deux polyedres coïncideront.

Scholie. Ce cas est suffisant pour les démonstrations qui sont dans les éléments, et le théorême auroit encore lieu quand même les deux polyedres auroient un angle solide plus que triple, car la coïncidence de tous les angles solides hors un nécessite la coïncidence du dernier.

Il résulte de là que si deux polyedres ont les faces égales chacune à chacune, on peut retrancher de part et d'autre les angles solides triples, et les solides restants auront encore les faces égales chacune à chacune: donc, pour démontrer l'égalité de deux polyedres qui ont des faces égales, il suffit de démontrer celle des polyedres dont les angles solides sont plus que triples.

LEMME II. *Soit* S *un angle solide quadruple ou* Fig. 10.
formé par quatre angles plans ASB, BSC, CSD,
DSA; *supposons que, ces angles restant les mêmes,*
on change l'inclinaison mutuelle des deux plans
ASB, ASD, *ou, pour abréger, l'inclinaison sur* SA;
je dis que les inclinaisons sur les quatre arêtes SA,
SB, SC, SD, *varieront alternativement en plus et*
en moins.

Du point S comme centre et d'un rayon quelconque
décrivez une surface sphérique dont la partie comprise
dans l'angle solide S soit le quadrilatere sphérique
ABCD. Les côtés AB, BC, CD, DA, de ce quadrilatere seront la mesure des quatre angles plans qui
forment l'angle solide S, et ainsi ces côtés demeureron
constants. Les angles A, B, C, D, du quadrilatere
seront les inclinaisons des faces adjacentes de l'angle
solide, ou ce que nous appelons les inclinaisons sur
les arêtes SA, SB, SC, SD; ces angles varient, et il
s'agit d'examiner la loi de leurs variations.

Soient les deux quadrilateres sphériques ABCD, Fig. 11.
AbcD, formés avec des côtés égaux, savoir AD commun, Ab = AB, bc = BC, cD = CD; je dis qu'en
supposant l'angle b AD > BAD, on aura alternativement cDA < CDA, bcD > BCD, et Abc < ABC.

Car si l'angle ADc n'est pas plus petit que ADC,
il sera égal ou plus grand : soit premièrement ADc
= ADC, alors le point c tomberoit en C, et les deux
triangles Abc, ABC, auroient leurs trois côtés égaux
et placés de la même manière. Donc ils seroient égaux;
donc Ab tomberoit sur AB, ce qui est contre la supposition.

X 4

Fig. 12.   En second lieu soit, s'il est possible, l'angle ADc >
ADC; si on joint AC et bC, on formera les triangles
bAC, BAC, où l'on a AC commun, et bA = BA :
donc, puisque l'angle bAC > BAC, on aura le troisième
côté bC > BC. Si on joint de même bD, à cause de
bDc > bDC, on aura bc > bC. Donc à plus forte raison
on auroit bc > BC, ce qui est contre la supposition.

Donc l'angle BAD croissant et devenant bAD,
l'angle adjacent ADC décroît et devient ADc. Mais
par la même raison, si l'angle D diminue, l'angle suivant C augmente, et ensuite C augmentant B diminue.

Donc, tandis que les côtés du quadrilatere ABCD
demeurent constants, si les angles varient, leurs variations seront alternativement en plus et en moins.

Scholie. Si on désigne l'augmentation par le signe +,
la diminution par le signe —, on peut dire, pour abréger, que si A est +, B sera —, C + et D —. Et en reve-
nant à l'angle solide S directement, supposons que
l'inclinaison sur l'arête SA augmente, ou qu'on ait
SA +, alors on aura SB —, CS + et DS —. Il est
donc impossible que les inclinaisons sur deux arêtes
consécutives d'un angle solide quadruple varient toutes
deux en plus ou toutes deux en moins.

Fig. 10.

LEMME III. *Les variations d'inclinaison ne peuvent être de même signe sur plus de deux arêtes consécutives dans l'angle solide quintuple, sur plus de trois dans l'angle solide sextuple, et ainsi de suite. Et dans le cas où il y a ainsi des variations consécutives de même signe, dans le plus grand nombre possible, les variations sur les trois arêtes restantes sont en signes alternatifs avec les autres. (La constance ou variation nulle peut être comprise parmi les variations de même signe.)*

Soit, par exemple, un angle solide sextuple représenté par l'hexagone sphérique ABCDEF. Supposons que Fig. 13. les angles A, B, C, doivent augmenter tous les trois, et considérons d'abord ce qui résulte de l'augmentation de A seul, tandis que B et C demeurent constants. On voit que le quadrilatere ADEF est la seule partie de l'hexagone qui varie : or si l'angle A augmente, on aura alternativement A +, D —, E +, F —. L'angle A étant ainsi augmenté, faisons varier B à son tour, en conservant A et C constants ; alors c'est le quadrilatere BDEF dont les angles varient. Si donc B augmente, on aura B +, D —, E +, F —. D'où l'on voit que la variation de A et celles de B operent dans le même sens sur chacun des angles D, E, F ; il en sera de même de la variation de C. Donc on peut avoir au plus dans l'hexagone les trois variations consécutives de même signe A +, B +, C + ; et alors les trois autres auront des signes alternatifs, savoir D —, E +, F —.

Fig. 14. L E M M E I V. *Si sur la surface d'un polyedre le po-*
lygone ABCDE *est d'un nombre impair de côtés,*
et que tous les angles solides en A, B, C, D, E,
soient quadruples, il ne peut y avoir aucun chan-
gement dans l'inclinaison des faces qui composent
ces angles.

Car puisque l'angle solide A est quadruple, les inclinaisons sur AE et AB, si elles varient, ne peuvent
varier qu'en sens contraire ; il en est de même des variations sur AB et BC, sur BC et CD, et ainsi des
autres. Mais si on applique des signes alternatifs aux
côtés d'un pentagone, ou en général d'un polygone
dont le nombre des côtés est impair, il y en aura toujours deux consécutifs, savoir le premier et le dernier,
qui auront le même signe. Donc la supposition d'un
changement quelconque dans les inclinaisons implique
contradiction. Donc la partie du polyedre qui renferme
les angles solides A, B, C, D, E, est invariable.

Fig. 15. L E M M E V. *Si* ABD *et* BDC *sont deux faces trian-*
gulaires adjacentes, si en même temps les angles
A, B, C, *sont quadruples, et l'angle* D *quintuple,*
je dis qu'il ne peut y avoir aucun changement dans
l'inclinaison des faces qui composent ces angles.

Car par la nature des angles solides quadruples un
changement d'inclinaison sur AD en entraîne un de signe
contraire sur AB, et la variation sur AB en produit
une de signe contraire sur BD. Donc les variations sur
AD et DB sont de même signe, et par la même raison
les variations sur DB et DC sont encore de même si-

gne. Il y auroit donc trois variations consécutives de
même signe sur AD, DB, DC, ce qui est impossible
par le lemme III, tant que l'angle D n'est que quintuple.

Scholie. S'il y avoit trois faces triangulaires ABE, Fig. 16.
BEC, CED, réunies en un même sommet E, et si en
même temps les angles A, B, C, D, étoient quadruples,
on trouveroit de même que le changement d'inclinaison est impossible, à moins que E ne fût plus que sextuple, et ainsi de suite.

Avec ce petit nombre de cas où le changement de
figure est impossible, on peut démontrer qu'une infinité de polyedres ne peuvent avoir leurs faces égales
et situées dans le même ordre sans être égaux.

EXEMPLE.

Soit une espece de pyramide à deux sommets S et T, Fig. 17.
formée par des triangles qui s'appuient sur un contour
commun ABCDE, situé ou non situé dans le même
plan. Je dis qu'en conservant les faces triangulaires les
mêmes et dans le même ordre, il est impossible de faire
avec ces faces deux solides inégaux.

Car ce cas se rapporte au lemme V. Si on fait varier
l'inclinaison sur AS, à cause des angles quadruples
A, B, C, etc., les variations d'inclinaison sur AS,
BS, CS, etc., seront toutes de même signe, ce qui
est impossible.

AUTRE EXEMPLE.

Nous appliquerons encore les propriétés démontrées
à un icosaedre, dont la surface est composée de vingt

triangles et dont chaque angle solide assemble cinq angles plans.

Pour avoir une idée de la disposition des faces sans
être obligé de représenter le solide en relief, voici un
moyen très simple qui peut s'appliquer à tout autre
polyedre.

D'un même angle solide menez à tous les autres angles des diagonales, et prolongez ces diagonales jusqu'à
ce qu'elles rencontrent un plan quelconque extérieur
donné de position. Joignez ensuite les points d'intersection pour faire sur le plan autant de polygones que
le polyedre a de faces, excepté celles qui forment l'angle solide d'où l'on a mené les diagonales. Vous aurez
la représentation de la surface du solide, non pas exacte,
elle est impossible sur un plan, mais suffisante pour
avoir une idée juste du nombre de ses faces et de la maniere dont elles se lient les unes aux autres.

Fig. 18.   Ainsi dans le cas de l'icosaedre dont il s'agit, on aura
la figure *ghikl* composée de quinze triangles, qui cor-
respondent aux quinze faces du solide, non compris
celles qui forment l'angle d'où on a émis les diagonales. Celles-ci sont des triangles qui ont pour bases les
côtés *gh, hi, ik, kl, lg* : on peut les représenter ad-
ditionnellement par les triangles *ghm, hin, kio, klp,
lgq*, et les vingt faces du solide seront ainsi représentées distinctement; l'imagination peut même donner de la rondeur à la figure *ghikl*, et on peut supposer en outre que les triangles *ghm, hin*, etc., soient
repliés de maniere que les sommets *m. n, o, p, q*, se
réunissent en un même point : alors on aura une idée complete du solide et de l'arrangement de ses différentes
parties, ce qui peut s'appliquer à toute sorte de polyedres.
Il faut observer que les polygones de la représentation

ont projection (dans ce cas ce ne sont que des triangles) sont tous convexes et n'enjambent point les uns sur les autres, c'est une suite de ce que le polyedre lui-même est supposé convexe. Il faut observer aussi qu'un même côté gh de la projection en peut représenter plusieurs du solide, lorsque le plan représenté par gmh aura plus de trois côtés.

Cela posé, revenons à l'icosaedre dont nous avons tracé la projection : il s'agit de faire voir que l'inclinaison des faces ne peut varier de maniere à produire un autre icosaedre qui auroit les mêmes faces placées dans le même ordre. Pour cela nous raisonnerons sur les arêtes ab, ac, bc, etc. comme si c'étoient celles du solide lui-même.

Supposons donc, s'il est possible, que les inclinaisons sur ab, ac, ad, ae, af, varient; il y aura toujours deux variations consécutives de même signe. Supposons que ce sont celles sur ab et ac, et marquons-les du signe $+$; alors les variations sur les différentes arêtes de l'angle quintuple a seront comme il suit :

$$ab+, ac+, ad-, ae+, af-.$$

Jusques-là il n'y a pas proprement d'hypothese; pour aller plus loin il en faut faire une : soit donc $de+$, on a déja $ae+$, ainsi les variations sur les différentes arêtes de l'angle e seront

$$ae+, de+, ek-, el+, ef-;$$

ensuite, à cause de $ef-$ et $af-$, les variations à l'angle f seront

$$af-, ef-, fl+, fg-, fb+;$$

enfin, à cause de $bf+$ et $ab+$, on aura à l'angle b,

$$bf+, ab+, bc-, bh+, gb-.$$

Mais, à cause de $gb-$ et $fg-$, l'angle g étant quintuple comme les autres, on aura $gl+$ et $gh-$; on auroit donc à l'angle l trois variations consécutives de même signe, savoir $gl+$, $fl+$, $el+$, ce qui est impossible suivant le lemme III. Donc l'hypothese $ed+$ ne put avoir lieu.

Supposons donc $ed-$, alors, par des combinaisons semblables, on trouvera $kl+$, $el+$, $fl+$, ce qui ne peut avoir lieu puisque l'angle l n'est que quintuple. Donc il est impossible que l'icosaedre change de figure en conservant les mêmes faces dans le même ordre.

Je crois que cet exemple et tous ceux sur lesquels on voudra s'exercer d'après les principes précédents porteront à un degré de probabilité bien près de la certitude la proposition dont nous nous occupons, savoir, que deux solides ne peuvent être inégaux lorsqu'ils sont compris sous un même nombre de faces égales et placées dans le même ordre.

J'ajouterai que l'espece de projection dont on a fait usage dans le dernier exemple, et qui est du même genre que la mappemonde, peut servir à démontrer, sans le secours des triangles sphériques, la proposition XXIV, livre VII.

F I N.

ERRATA.

CATALOGUE

des livres qui se trouvent chez le même libraire.

Principes du calcul et de géométrie, ou éléments
de mathématiques, par le citoyen Para du Phanjas,
in-8°, br.,   7 l. 10 s.

Cours de mathématiques à l'usage des gardes-pavil-
lons et de la marine, in-8°., 6 vol., br., qui se
vendent séparément, par Bezous.   27 l.

Cours de mathématiques à l'usage du corps de l'artillerie, par le même, in-8°., gr. pap., 4 v., br.,   29 l.

Abrégé du cours de mathématique de Chrétien Wolf,
contenant l'arithmétique, l'algebre, la géométrie,
la trigonométrie, la méchanique, l'hydrostatique,
l'airométrie, l'hydraulique, l'optique, la catoptrique,
la dioptrique, la perspective, la géographie, la chro-
nologie, la gnomonique, l'astronomie, la naviga-
tion, la fortification, l'attaque et la défense des
places, l'artillerie, les feux d'artifice et l'archi-
técture, in-8°., 3 vol., enrichis de 69 planches,
brochés,   18 l.

Cours de mathématiques à l'usage du corps du génie,
par le cit. Bossut, in-8°., 5 vol., br.,   29 l. 10 s.

Éléments généraux de mathématiques, par Deidier,
in-4°., 2 vol., br.,   24 l.

Le guide des jeunes mathématiciens, traduit de l'anglois de Jean Ward, par Pézenas, in-8°., br., 7 l. 10s.

La science du calcul des grandeurs en général, ou les
éléments de mathématiques, par Reyneau, in-4°.,
2 vol. br.,   20 l.

Analyse démontrée, ou la méthode de résoudre les problèmes de mathématiques et d'apprendre facilement les sciences, par Reyneau, in-4°., 2 vol., brochés, 20 l.

Traité élémentaire de mathématiques de Lemoine d'Essois, in-8°., broché, 5 l. 10 s.

Éléments de mathématiques, ou traité de la grandeur en général, contenant l'arithmétique, l'algebre, etc., par Lamy, in-12, broché, 3 l.

Traité analytique des sections coniques, fluxions et fluents, avec un traité des quadratures, et un essai sur le mouvement, par Muller, in-4°., rel., 15 l.

Les sections coniques de l'Hôpital, nouvelle édition, 15 l.

Les infiniment petits, du même, nouvelle édition, in-4°., relié, 15 l.

Méthode des fluxions de Maclaurin, traduite de l'anglois par Pézenas, in-4°., 2 vol., br., 24 l.

Éléments d'algebre de Maclaurin, traduits par le Cozic, in-4°., rel., 15 l.

Application de la géométrie et des calculs différentiel et intégral à la résolution de plusieurs problèmes, par Robillard fils, in-4°., rel., 15 l.

Calcul des rentes viageres sur une et plusieurs têtes, contenant la théorie complete de ces sortes de rentes, et des tables par lesquelles tout le monde peut voir ce qu'on doit donner de rente viagere et combien une rente viagere peut être estimée suivant les différents cas, par S.-Cyran, in-4°., br., 7 l. 10 s.

Dominici Guillelmini opera omnia mathematica, hydraulica, medica, physica, in-4°., 2 vol., br., 24 l.

Description des moyens employés pour mesurer la

Y

base de Hounslow-Heat en Angleterre, in-4°., br., 12 l.

Description d'une nouvelle machine pour diviser les instruments de mathématiques, par Ramsden, publiée par le cit. Lalande, pour faire suite à l'ouvrage précédent, in-4°., br., 7 l. 10 s.

Tables des changes faits de Paris sur les principales places de l'Europe, in-16, rel., 5 l.

Éléments d'algèbre de Clairault, in-8°., br., 5 l.

Éléments de géométrie du même, in-8°., br., 5 l.

Le rapporteur exact, à l'usage de ceux qui lèvent des plans au graphomètre et de ceux qui s'occupent de la gnomonique, par Baudusson, arpenteur, in-16, relié, 3 l.

Traité de trigonométrie rectiligne et sphérique, par Cagnoli, traduit de l'italien par Chompré, in-4°., broché, 16 l.

Éléments de géométrie de Lamy, in-12, rel., 4 l.

Géométrie élémentaire et pratique de Sauveur, corrigée et augmentée par Leblond, in-4°., br., 16 l.

Géométrie souterraine, par Koenig, extraite des voyages métallurgiques de Jars, in-8°., br., 3 l.

Récréations mathématiques et physiques d'Ozanam, édition nouvelle, totalement refondue par Montucla, in-8°., 4 vol., br., 24 l.

Les éléments d'Euclide du P. Dechalles, nouvelle édition corrigée et augmentée par Audierne, in-12, broché, 3 l. 10 s.

La géométrie pratique, contenant la trigonométrie, avec un traité de l'arithmétique, par Ozanam, in-12, br., 3 l. 10 s.

Méthode de lever les plans et les cartes de terre et de mer avec toute sorte d'instruments et sans instruments, nouvelle édition revue, augmentée par Audierne, in-12, br.,   3 l. 10 s.

Cours de mathématiques d'Ozanam, qui comprend les parties de cette science les plus utiles à un homme de guerre, in-8°., 5 vol., rel.,   50 l.

La trigonométrie rectiligne et sphérique d'Ozanam, à laquelle on a joint 4 tables des sinus, tangentes et sécantes, et des logarithmes, par Adrien Ulacq, in-8°, relié,   8 l.

La méchanique, du même, in-8°, rel.   7 l.

La perspective théorique et pratique, du même, in-8°, relié,   7 l.

La géographie et cosmographie, du même, in-8°., relié,   7 l.

La gnomonique, du même, in-8°, rel.,   7 l.

La gnomonique pratique de Bedos, 8°., br.,   9 l.

Abrégé du toisé, ouvrage rustique, ou nouvelle méthode géométrique pour avoir le contenu solide des travaux de terre, de maçonnerie, par Dupain, in-8°, broché,   3 l.

Architecture pratique, de Bullet, in-8°., br., 7 l. 10 s.

Les loix des bâtiments, par Desgodet, 8°, br.,   6 l.

Détail général des fers, fonte, serrurerie, etc., in-8°., broché,   7 l. 10 s.

L'art de la charpenterie, de Matharus Joule, in-folio, broché,   15 l.

L'art du trait de charpenterie, de Fourneau, 4 petits in-folio, brochés,   45 l.

Traité de stéréotomie, ou la théorie et la pratique de la coupe des pierres et des bois, par Frézier, in-4°., 3 vol., br.,   45 l.

Éléments de stéréotomie, abrégé de l'ouvrage précédent, par le même, in-8°., 2 vol., rel.,   12 l.

LIVRES NOUVEAUX.

Théorie acoustico-musicale, ou de la doctrine des sons
rapportée aux principes de leur combinaison, par
A. Suremain Missery, in-8°., br.,   5 l.

Géodésie ou art de partager les champs, à l'usage des
arpenteurs et des personnes qui, avec les premieres
connoissances de la géométrie, voudroient procé-
der à la division des terrains, par A. A. Lalmand,
in-8°., br.,   4 l. 10 s.

Usage du compas de proportion, avec un traité de la
division des champs, ouvrage totalement refondu,
par le cit. Prony, in-12, br.,   5 l.

Recherches sur l'artillerie en général, et particulièrement sur celle de la marine, par le cit. Texier de
Nerbeck, in-8°., 2 vol., br.,   21 l.

Leçons élémentaires d'arithmétique de Mauduit,
in-8°., br.,   5 l. 10 s.

Nouvelle architecture hydraulique de Prony, in-4°.,
tome pr., br.,   30 l.
Le tome 2° est tout près de paroître.

OEuvres de Perronnet, contenant la description des
projets et de la construction des ponts de Neuilly,
de Nantes, d'Orléans, etc., in-4°., rel., et atlas
in-folio,   150 l.
Les additions faites dans cette nouvelle édition ont
été imprimées séparément pour les personnes qui
voudront compléter la premiere édition, in f°.,
br.,   50 l.

Description du nouveau pont de pierre construit sur
l'Allier à Moulins, par de Regmort, in-f°., br.
                                                    36 l.

Mémoire sur les transcendantes elliptiques; ouvrage
qui peut servir de suplément aux traités ordinaires
de calcul intégral, in-4°, par A. M. le Gendre.

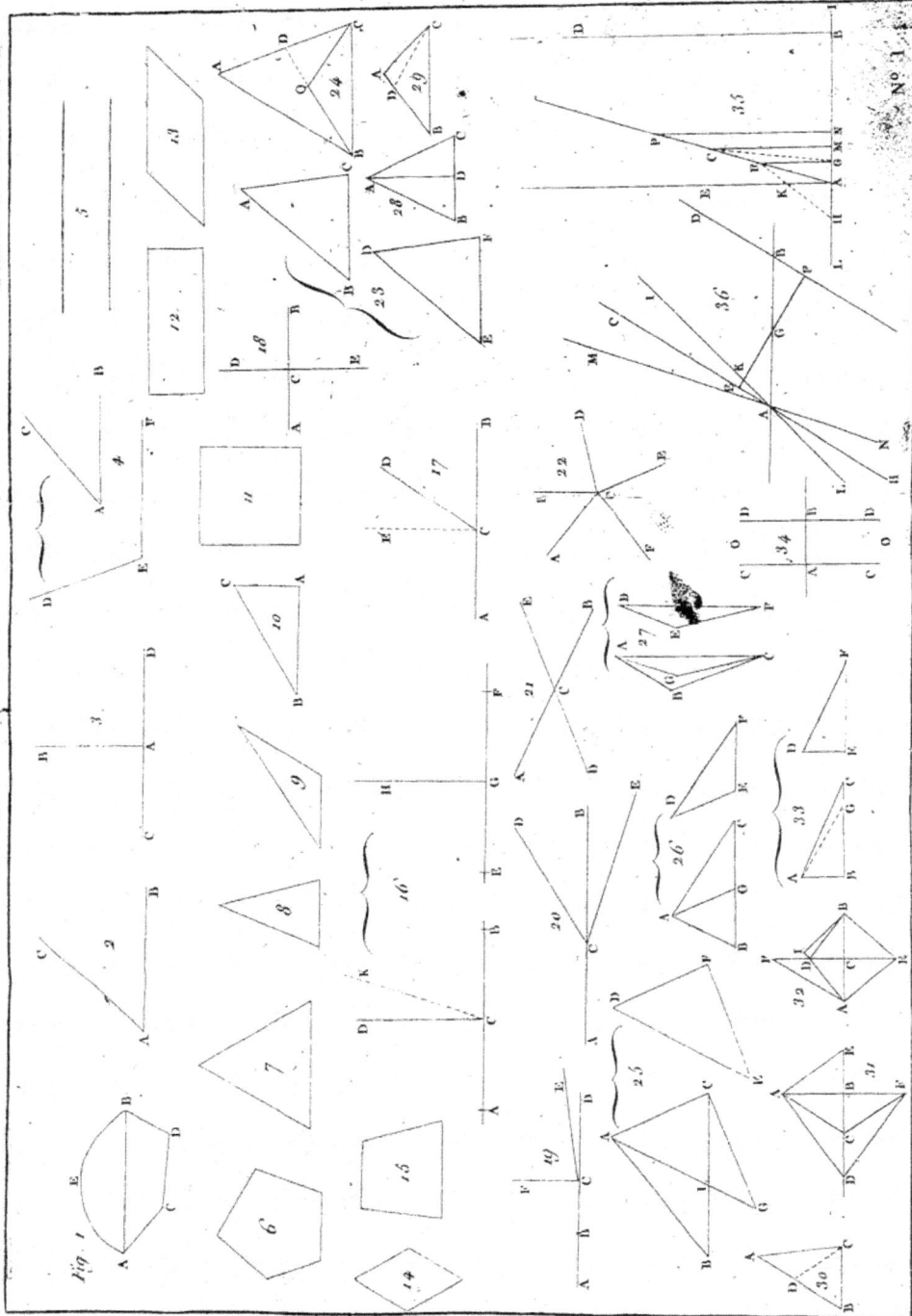

Fig. 1

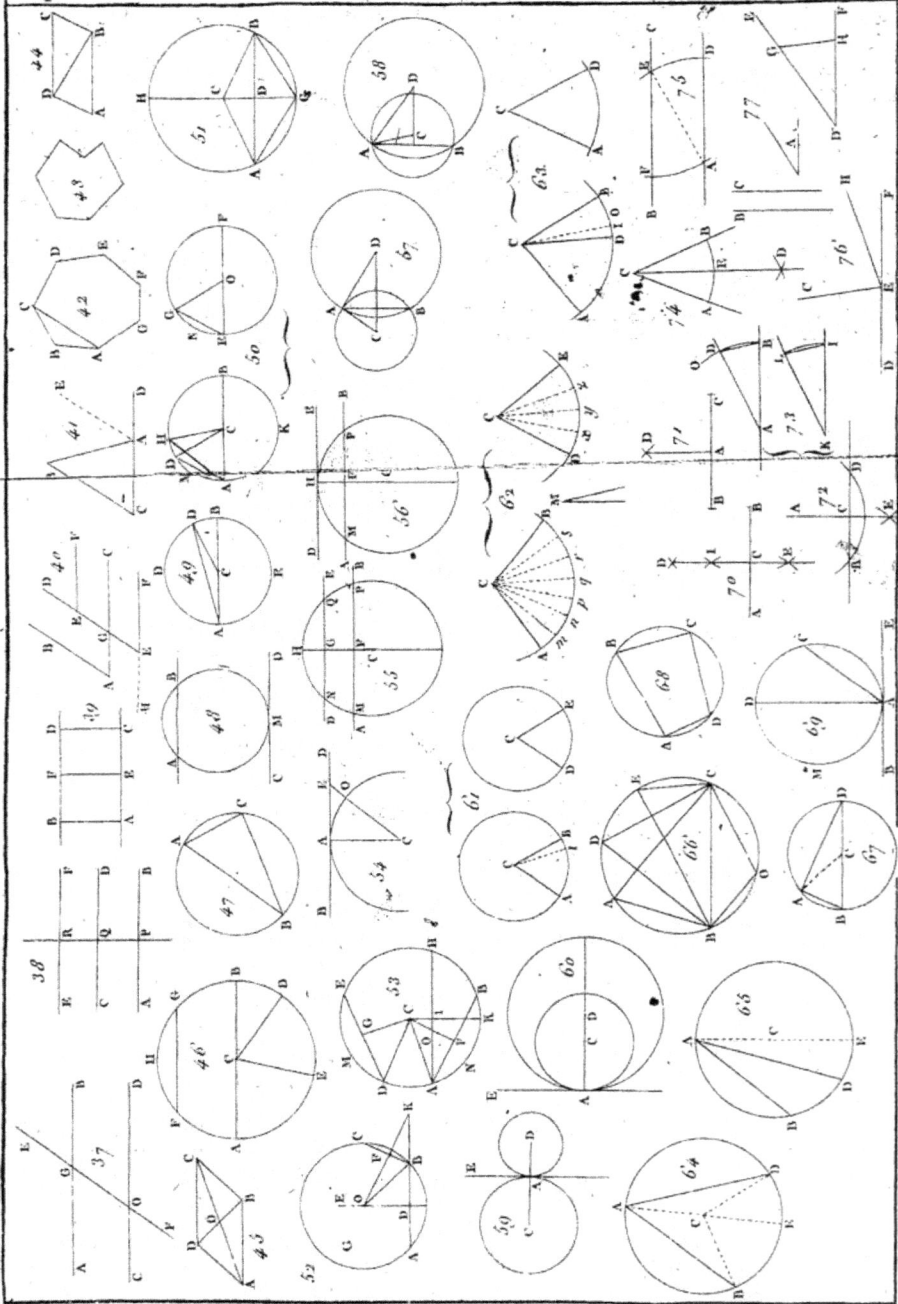

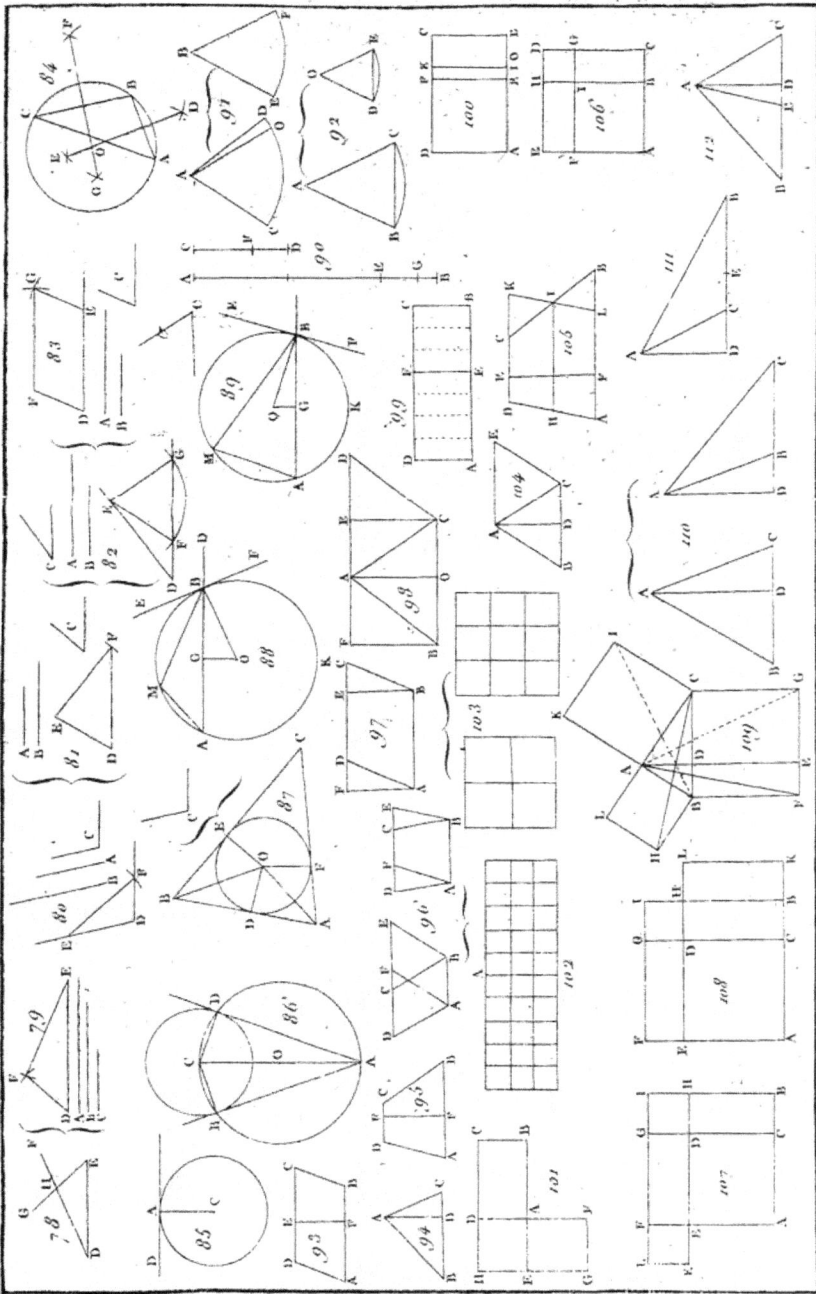

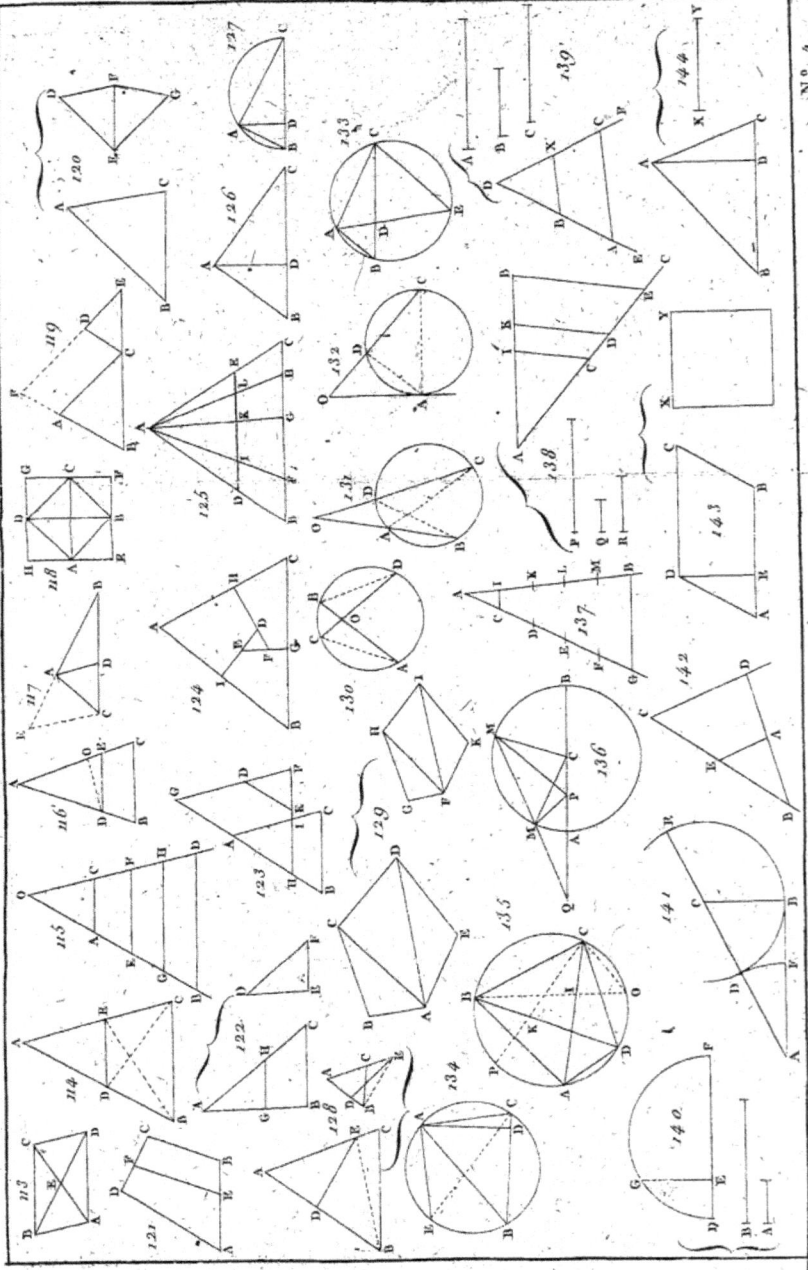

Elémens de Géometrie. Pl. 4.

No. 4.

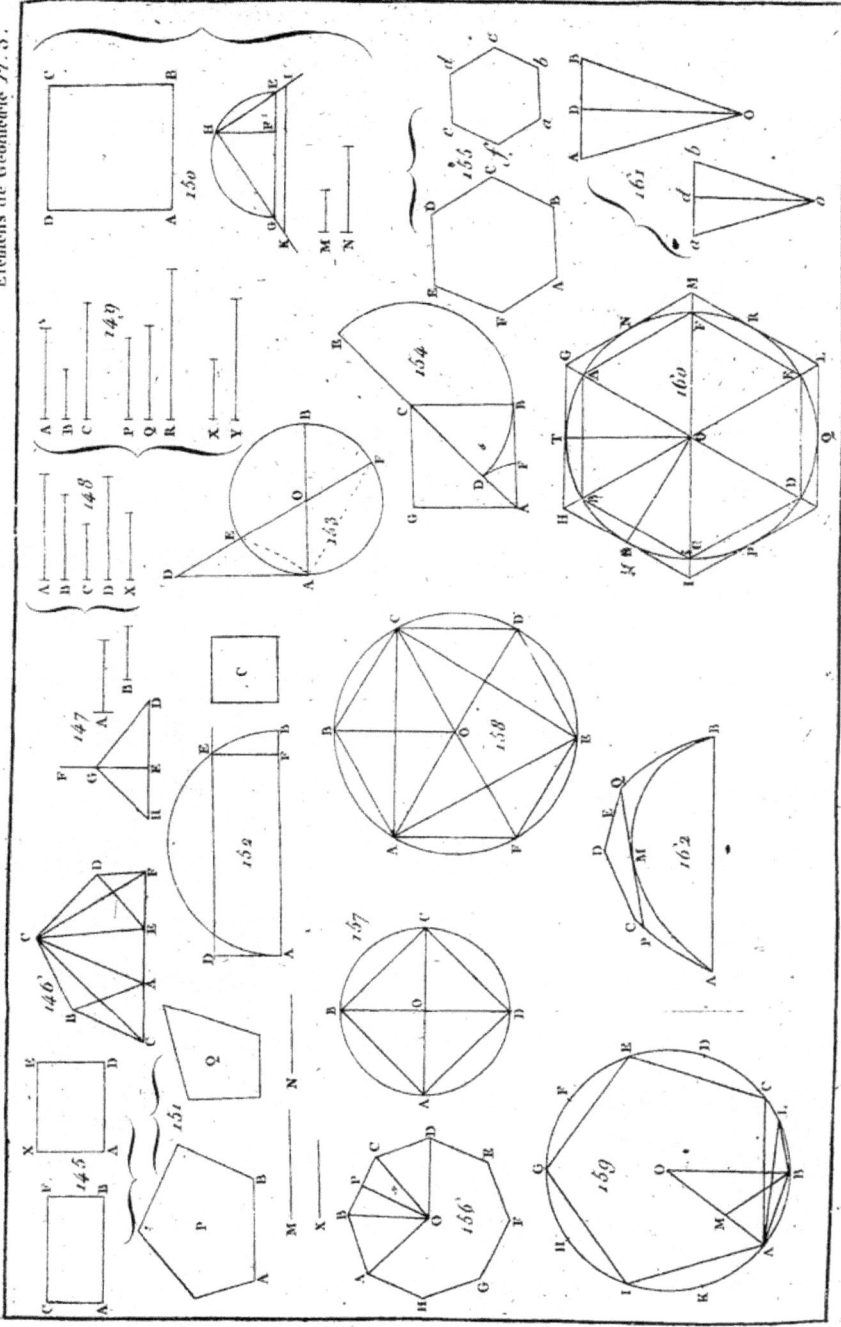

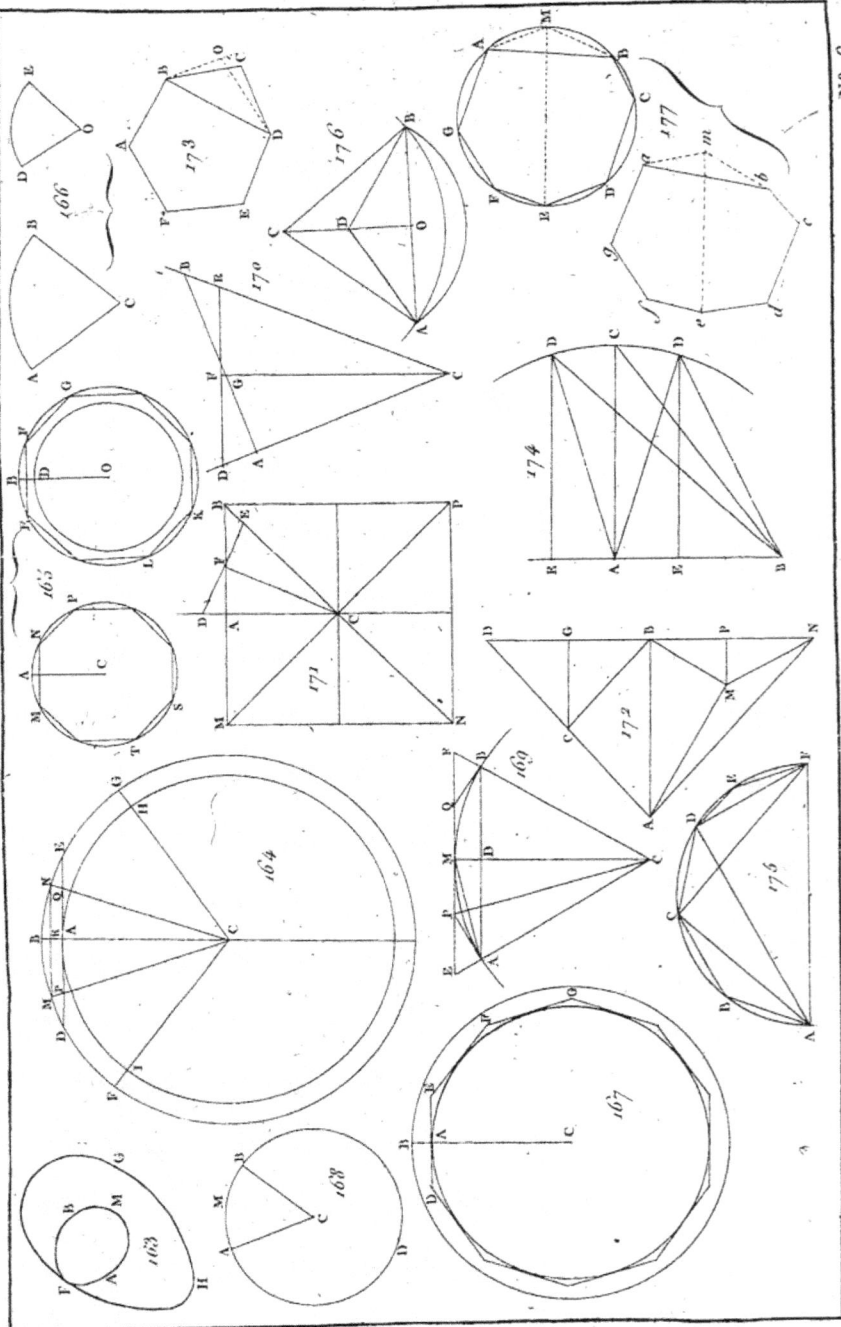

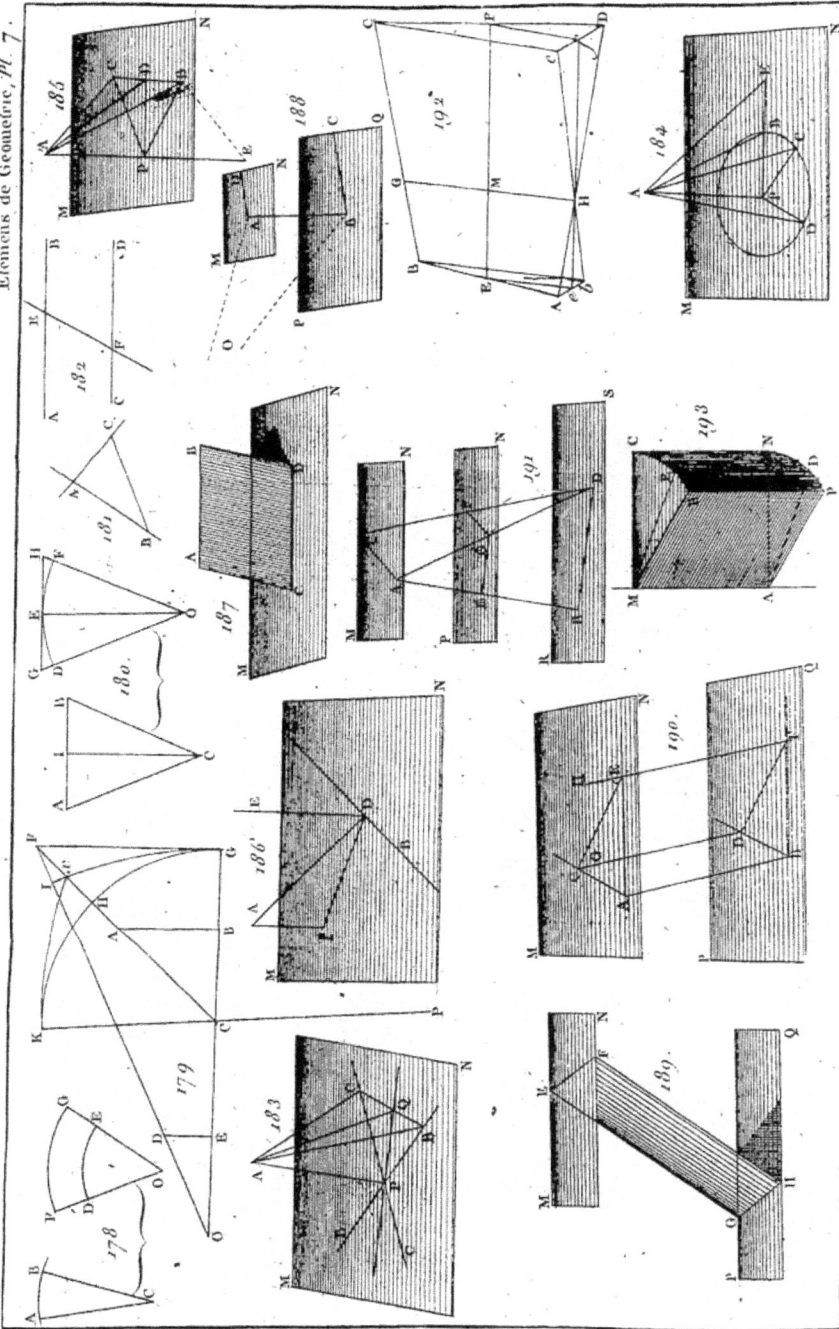

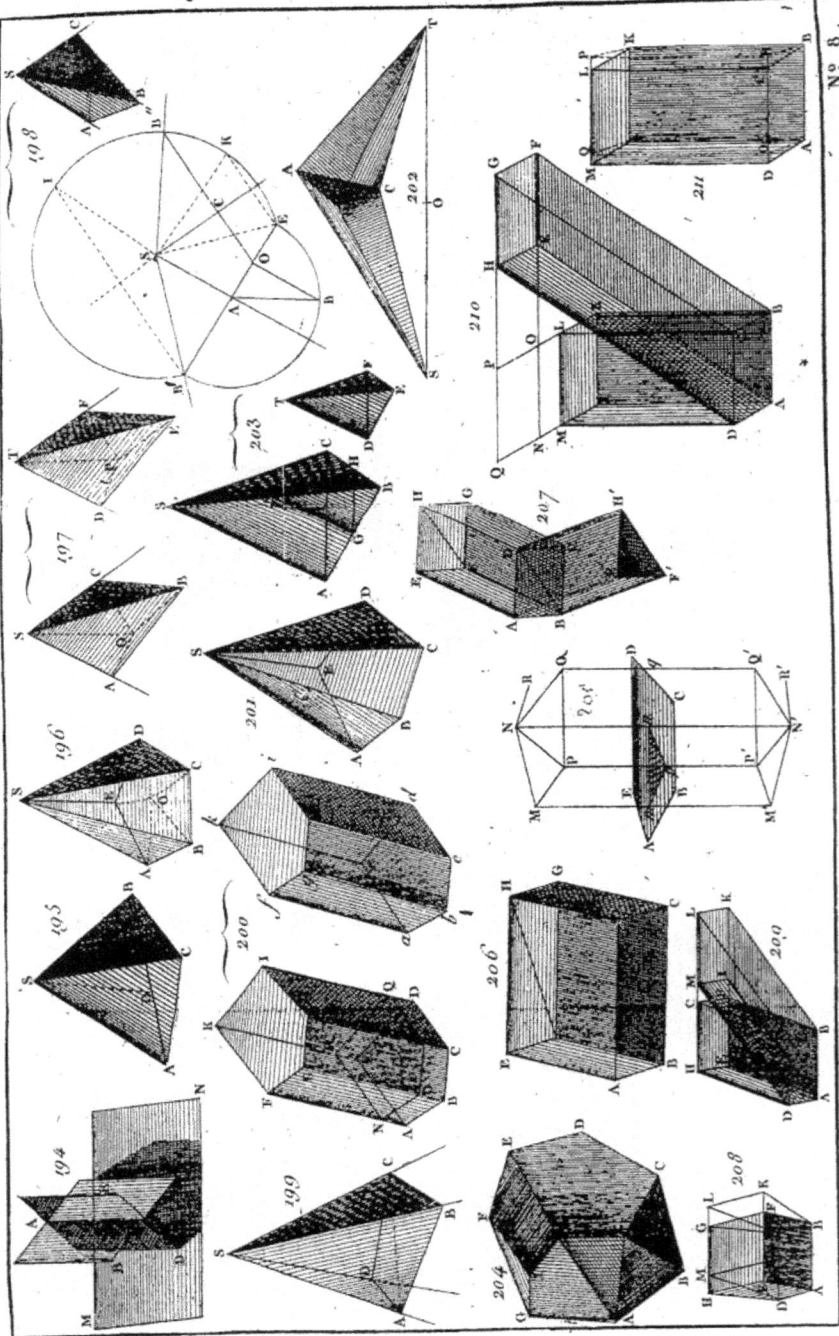

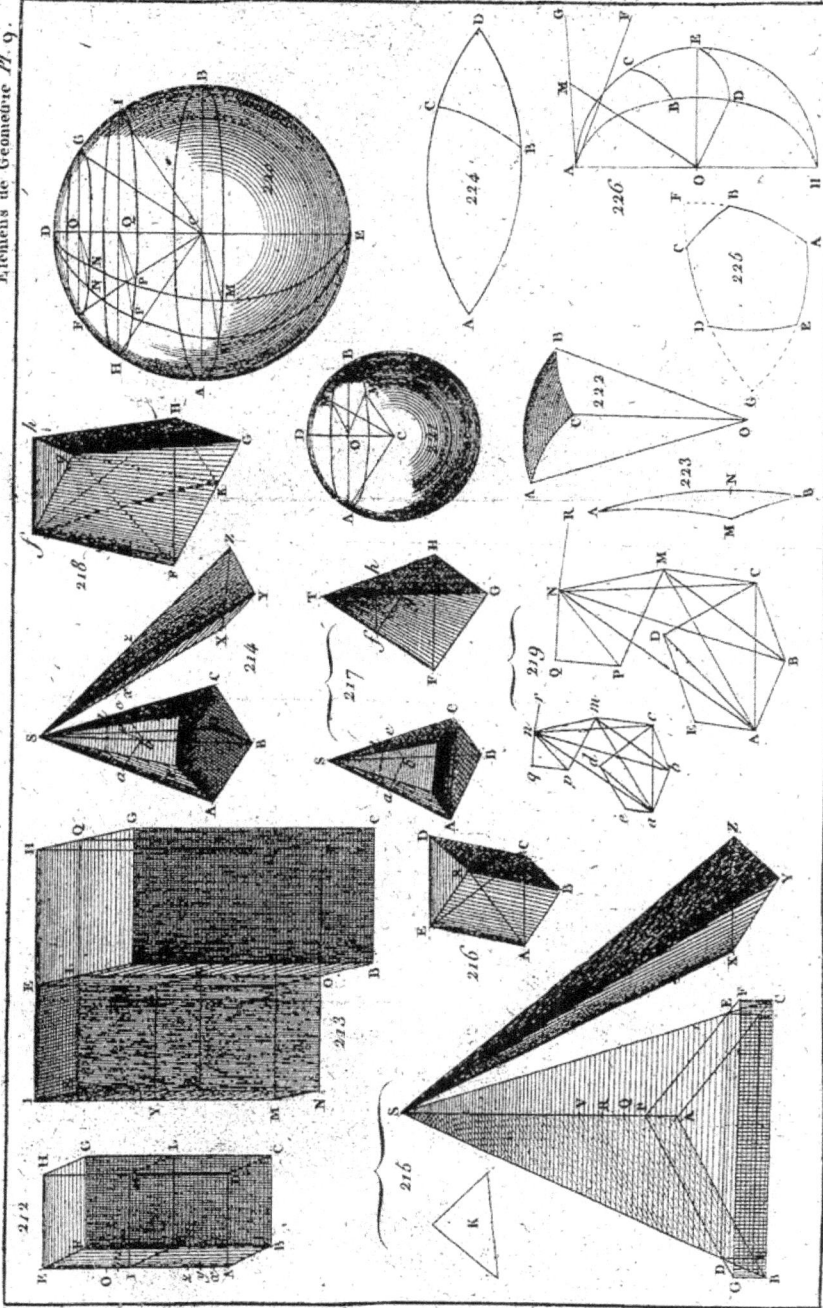

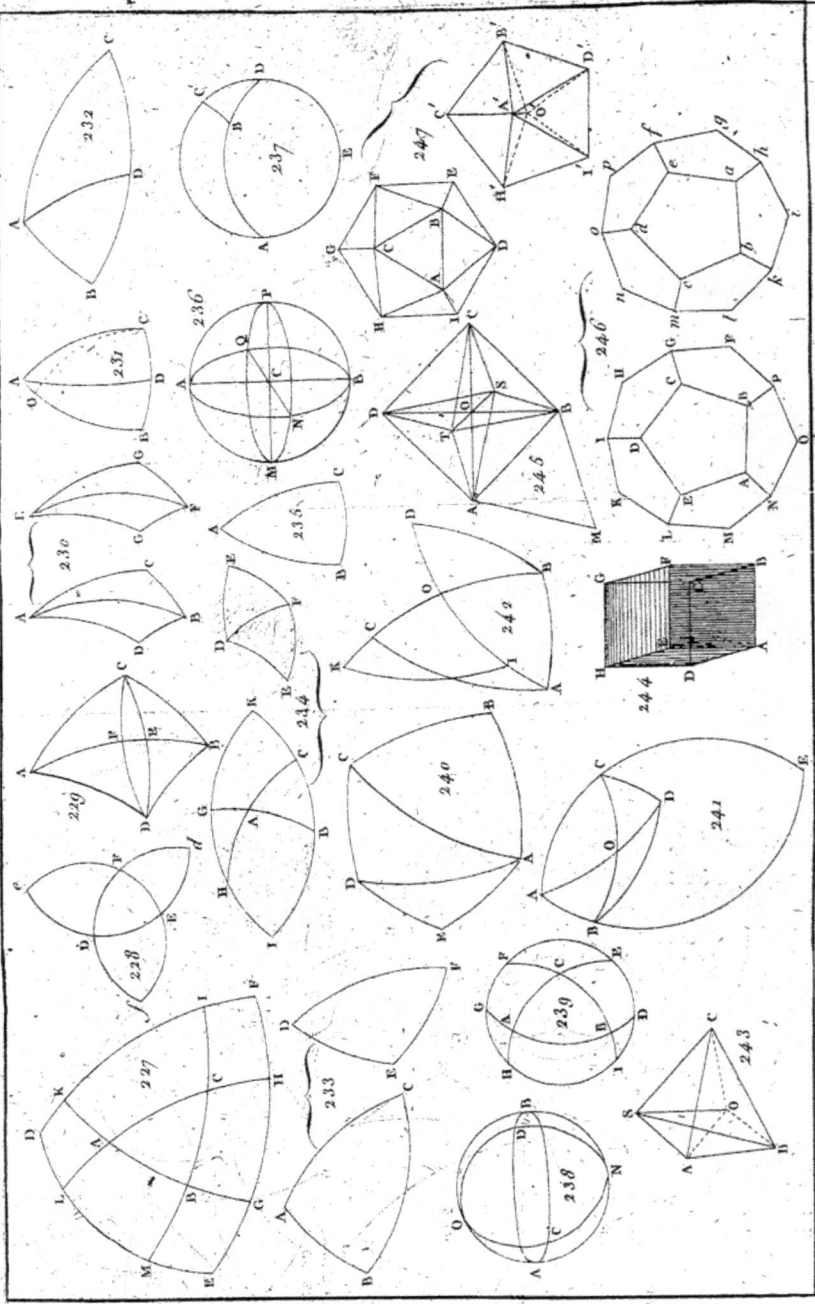

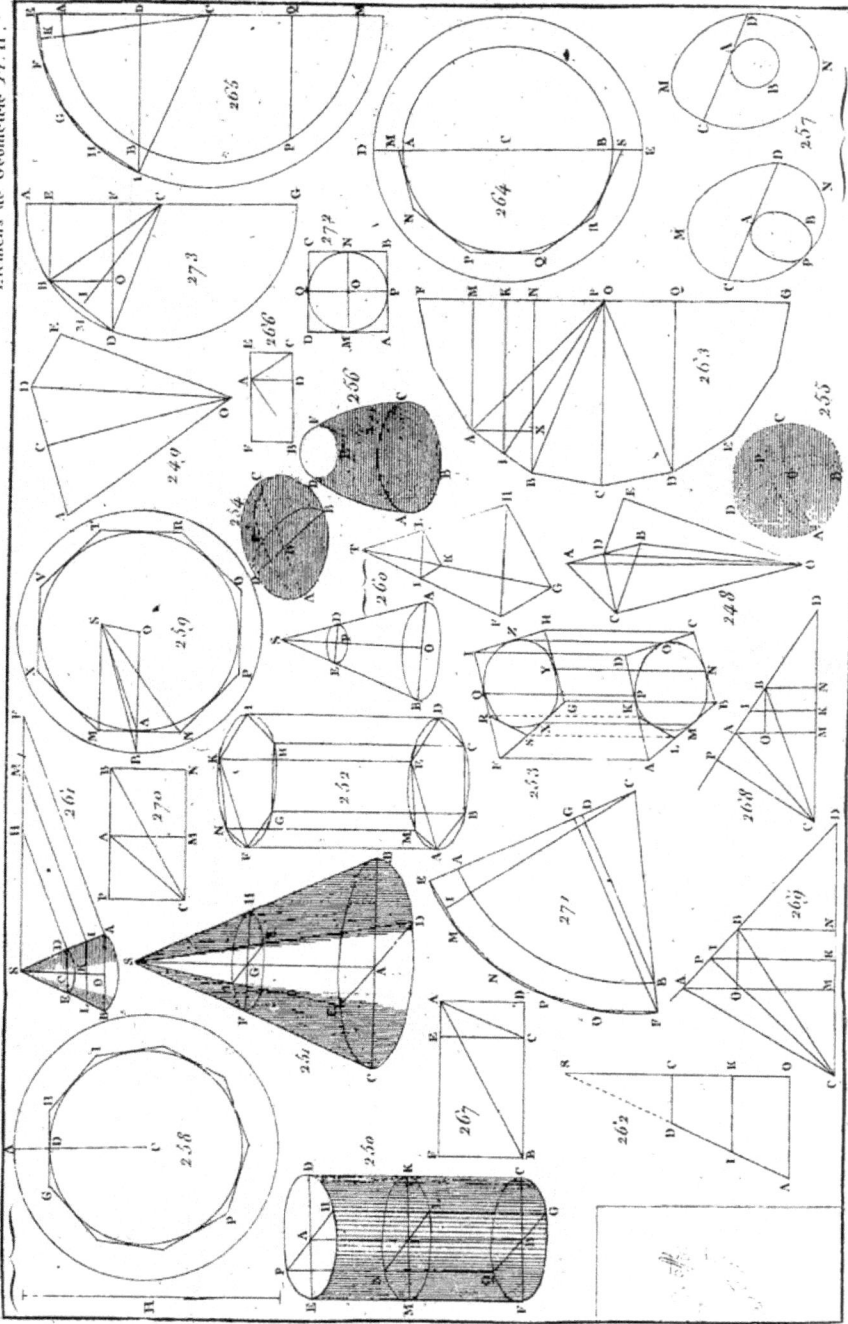

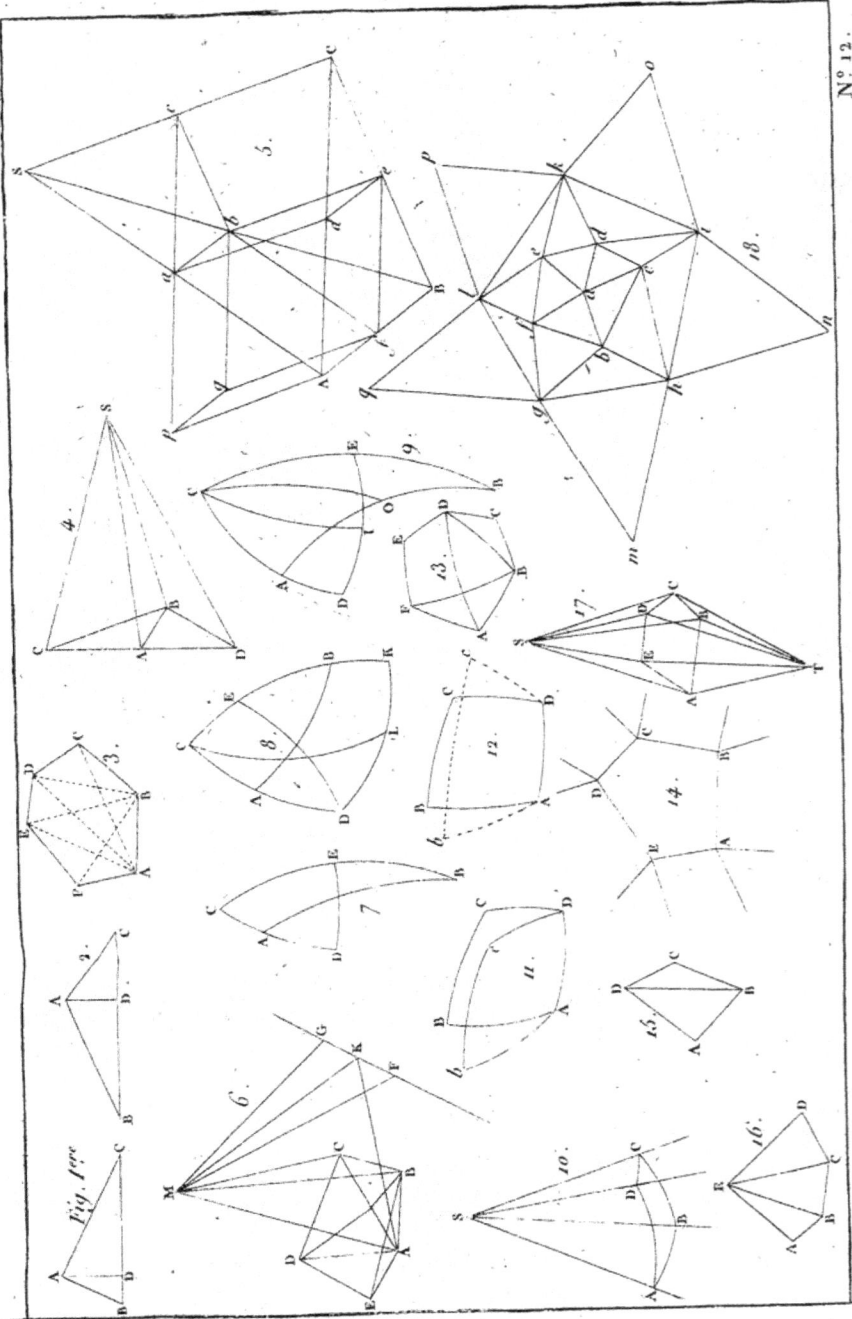

www.ingramcontent.com/pod-product-compliance
Lightning Source LLC
Chambersburg PA
CBHW060119200326
41518CB00008B/874